观花类

观叶类

观果类

观茎类

观芽类

图1-1 花卉按主要观赏部位分类

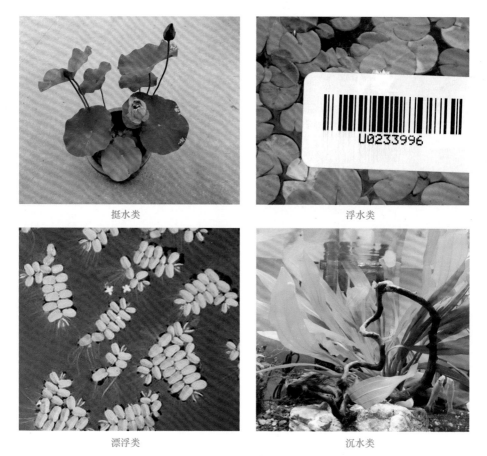

挺水类

浮水类

漂浮类

沉水类

图1-2 水生花卉分类

绿色叶类

单色彩叶类

双色彩叶类

斑叶类

脉纹类

镶边类

图 2-1 按叶片色泽及其在叶面上的分布分类

图 2-2　紫叶桃

图 2-3　小丑火棘

图 2-4　彩叶杞柳

图 2-5　黄脉爵床

图 2-6　菲白竹

图 2-7　菲黄竹

图 2-8　菜豆树

图 2-9　幌伞枫

图 2-10　翠云草

图 2-11　肾蕨

图 2-12　羽衣甘蓝

图 2-13　锦绣苋

图 3-1　含笑

图 3-2　蜡梅

图 3-3　梅花

图 3-4　七姊妹蔷薇

图 3-5　月季

图 3-6　玫瑰

图 3-7　石竹

图 3-8　四季秋海棠

图 3-9　三色堇

图 3-10　角堇

图 3-11　关节酢浆草

图 3-12　红花酢浆草

图 4-1　南天竹

图 4-2　火棘

图 4-3　金弹

图 4-4　长寿金柑

图 4-5　佛手

图 4-6　轮生冬青

图 4-7　枸骨

图 4-8　无刺枸骨

图 4-9　玫瑰茄

图 4-10　五彩椒

图 4-11　乳茄

图 4-12　红果薄柱草

图 5-1 金琥

图 5-2 玉翁

图 5-3 金手指

图 5-4 圆盖阴石蕨

图 5-5 人参榕

图 5-6 锦屏藤

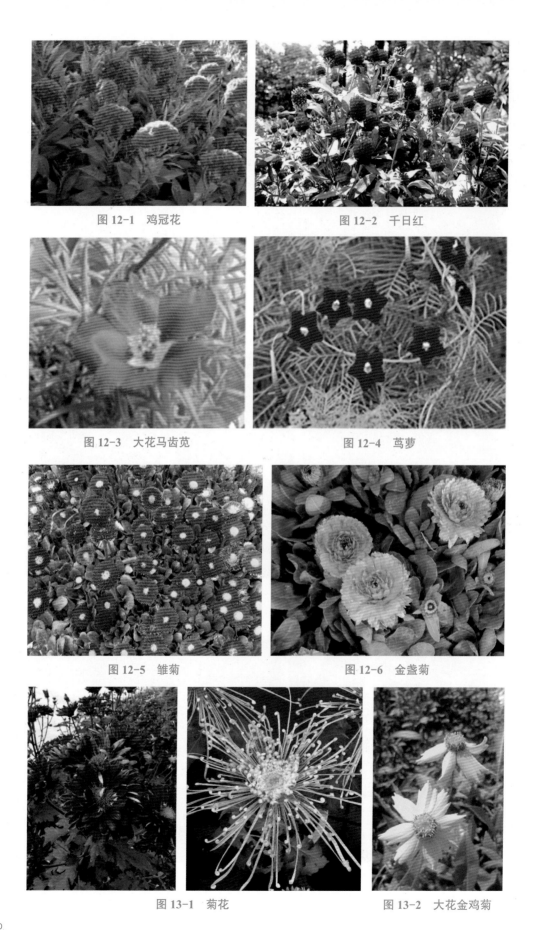

图 12-1　鸡冠花

图 12-2　千日红

图 12-3　大花马齿苋

图 12-4　茑萝

图 12-5　雏菊

图 12-6　金盏菊

图 13-1　菊花

图 13-2　大花金鸡菊

图 13-3 芍药

图 13-4 五彩苏

图 13-5 山桃草

图 13-6 柳叶马鞭草

图 14-1 朱顶红

图 14-2 雄黄兰

图 14-3 郁金香

图 14-4 花毛茛

图 14-5　葱莲

图 14-6　美人蕉

图 15-1　睡莲

图 15-2　荷花

图 15-3　水烛

图 15-4　芦苇

图 15-5　黄菖蒲

图 15-6　南美天胡荽

图 16-1　紫叶李

图 16-2　牡丹

图 16-3　一品红

图 16-4　紫藤

图 16-5　八仙花

图 16-6　叶子花

图 26-1　粗枝青藓

图 26-2　凤尾藓

图 26-3　柳叶藓

图 26-4　薄壁卷柏藓

图 26-5　尖叶匍灯藓

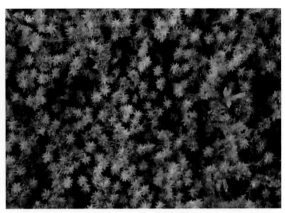

图 26-6　东亚砂藓

图 26-7　桧叶白发藓

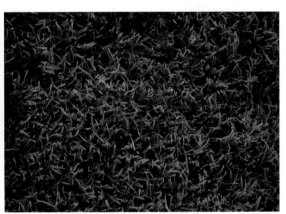

图 26-8　细叶小羽藓

图 26-9　大灰藓

图 29-1　陈列式绿化装饰

图 29-2　攀附式绿化装饰

图 29-3　生态墙绿化装饰

图 29-4　壁挂式绿化装饰

图 29-5　田园式绿化装饰

图 29-6　迷你吊钵

图 29-7　迷你花房

图 29-8　迷你庭园

园林花卉

主　编　杨照渠　周　斌　张　浩

副主编　张　武　龚仲幸　张建新

参　编　陈明田　张月苗　黄威剑

　　　　刘金平　赵　霞　王皓昀

　　　　范伟伟

北京理工大学出版社

BEIJING INSTITUTE OF TECHNOLOGY PRESS

内 容 提 要

　　本书根据高等院校专业人才培养目标，通过"校企合作"的方式编写，从花卉生产与园林应用的角度构建内容体系。本书的编写坚持"教、学、做"一体的理念，将必要的理论知识融入具体的实践活动中，从服务生产与应用的角度出发，选择技能实训的内容与方式。全书内容包括花卉分类与识别、花卉繁殖、露地花卉栽培技术、花卉设施栽培、花卉盆栽、特殊类型的花卉栽培和花卉应用七大模块。每个模块划分为若干个单元，每个单元由单元导入、相关知识和技能实训三个部分构成，而且在相关知识与技能实训部分穿插了以"拓展知识"与"小贴士"等。每个单元后附有复习思考题，以供复习巩固，方便读者自我检测对单元内容的掌握程度。

　　本书可作为高等院校园林、园艺类专业学生使用，也可供从事相关行业的从业人员及对园林花卉感兴趣的读者使用。

图书在版编目（CIP）数据

园林花卉 / 杨照渠，周斌，张浩主编.--北京：
北京理工大学出版社，2022.11
ISBN 978-7-5763-1581-3

Ⅰ.①园…　Ⅱ.①杨…　②周…　③张…　Ⅲ.①花卉－
观赏园艺－高等学校－教材　Ⅳ.①S68

中国版本图书馆CIP数据核字（2022）第142097号

出版发行 / 北京理工大学出版社有限责任公司
社　　址 / 北京市海淀区中关村南大街5号
邮　　编 / 100081
电　　话 / （010）68914775（总编室）
　　　　　（010）82562903（教材售后服务热线）
　　　　　（010）68944723（其他图书服务热线）
网　　址 / http://www.bitpress.com.cn
经　　销 / 全国各地新华书店
印　　刷 / 河北鑫彩博图印刷有限公司
开　　本 / 787毫米×1092毫米　1/16
印　　张 / 16
彩　　插 / 8
字　　数 / 313千字
版　　次 / 2022年11月第1版　2022年11月第1次印刷
定　　价 / 89.00元

责任编辑 / 封　雪
文案编辑 / 毛慧佳
责任校对 / 刘亚男
责任印制 / 王美丽

前言 PREFACE

园林花卉是园林景观建设的重要元素，既有很高的观赏价值，又有突出的生态功能，在城乡园林建设与居家环境绿化中发挥着不可替代的作用。花卉也是我国农业的主导产业之一。花卉产业涵盖了种子种球、切花、盆花及绿化苗木等诸多产品的生产与销售，发展花卉产业可以带动园艺设施、园艺物资和器材、农药化肥、旅游观光等相关产业发展，对发展农村经济、提高农民收入具有重要的意义。

本书是高等院校园林工程技术专业的专业核心教材之一。本书根据园林工程技术专业人才培养目标，通过"校企合作"的方式编写，从花卉生产与园林应用的角度构建内容体系；本着"工学结合"的原则，坚持"教、学、做"合一的理念，加强理论联系实际，突出实践技能的培养，努力培养学生解决实际问题的能力。

本书由杨照渠（台州科技职业学院）、周斌（浙江百花园林集团）、张浩（台州科技职业学院）担任主编，由张武（新昌县一森农业科技有限公司）、龚仲幸（杭州职业技术学院）、张建新（丽水职业技术学院）担任副主编，陈明田（台州市黄岩新世源园林有限公司）、张月苗（台州科技职业学院）、黄威剑（台州科技职业学院）、刘金平（台州科技职业学院）、赵霞（浙江百花园林集团）、王皓昀（浙江百花园林集团）、范伟伟（山西水利职业技术学院）参与编写。本书具体编写分工：模块一由杨照渠、张建新编写；模块二由杨照渠、陈明田编写；模块三由张月苗、范伟伟编写；模块四由黄威剑编写；模块五由张浩、龚仲幸、张武编写；模块六由张浩、刘金平编写；模块七由周斌、赵霞、王皓昀编写。全书由杨照渠统稿。书中插图主要由杨照渠、张浩、周斌提供。

　　浙江梵地生态农业科技有限公司郑江与王琳、台州市路桥育恩薇风园艺场潘海超、台州市路桥区植雅轩园艺店周光浩、浙江省农业科学院蔬菜研究所胡海娇、台州科技职业学院王普形提供了部分植物照片。本书中的个别图片来自互联网，在此向所有原作者付出的辛勤劳动表示衷心的感谢！此外，台州科技职业学院王云冰、闫鸿媛参与视频拍摄与课件的制作，台州科技职业学院赵雅晴参与部分插图的制作。本书的编写还得到了台州科技职业学院园艺系和园林教研室老师以及黄岩富景鲜花专业合作社符建兵的支持与帮助，在此一并表示感谢！

　　由于编者水平有限，书中难免存在不妥之处，敬请广大读者批评指正。

编　者

目录
CONTENTS

模块一　花卉分类与识别 ·· 001

单元一　花卉的分类 ·· 002
一、花卉的自然分类法 ·· 002
二、花卉的人为分类法 ·· 004

单元二　观叶类花卉及其识别 ·· 011
一、观叶类花卉及其观赏特点 ···································· 011
二、常见的观叶类花卉 ·· 013

单元三　观花类花卉及其识别 ·· 020
一、观花类花卉及其观赏特点 ···································· 021
二、常见的观花类花卉 ·· 022

单元四　观果类花卉及其识别 ·· 029
一、观果类花卉及其观赏特点 ···································· 030
二、常见的观果类花卉 ·· 030

单元五　观茎观根类等花卉及其识别 ·································· 038
一、观茎类花卉 ·· 038
二、观根类及观根茎花卉 ·· 041

模块二　花卉繁殖 ·· 045

单元六　播种繁殖 ·· 046

一、播种繁殖的特点与应用 ·· 046

二、种子的采收与贮藏 ·· 047

三、种子生活力的测定 ·· 050

四、种子发芽的条件 ·· 051

五、播种及播后管理 ·· 052

单元七　扦插繁殖 ·· 058

一、扦插繁殖的特点 ·· 059

二、扦插成活的原理 ·· 059

三、促进扦插生根的措施 ·· 061

四、扦插的类型与方法 ·· 062

单元八　嫁接繁殖 ·· 066

一、嫁接繁殖的特点与应用 ·· 066

二、嫁接成活的原理 ·· 067

三、嫁接的方法 ·· 068

四、嫁接后管理 ·· 069

单元九　分生繁殖 ·· 072

一、分生繁殖的特点 ·· 072

二、分生繁殖的类型 ·· 073

三、分生后的管理 ·· 074

单元十　压条繁殖 ·· 077

一、压条繁殖的特点 ·· 077

二、压条繁殖的类型 ·· 077

三、压条后的管理 ·· 078

单元十一　植物组织培养 ·· 081

一、植物组织培养的类型、特点与应用 ···································· 081

二、组培育苗工厂的基本组成 ·· 083

三、组织培养的方法和程序 ·· 084

模块三　露地花卉栽培技术 ·· 093

单元十二　一二年生花卉栽培 ·· 094

一、一二年生花卉的特点 ·· 094

二、一二年生花卉的繁殖与栽培 ·· 095

三、常见的一二年生花卉 ·· 096

单元十三　宿根花卉栽培 ·· 103

一、宿根花卉的类型与特点 ·· 104

二、宿根花卉的繁殖与栽培 ·· 105

三、常见的宿根花卉 ·· 106

单元十四　球根花卉栽培 ·· 114

一、球根花卉的特点与生态习性 ·· 115

　　　　二、球根花卉的栽培管理要点 …………………………………………… 116
　　　　三、常见的球根花卉 …………………………………………………… 117
　　单元十五　水生花卉栽培 …………………………………………………… 124
　　　　一、水生花卉的生态习性 ……………………………………………… 124
　　　　二、水生花卉的繁殖 …………………………………………………… 125
　　　　三、水生花卉的栽培要点 ……………………………………………… 126
　　　　四、常见的水生花卉 …………………………………………………… 126
　　单元十六　木本花卉栽培 …………………………………………………… 134
　　　　一、木本花卉的类型与特点 …………………………………………… 134
　　　　二、木本花卉的栽培管理 ……………………………………………… 135
　　　　三、常见的木本花卉 …………………………………………………… 136

模块四　花卉设施栽培 ………………………………………………………… 144

　　单元十七　遮阴棚 …………………………………………………………… 145
　　　　一、遮阴棚的作用 ……………………………………………………… 145
　　　　二、遮阴棚的类型 ……………………………………………………… 145
　　　　三、遮阴棚的搭建 ……………………………………………………… 146
　　单元十八　塑料大棚 ………………………………………………………… 147
　　　　一、塑料大棚的类型 …………………………………………………… 148
　　　　二、塑料大棚基本结构 ………………………………………………… 149
　　　　三、塑料大棚内部环境因子调控 ……………………………………… 149
　　　　四、塑料大棚的维护 …………………………………………………… 151
　　单元十九　现代温室 ………………………………………………………… 153
　　　　一、现代温室的概念 …………………………………………………… 153
　　　　二、现代温室的基本结构 ……………………………………………… 154
　　　　三、现代温室内部环境因子调控 ……………………………………… 156

模块五　花卉盆栽 ……………………………………………………………… 161

　　单元二十　花盆与基质 ……………………………………………………… 162
　　　　一、盆栽花卉的特点与应用 …………………………………………… 162
　　　　二、花盆的类型及其特点 ……………………………………………… 163
　　　　三、常用的栽培基质及其特点 ………………………………………… 165
　　单元二十一　上盆、翻盆、换盆与转盆 …………………………………… 171
　　　　一、上盆 ………………………………………………………………… 171
　　　　二、翻盆 ………………………………………………………………… 172
　　　　三、换盆 ………………………………………………………………… 173
　　　　四、转盆 ………………………………………………………………… 174
　　单元二十二　盆栽花卉的水肥管理 ………………………………………… 176
　　　　一、盆栽花卉水分管理 ………………………………………………… 177

　　二、盆栽花卉肥料管理 ·············· 180

单元二十三　盆栽花卉的整形修剪 ·········· 183
　　一、盆栽花卉整形修剪的意义 ·········· 183
　　二、盆栽花卉整形修剪的时期与方法 ······ 184

模块六　特殊类型的花卉栽培 ·············· 187

单元二十四　花卉组合盆栽 ·············· 188
　　一、花卉组合盆栽的特点 ············ 188
　　二、组合盆栽材料的选配 ············ 189
　　三、花卉组合盆栽的制作 ············ 189

单元二十五　鲜切花栽培 ·············· 193
　　一、鲜切花的类型与特点 ············ 193
　　二、鲜切花栽培的设施和设备 ·········· 194

单元二十六　苔藓栽培 ················ 198
　　一、苔藓的特点与观赏应用 ··········· 198
　　二、观赏苔藓的常见种类 ············ 200
　　三、苔藓的栽培养护 ·············· 202

模块七　花卉应用 ··················· 208

单元二十七　花坛 ·················· 209
　　一、花坛的主要类型与特点 ··········· 209
　　二、花坛植物的栽培与养护 ··········· 211

单元二十八　花境 ·················· 215
　　一、花境的概念与起源发展 ··········· 215
　　二、花境的主要类型与特点 ··········· 215
　　三、花境植物的选择与配置 ··········· 217
　　四、花境植物的栽植与养护 ··········· 220
　　五、花境的发展前景 ·············· 223

单元二十九　室内绿化装饰 ·············· 227
　　一、室内绿化装饰的原则 ············ 227
　　二、室内绿化装饰的方式 ············ 229
　　三、室内绿化装饰植物的选择 ·········· 233
　　四、室内装饰植物的养护 ············ 234

单元三十　庭院绿化 ················· 237
　　一、庭院绿化的类型 ·············· 238
　　二、庭院植物设计布局 ············· 239
　　三、庭院植物的管理 ·············· 241

参考文献 ····················· 245

模块一 花卉分类与识别

知识目标

1. 掌握花卉的植物学分类与常用的人为分类知识；
2. 了解观叶、观茎、观花、观果等类型花卉的特点。

能力目标

1. 能够识别常见的花卉；
2. 能够对常见的花卉进行科属归类；
3. 能够用常用的人为分类法对常见的花卉进行分类。

素质目标

1. 具有热爱自然、热爱生命的情怀；
2. 具有勤学好问、求知若渴的学习态度；
3. 具有细致入微的观察力。

花卉是园林造景的基本要素之一，不同种类的花卉在形态特征、生长发育、生态习性上均存在着一定的差异；同时，相互之间又存在程度不等的共性。学习花卉的分类与识别，有助于学生把握花卉的形态特征，准确识别花卉的种类，充分了解花卉的生长、生态习性，以便日后为花卉栽培及园林应用服务。

花卉的分类

【单元导入】

花卉栽培历史悠久，种类繁多，习性各异。为便于栽培应用与科学研究，必须对花卉进行分群归类。花卉的分类方法有哪些？它们又是如何对花卉进行分门别类的呢？让我们带着这些问题，进入本单元的学习。

【相关知识】

根据分类依据，花卉有多种分类方法，比如有以植物亲缘关系为依据的自然分类法和以栽培应用为依据的实用分类法。

一、花卉的自然分类法

根据植物的起源、彼此之间亲缘关系和自然演化过程对植物进行分类的方法，叫作自然分类法。自然分类法从植物的形态、解剖、生理、遗传及进化等方面，比较植物之间的相似程度，探索植物之间的亲缘关系与演化方向，确定各种植物在分类系统中的位置。

（一）植物分类的等级

植物的自然分类系统按照各种具有明确归属关系的分类等级将各种植物归类。自然分类系统有 7 个分类主等级，由大到小依次是界、门、纲、目、科、属、种；有时因实际需要，常在主等级下再划分若干个辅助等级，如亚门、亚纲、亚目、亚科、族、亚族、亚属、组、亚种等。

种是分类的基本单位，是指具有一定的形态、生理特性及一定的自然分布区的生物类群，同种各个体之间具有相同的遗传组成，能通过有性繁殖产生具有繁殖能力的后代。不同种的个体之间存在生殖隔离，即在自然条件下不能杂交或杂交后产生不了具有繁殖能力的后代。种下有亚种、变种和变型等分类等级。

（1）亚种。某种植物分布在不同地区的群体，由于受到所在地区生活环境的影响，它们在形态构造或生理机能上发生了某些变化，这个种群就称为某种植物的一个亚种。

（2）变种。在同一个生态环境的同一个种群内，如果某个个体或由某些个体组成的小种群，在形态、分布、生态或季节上发生了一些细微的变异，并有了稳定的遗传特性，这个个体或小种群，即称为原来种（又称模式种）的变种。

（3）变型。是指有形态变异，但看不出有一定的分布区，仅是零星分布的个体。

● 拓展知识 ◎

品种

品种不属于植物自然分类系统的分类单位，而是属于栽培学上的变异类型。在栽培上，通过选择、杂交、诱变等方法来获取具有实用价值和经济意义的可遗传的变异类型，这些变异类型经过政府部门或品种协会认定后，即为品种。

（二）植物的命名

为避免"同物异名"和"同名异物"造成的混乱，国际上对每一植物种都给定一个统一的科学名称，即学名。学名的命定采用瑞典分类学家林奈首创的双名法，即物种的名称由两个拉丁单词组成，第一个单词是属名，属名斜体书写，其首字母大写；后一个单词是种加词，种加词的字母一律小写、斜体；学名的末尾须附有命名人的姓氏缩写，要在缩写后加一个"."，如银杏的学名：*Ginkgo biloba* Linn.，其中*Ginkgo* 是银杏的属名（银杏属），*biloba* 是种加词，Linn. 是命名人姓氏 Linnaeus 的缩写。

种下等级的命名方法是种的名称（属名加种加词）、种下等级名称缩写（如亚种 subsp. 或 ssp.；变种 var.；变型 f.）和种下等级加词组成，学名最后也要附命名人姓氏缩写，缩写后加"."。如无刺枣的学名：*Ziziphus jujuba* Mill.var.*inemmis*（Bunge）Rehd.。

● 拓展知识 ◎

植物学名、中文名与俗名

植物学名具有唯一性，即每一种植物只有一个学名。学名中的属名使用名词性的一类词，它限定了植物所在的属；种加词，是形容词性的一类词，用来描述该种的某些特征或产地等，以区分同属其他的物种。

植物的中文名是由《中国植物志》《中国高等植物图鉴》等权威著作根据拉丁名称的含义确定的相对应的中文名。但同一物种的中文名不一定是唯一的，有时同一种植物，在不同的植物志书上有不同的名称。尤其是某些新引进的植物，不同的学者往往根据自己的需求和认知分别给予其中文名，造成同物异名。

植物的俗名是人们在现实生活中形成的对植物的通俗称呼。一方面，俗名具有地方性，往往在一定范围的地域内流行，不同的地区对同一种植物有不同的称呼，即同物异名，如含笑（*Michelia figo*）就有含笑梅、山节子、香蕉花等多种俗名；另一方面，同一个俗名在不同地区（甚至同个地区）可能指称不同的植物，即同名异物，如"太阳花"可以是向日葵（*Helianthus annuus*）、非洲菊（*Gerbera jamesonii*）、大花马齿苋（*Portulaca grandiflora*）等多种植物的俗称。

人们为了实际工作的需要，根据植物的用途，或形态、习性等方面的某些性状及典型特点对它们进行分类的方法称为人为分类法，又称实用分类法。

（一）根据主要观赏部位分类（图1-1）

（1）观花类：以花或花序为主要观赏部位的花卉，如菊花、荷花、百合、兰花等。

（2）观叶类：以叶为主要观赏部位的花卉，如龟背竹、日本血草、斑叶芒、红背桂等。

（3）观果类：以果实为主要观赏部位的花卉，如冬珊瑚、乳茄、五彩椒、老鸦柿等。

（4）观茎类：以茎为主要观赏部位的花卉，如仙人球、酒瓶兰、彩云阁、竹节蓼等。

（5）观根类：以根为主要观赏部位的花卉，如锦屏藤等。

（6）其他观赏类：如观芽的银芽柳等。

微课：花卉的人为分类

观花类　　　　　　　　　观叶类

观果类　　　　　观茎类　　　　　观芽类

图1-1　花卉按主要观赏部位分类

（二）根据花卉对环境因子的要求分类

1. 根据花卉对水分的要求分类

常见花卉按其需水习性和对不同水分环境的适应能力，可分为旱生花卉、中生花卉、湿生花卉和水生花卉四大类。

（1）旱生花卉。旱生花卉耐旱性强，适宜生长于干旱少雨的环境，能较长期忍受干燥气候条件，如仙人掌等。

（2）中生花卉。中生花卉适宜生长在干湿适中的土壤环境中，对水分要求介于旱生花卉与湿生花卉之间，如梅花、菊花等。这类花卉种类繁多，抗旱性、耐湿性差异很大。

（3）湿生花卉。湿生花卉适宜生长在潮湿环境或浅水区域，耐旱性弱，在土壤干旱或空气干燥环境下生长不良甚至枯死，如虎耳草、万年青等。

（4）水生花卉。水生花卉是指常年生活在水中，或在其生命周期内有一段时间生活在水中的花卉植物。水生花卉（图1-2）又可分为挺水类（如荷花、香蒲）、浮水类（如睡莲、王莲）、漂浮类（如槐叶萍、大藻）、沉水类（如金鱼藻、黑藻）。

挺水类　　　　　　　　　　　　浮水类

漂浮类　　　　　　　　　　　　沉水类

图1-2　水生花卉分类

2. 根据花卉对温度的要求分类

各种花卉的生长发育和休眠都要求一定温度，根据花卉对温度要求的不同，可分为耐寒花卉、中温花卉和耐热花卉三大类。

（1）耐寒花卉。耐寒花卉大多起源于高纬度或高海拔地区，对低温适应性强，能在我国华北、西北及东北南部安全越冬，如牡丹、猥实等。

（2）中温花卉。中温花卉的温度要求介于耐寒花卉与耐热花卉之间，大多数花卉均属于此类。大多数中温花卉耐轻微短期霜冻，能在我国长江流域及其以南地区安全越冬，如雏菊、金盏菊等；而部分耐热性较强、喜温暖而不耐霜冻，安全越冬温度通常在5 ℃以上的，称为喜温花卉，如茉莉、非洲菊等。

（3）耐热花卉。耐热花卉原产于热带或亚热带地区。性喜温暖，能耐40 ℃及以上高温。此类花卉极不耐寒，在华南和西南部分地区可露地越冬，如蝴蝶兰、彩叶芋等。

3. 根据花卉对光照要求分类

（1）根据花卉对光照强度要求分类。根据对光照强度的要求，花卉可分为喜阳性花卉、喜阴性花卉、中性花卉。

①喜阳性花卉。喜阳性花卉是指只有在阳光充足的条件下，才能健康生长且正常开花结实的花卉。若光照不足，常导致植株徒长或发育不良，不能正常开花结实，如荷花、大花马齿苋等。

②喜阴性花卉。喜阴性花卉是指需光度低，适宜生活于光照较弱的荫蔽环境的花卉。喜阴性花卉遇强光直射容易导致日灼等生理障碍，如吊兰、常春藤等。

③中性花卉。中性花卉是指在阳光充足的环境里生长良好，但能耐一定程度荫蔽的花卉，如瓜叶菊、米兰等。

（2）根据花卉对光周期要求分类。很多植物在花前的一段时期内，每天都需要满足一定的光照时数或黑暗时数才能开花，这种现象就称为光周期现象。这里所说的"一定的光照时数"就是临界日长，是指植物成花所需的极限日照长度。需要注意的是，不同花卉的临界日长不同，如同为短日照花卉，一品红的临界日长为 12.5 h，而菊花的临界日长为 16 h。

根据花卉成花的光周期反应，一般可将其分为以下四种类型：

①短日照花卉。当日照长度短于临界日长时，才能开花的花卉，叫作短日照花卉。在自然条件下，秋季开花的一年生花卉，多为短日照花卉，如一品红、菊花等。

②长日照花卉。当日照长度长于临界日长时才能开花的花卉，叫作长日照花卉。在自然条件下，春夏开花的二年生花卉，多为长日照花卉，如诸葛菜、紫罗兰、香豌豆等。

③日中性花卉。日中性花卉成花没有临界日长的限制，在任何日照时长下都能正常开花，有些日中性花卉能周年不断开花，如矮牵牛、月季、天竺葵等。

④中日照花卉。开花时要求昼夜长短比例接近相等的一类花卉，必须在特定日照长度下才能开花。

● **拓展知识** ◎

光周期中的暗期

在光周期中，对成花起到关键作用的是连续暗期的长度，而不是日照时数。短日照植物成花阶段，如果在每天的黑暗阶段用闪光中断暗期的连续性，则即使在日照时数小于临界日长的情况下，也不能正常开花，因此，短日照植物真正需要的不是短日照，而是足够长的连续暗期。相反，长日照植物真正需要的也不是长日照，而是足够短的暗期。所以，短日照植物实质上是"长夜"植物，而长日照植物实质上是"短夜"植物。

（三）根据花卉的生物学特性分类

1. 草本花卉

草本花卉的茎为草质，质地柔软，常分为以下几类。

（1）一、二年生花卉。

①一年生花卉。一年生花卉是指在一年内完成生命周期的花卉。这类花卉一般春季播种，夏秋季开花结实，入冬前枯死，即从种子萌发直至衰老死亡的整个生命过程都在一年内完成。常见的一年生花卉如鸡冠花、凤仙花、大花马齿苋、千日红、孔雀草等。在园林中，有些多年生草本往往在栽植当年开花后，因霜冻等原因枯死，或直接就被人为清除，这类花卉也被视作一年生花卉，如一串红等。

②二年生花卉。二年生花卉是指需经跨年度生长发育，且在一个生长周期内完成生活史的花卉。这类花卉一般秋季播种，播种后第一年仅形成营养器官，次年春夏季开花结实后死亡，如羽衣甘蓝、金盏菊、紫罗兰、桂竹香等。有些多年生草本，在应用时作二年生栽培，如三色堇、四季报春等，这类花卉也被视作二年生花卉。

（2）宿根花卉。宿根花卉是指生命周期在两年以上，入冬后根系在土壤中越冬，翌年春天萌芽生长、开花结实的花卉。有的宿根花卉冬季地上部分枯死，仅宿存于土壤中的根系存活，如菊花、芍药、萱草等；另一些四季常绿，冬季地上部不枯死，这类宿根花卉也叫作多年生常绿草本花卉，如吉祥草、万年青、春兰等。

（3）球根花卉。球根花卉是指地下茎或根变态发育，形成肉质肥厚且具有繁殖功能的变态器官的草本花卉。球根花卉按营养器官变态的类型不同可分为以下几类。

①鳞茎类花卉。鳞茎是节间极度短缩、顶芽显著的盘状地下茎，其上着生许多肥厚的肉质鳞叶，鳞叶的基部具有腋芽，如水仙花、郁金香、朱顶红、百合等。

②球茎类花卉。球茎是由地下茎末端膨大而成，呈球形、扁球形或长圆形，其上有明显的环状茎节，节上有侧芽和膜质鳞叶，顶芽发达，侧芽主要分布于上半部，细根生于基部，如唐菖蒲、小苍兰等。

③块茎类花卉。块茎是由地下茎末端膨大而成，呈不规则的块状，其上可辨识出节、节间、顶芽、侧芽和退化叶的痕迹，如花叶芋、马蹄莲、仙客来、大岩桐、菊芋等。

④根茎类花卉。根茎也称根状茎，是肉质肥厚、形体较长、呈根状横卧地下的变态茎，其上面具有明显的节和节间，节上有小而退化的鳞片叶，叶腋有腋芽，节上有不定根，如美人蕉、荷花、芦苇、白茅等。

⑤块根类花卉。这类花卉的块根由不定根或侧根膨大而成，形状呈纺锤形或不规则，如大丽花、花毛茛等。

2. 木本花卉

具有木质茎的花卉叫作木本花卉。木本花卉按生长习性可分为乔木类花卉、灌木类花卉、藤木类花卉。乔木类花卉树体高大，具有明显的主干；灌木类花卉树体矮小，主干低矮或不明显；藤木类花卉茎呈藤蔓状，通过攀附他物而向上生长，或枝干匍匐地面生长，其中匍匐生长的又称匍地类。按冬季叶幕状态可分为落叶木本花卉和常绿木本花卉。

（四）根据花卉的开花季节分类

（1）春花类花卉。春花类花卉是指 2—4 月盛开的花卉，如诸葛菜、虞美人、花毛茛、金盏菊、碧桃、梅花、玉兰等。

（2）夏花类花卉。夏花类花卉是指 5—7 月盛开的花卉，如凤仙花、荷花、石榴花、栀子花、木槿等。

（3）秋花类花卉。秋花类花卉是指 8—10 月盛开的花卉，如桂花、木芙蓉、菊花、大丽花等。

（4）冬花类花卉。冬花类花卉是指 11 月—翌年 1 月盛开的花卉，如水仙、结香、茶梅、墨兰等。

（五）根据花卉的应用方式分类

（1）地栽类花卉。地栽类花卉是指露地栽培应用的花卉，包括布置于各类园林绿地的花木与地被植物、栽植于花坛的各种时令花卉等。

（2）盆栽类花卉。盆栽类花卉是指以盆栽形式生产与应用的各类观赏植物。盆栽花卉种类繁多，常用盆栽观赏的有兰花、君子兰、仙客来、菊花、瓜叶菊、四季橘及多肉类、室内观叶类花卉等。广义的盆栽类花卉还包括盆景。

（3）切花类花卉。切花是指从植物体上剪切下来的花朵、花枝、叶片等材料。常见的切花有菊花、康乃馨、切花月季、唐菖蒲、百合、非洲菊、龙柳（枝）、八角金盘（叶）等，前四种也被称为四大鲜切花。

※ 技能实训

【实训一】木本花卉的分类

一、实训目的

熟悉当地主要木本花卉的种类，明确其所属的科与属。能根据生长习性及冬季叶幕状态对木本花卉进行人为分类。

二、材料工具

当地各种木本花卉、钢笔、卷尺、笔记本等。

三、方法步骤

（1）方法讲解：在实训现场，教师挑选若干种有代表性的花木，讲解其分类与记录的方法。

（2）人员分组：每组 3～5 人，确定好组长。

（3）分类记录：各组对实训场地上的木本花卉，逐一按要求进行分类，并做好记录。

四、作业

根据实训树种的数量制作木本花卉分类表，将分类结果填入表 1-1 中。

表 1-1　木本花卉分类表

序号	植物名	科名	属名	按生长习性分类	按冬季叶幕状态分类
1					
2					
...					

【实训二】球根类花卉的分类

一、实训目的

熟悉当地主要球根花卉的种类，明确其所属的科与属。能辨识各类地下茎与根的变态，能根据变态器官的类型、观赏期对球根花卉进行分类。

二、材料工具

各种球根花卉或其变态器官、钢笔、卷尺、笔记本等。

三、方法步骤

（1）方法讲解：在实训现场，教师挑选各类变态器官，讲解其特点及分类、记录的方法。

（2）人员分组：每组 3～5 人，确定好组长。

（3）分类记录：各组对实训现场的球根花卉材料，逐一按要求进行分类，并做好记录。

四、作业

根据实训花卉的数量制作球根花卉分类表，将分类结果填入表 1-2 中。

表 1-2　球根花卉分类表

序号	植物名	科名	属名	变态器官类型	主要观赏期
1					
2					
...					

【实训三】水生花卉的分类

一、实训目的

熟悉当地主要水生花卉的种类，明确其所属的科与属。能对水生花卉按水体中位置进行分类。

二、材料工具

各种水生花卉、钢笔、卷尺、笔记本等。

三、方法步骤

（1）方法讲解：在实训现场，教师挑选若干种有代表性的水生花卉，讲解其分类与记录的方法。

（2）人员分组：每组 3～5 人，确定好组长。

（3）分类记录：各组对实训现场的水生花卉，逐一按要求进行分类，并做好记录。

四、作业

根据实训花卉的数量制作水生花卉分类表，将分类结果填入表 1–3 中。

表 1–3　水生花卉分类表

序号	植物名	科名	属名	按植株在水体中的位置分类
1				
2				
...				

※ 复习思考题

一、名词解释

1．自然分类法

2．种

3．人为分类法

4．短日照花卉

5．宿根花卉

二、填空题

1．在自然分类系统中，有 7 个分类主等级，由大到小依次是_____、_____、_____、_____、_____、_____、_____。

2．植物学名的命定采用瑞典分类学家_____首创的双名法。如银杏的学名：*Ginkgo biloba* Linn.，其中_____是银杏的属名（银杏属），_____是种加词，_____是命名人姓氏缩写。

3．根据主要观赏部位分类，可分为_____、_____、_____、_____等。

4．根据花卉对光照强度要求分类，可分为_____、_____和_____。

5．木本花卉可分为落叶乔木类、落叶灌木类、落叶藤木类、常绿乔木类、常绿灌木类和常绿藤木类，桂花、蜡梅、紫藤、玉兰、栀子花、蔓长春花分别属于_____、_____、_____、_____、_____、_____。

三、简答题

1．什么是水生花卉？水生花卉可分为哪几类？

2．什么是球根花卉？球根花卉可分为哪几类？

观叶类花卉及其识别

【单元导入】

"烟笼层林千重翠，霜染秋叶万树金。"叶具有丰富的色彩变化和良好的景观效果，人们自古就有逢秋赏叶的习惯。近年来，随着家庭园艺的兴起，很多观叶植物因其良好的耐阴性，广泛应用在室内绿化中。观叶类花卉有哪些特点？常见的观叶类花卉有哪些？如何辨识观叶类花卉？让我们带着这些问题，进入本单元的学习。

【相关知识】

一、观叶类花卉及其观赏特点

观叶类花卉是指以叶为主要观赏部位的花卉。按观赏应用的环境，大体可分为室内观叶花卉和园林绿地观叶花卉两大类；按茎的质地可分为木本观叶花卉和草本观叶花卉两大类。以叶片为主要观赏对象、观赏期长是观叶类花卉的共性。叶的观赏性主要体现在色彩、形态与质感 3 个方面。

（一）色彩

园林观叶花卉首重色彩，彩叶植物是园林观叶花卉的主体。相对而言，室内观叶花卉并不过分追求色彩的艳丽，素雅的绿色系植物反而成为主流。

1. 按叶片色泽及彩色在叶面上的分布分类（图 2-1）

（1）绿色叶类。绿色是植物叶片的基本色，有深浅、亮泽等变化。作为观叶花卉，这一类主要用于室内观赏，如绿萝、豆瓣绿等。

（2）单色彩叶类。单色彩叶类是指叶片仅呈现一种色彩，如紫叶小檗全叶呈现紫红色。

（3）双色彩叶类。双色彩叶类是指叶面与叶背呈现两种不同的色彩，如红凤菜的叶面呈绿色，而叶背呈紫红色。

（4）斑叶类。斑叶类是指叶片上呈现不规则的斑点或花纹，如洒金桃叶珊瑚的绿色叶面上分布着许多不规则的黄白色斑点。

（5）脉纹类。脉纹类是指沿叶脉呈现彩色或叶脉呈现绿色而脉间呈现彩色，如花叶美人蕉的叶片由叶脉隔成许多黄绿相间的细条。

（6）镶边类。镶边类是指叶缘呈现彩色，如金边六月雪的叶缘呈黄色。

绿色叶类　　　　　　　　　　　　　单色彩叶类

双色彩叶类　　　　　　　　　　　　　斑叶类

脉纹类　　　　　　　　　　　　　镶边类

图 2-1　按叶片色泽及其在叶面上的分布分类

2. 按色彩呈现的时间分类

（1）常色叶类。常色叶类是指新叶发生至衰老脱落，叶片稳定呈现某种非绿色，如紫叶李、金边大叶黄杨、彩叶草等。

（2）阶段性色叶类。阶段性色叶类是指在叶片从发生至脱落的某个阶段呈现非绿色。第一类是新叶有色类，即新叶幼嫩时呈现出红、黄等非绿色彩的；许多木本植物春季大量萌芽，新叶色彩鲜艳，如赤楠、乌饭树等，这类木本也叫作春色叶类。第二类是老叶有色类，即叶片凋落前有一段时间呈现出非绿色彩；落叶花木一般在秋季集中落叶，落叶前一段时间往往呈现红、黄等色彩，因此这类木本植物也叫作秋色叶类。还有些植物春季新叶与秋季老叶都能呈现非绿色彩的，这类木本植物可称为双季色叶类。

（二）叶形

植物的叶形变化丰富，根据叶形大小可分为针叶类（如柽柳等）、小叶类（如六月雪等）、阔叶类（如山茶等）、大叶类（如龟背竹等）。不同叶形能产生不同的美感，针叶具有叶形细碎、强劲的观感，小叶具有紧密、厚实的观感，阔叶具有豪放、疏松的观感，大叶具有清疏、潇洒的观感。由于园林是大尺度的空间，人们往往侧重于关注植物群体及植株整体的形态，如散尾葵等棕榈科植物长叶婆娑，常用于营造热带风情；而室内植物则更侧重于欣赏个体乃至植株局部细节的美感，那些形状怪异的奇形叶更受人们青睐，如龟背竹、春羽等。

（三）质感

除色彩与形态外，叶的观赏性还体现在质感方面，如五针松以其短促密集的针叶给人以强劲、刚硬的质感，而芦荟等多肉类花卉则具有肥厚多汁的肉质感。

（四）观赏期与季相

相对于观花观果类，观叶类具有观赏期长的特点，但园林观叶花卉与室内观叶花卉又有不同的特点。除部分常色叶类外，园林观叶花卉大多具有明显的季相特点，如鸡爪槭等秋色叶类，其红叶观赏期集中于落叶前的叶片转色期；而室内观叶花卉多为常绿性花卉，叶色的季节变化不大。

二、常见的观叶类花卉

（一）木本观叶花卉

1. 紫叶桃（*Prunus persica* cv.Atropurpurea）（图 2-2）

【科属】蔷薇科、李属

【形态特征】落叶小乔木，树冠宽广平展。树皮灰褐色，小枝绿色，向阳面红褐色，无毛。冬芽常 2～3 个并生，被短柔毛。单叶互生，长圆状披针形；叶柄具 1 至数枚腺体。花萼紫红色或绿色带紫红色斑点；花瓣粉红色或白色。幼叶紫红色，夏季渐绿，略带紫色；花紫红色。

【生态习性】喜光，喜温暖、湿润气候，有一定的抗寒力。对土壤适应性强，喜肥沃湿润而排水良好的黏质壤土。

【观赏用途】紫叶桃为著名观叶树种，在园林中，紫叶桃孤植群植皆宜，可栽植于建筑物前、园路旁或草坪角隅处。

2. 小丑火棘（*Pyracantha fortuneana* cv.Harlequin）（图 2-3）

【科属】蔷薇科、火棘属

【形态特征】常绿灌木或小乔木，侧枝短，芽小；叶倒披针形，有乳白色斑纹，似小丑花脸，入冬后叶片转为粉红色；花集成复伞房花序，花瓣白色，近圆形，果实近球形，橘红色或深红色；花期为 3—5 月，果期为 8—11 月。

【生态习性】喜光，稍耐阴；喜温暖，不耐寒。耐贫瘠，抗干旱，对土壤要求不严，以排水良好、湿润、疏松的中性或微酸性壤土为好。

【观赏用途】小丑火棘枝叶繁茂，叶色美观，常作色叶地被应用。耐修剪，可作球状造型或作绿篱使用。

图 2-2 紫叶桃

图 2-3 小丑火棘

3．彩叶杞柳（*Salix integra* cv.Hakuro）（图 2-4）

【别名】花叶杞柳

【科属】杨柳科、柳属

【形态特征】落叶灌木，树冠广展，新叶具乳白和粉红色斑。

【生态习性】喜光，耐寒，喜水湿，耐干旱，对土壤要求不严，以肥沃、疏松、潮湿土壤最为适宜。

【观赏用途】彩叶杞柳树形优美，春夏秋季节叶色迷人，是优良的春色叶树种，可广泛应用于城乡绿化、美化。

4．黄脉爵床（*Sanchezia speciosa*）（图 2-5）

【别名】金脉爵床、金叶木

【科属】爵床科、黄脉爵床属

【形态特征】株高可达 150 cm，但盆栽株高一般为 50 ～ 80 cm。叶对生，无叶柄，叶片阔披针形，长 15 ～ 30 cm，宽 5 ～ 10 cm，先端渐尖，基部宽楔形，叶缘有钝锯齿，叶片嫩绿色，叶脉粗壮呈橙黄色。夏秋季开出黄色的花，花冠管状，长为 4 ～ 5 cm，簇生于短花茎上，每簇 8 ～ 10 朵，整个花簇被 1 对鲜红色的苞片包围。

【生态习性】中性，忌强光直射，夏季一般需遮荫 50%；喜温暖、湿润，生长期适温为 20℃～ 30℃，越冬温度为 10℃以上。其喜欢富含腐殖质、疏松肥沃、排水良好的砂质壤土。

【观赏用途】黄脉爵床一般作为盆栽供人们欣赏。在华南等温暖地区还可用来装饰花坛等。

图 2-4 彩叶杞柳

图 2-5 黄脉爵床

5. 菲白竹（*Sasa fortunei*）（图 2-6）

【科属】禾本科、赤竹属

【形态特征】灌木状竹类，地下茎复轴型；竹鞭粗 1 ～ 2 mm。秆高一般为 10 ～ 30 cm，高大的为 50 ～ 80 cm。节间短小，光滑无毛；秆环较平坦或微隆起，不分枝或每节仅分 1 枝。箨鞘宿存，无毛。小枝 4 ～ 7 叶；叶鞘无毛，鞘口具有白色的柔毛；叶片短小，披针形，长 6 ～ 15 cm，宽 8 ～ 14 mm，先端渐尖，基部宽楔形或近圆形。叶面通常有黄色、浅黄色或近于白色的纵条纹。

知识拓展：其他木本观叶类花卉

【生态习性】喜半阴，忌烈日。喜温暖、湿润气候与肥沃疏松的砂质壤土。

【观赏用途】菲白竹株形低矮，耐阴性强，可以在林下生长，适宜于疏林间隙作基础种植，也常作建筑北侧等有侧阴处地被、绿篱。叶色绿白相间，可作色叶地被使用；还可与假山、点石搭配成景。此外，菲白竹作为盆栽或用来制作盆景也很适宜。

6. 菲黄竹（*Sasa auricoma*）（图 2-7）

【科属】禾本科、赤竹属

【形态特征】小型灌木状竹类，地下茎复轴型。秆纤细，直径为 2 ～ 3 mm，高为 30 ～ 50 cm，高大者可达 1.2 m。节间圆筒形，秆壁厚，基部节间近实心。箨鞘薄纸质，宿存；鞘缘有不明显且易脱落的纤毛，箨耳缺。嫩叶纯黄色，具绿色条纹，老后叶片变为绿色。

【生态习性】喜温暖、湿润气候，好肥，较耐寒，忌烈日，宜半阴，喜肥沃、疏松排水良好的砂质壤土。

【观赏用途】菲黄竹株形低矮，新叶纯黄且具绿色条纹，色彩亮丽，是庭院绿化优良的彩叶地被，在园林中可作基础种植或作色块配置，或与山石搭配观赏。菲黄竹也适宜用作盆栽或制作盆景。

图 2-6 菲白竹

图 2-7 菲黄竹

7. 菜豆树（*Radermachera sinica*）（图 2-8）

【别名】幸福树、辣椒树

【科属】紫葳科、菜豆树属

【形态特征】乔木，高可达 10 m。树皮浅灰色，深纵裂，块状脱落。2 ～ 3 回羽状复叶，互生；小叶卵形至卵状披针形，全缘，两面无毛。顶生圆锥花序，直立；花冠钟状漏斗形，白色或淡黄色，长为 6～8 mm，裂片圆形，具有皱纹，长约为 2.5 cm。蒴果革质，呈圆柱状长条形似菜豆，稍弯曲、多沟纹，花期为 5～9 月。

【生态习性】性喜高温多湿、阳光充足的环境。畏寒冷，忌干燥。栽培宜用疏松肥沃、排水良好、富含有机质的壤土和砂质壤土。

【观赏用途】菜豆树树形美观，树姿优雅，花期长且花朵大，花香淡雅，具有很高的观赏价值，在华南等地常被作为城镇、街道、公园、庭院等园林绿化的优良树种。在浙江一带，菜豆树多以盆栽形式作为室内摆设。

8. 幌伞枫（*Heteropanax fragrans*）（图 2-9）

【别名】罗伞枫、大蛇药、五加通、富贵树

【科属】五加科、幌伞枫属

【形态特征】常绿乔木，树冠近球形，树皮淡褐色。3～5 回羽状复叶，托叶小，小叶椭圆形，小叶片在羽片轴上对生。伞形花序密集成头状，总状排列，花小、黄色，花期为 10—12 月。果扁球形，翌年 2—3 月成熟。

微课：菜豆树
与幌伞枫

【生态习性】喜高温、多湿气候，不耐寒，不耐 0 ℃以下的低温。喜光，也耐阴，适宜在深厚肥沃、排水良好的酸性土壤上生长；较耐干旱、贫瘠，但在肥沃和湿润的土壤上生长更佳。

【观赏用途】幌伞枫的树形端正，枝叶茂密，在温暖地区可作庭荫树栽培。在浙江一带幌伞枫常以盆栽形式作为室内观赏树种。

图 2-8　菜豆树

图 2-9　幌伞枫

（二）草本观叶花卉

1. 翠云草（*Selaginella uncinata*）（图 2-10）

【别名】蓝地柏、绿绒草、龙须、蓝草

【科属】卷柏科、卷柏属

【形态特征】伏地蔓生的草本。主茎纤细，侧枝疏生，分枝处常生不定根。主茎上叶一型，2列，疏生，卵形或卵状椭圆形；分枝上叶二型，背腹各二列。腹叶长卵形，渐尖；背叶矩圆形，短渐尖。孢子囊穗四棱形，孢子囊卵形。

知识拓展：其他草本观叶花卉

【生态习性】常生于林下潮湿处、石洞内。性喜温暖、湿润、半阴的环境，忌强光直射。

【观赏用途】翠云草羽叶密似云纹，在正常情况下有蓝绿色荧光，清雅秀丽，适宜盆栽点缀案头、窗台。此外，翠云草还是一种理想的兰花盆面覆盖植物。

2. 肾蕨（*Nephrolepis auriculata*）（图 2-11）

【别名】蜈蚣草、篦子草、圆羊齿、凤凰蛋、石黄皮

【科属】肾蕨科、肾蕨属

【形态特征】多年生草本蕨类，附生或土生。根状茎直立，有些根茎生有圆形块茎。叶丛生，一回羽状复叶，好似条条蜈蚣。羽叶紧密相接，鲜绿色。孢子囊群生于每组侧脉的上侧小脉顶端，囊群盖肾形，褐棕色。

【生态习性】生于林下溪边。性喜温暖、湿润、半阴的环境，适宜于富含有机质、疏松透气的中性或微酸性土壤。

【观赏用途】肾蕨叶片翠绿光润，四季常青；株型直立丛生，秀气潇洒，适宜盆栽，可作为室内绿化装饰，叶片是插花常用的叶材。

图 2-10　翠云草　　　　　　　　　　　图 2-11　肾蕨

3. 羽衣甘蓝（*Brassica oleracea* var. *acephala f. tricolor*）（图 2-12）

【别名】绿叶甘蓝、牡丹菜

【科属】十字花科、芸薹属

【形态特征】二年生草本花卉。株高为 30 ～ 40 cm，抽薹开花时可高达 150 ～ 200 cm。叶宽大匙形，平滑无毛，被有白粉，外部叶片呈粉蓝绿色，边缘呈细波状皱褶；叶柄粗而有翼，内叶叶色极为丰富，有紫红、粉红、白、牙黄、黄绿等。4 月抽薹开花，花色金黄、黄至橙黄。观叶期为 12 月—翌年 3 月。

【生态习性】阳性，喜阳光充足、凉爽的环境，耐寒；宜种植于排水良好、肥沃疏松的土壤中；极喜肥。

【观赏用途】羽衣甘蓝叶色极为鲜艳，是冬季和早春重要的观叶植物。在长江流域及以南地区，羽衣甘蓝多用于布置花坛、花境，或者作为盆栽。

● 小贴士 ◎

可食用的羽衣甘蓝

羽衣甘蓝观赏性好，又具有一定的食用价值。某些观赏食用两用型品种在宴会餐盘装饰、阳台园艺、庭院园艺等方面都有较高的应用价值。

4. 锦绣苋（*Alternanthera bettzickiana*）（图 2-13）

【别名】红草、五色草、红莲子草、红节节草

【科属】苋科、莲子草属

【形态特征】多年生草本，植株高为 10～15 cm。茎干直立，单叶对生，叶片披针形或椭圆形，叶柄极短，叶色为红色或绿色。头状花序，着生在叶腋，花白色。花期为 8—9 月。

【生态习性】中性，喜光，略耐阴；喜温暖、湿润，不耐酷热及寒冷；不耐干旱与水涝，生长期需保持水分充足。

【观赏用途】锦绣苋为宿根草本，常作为一、二年生栽培，以观叶为主。植株低矮，叶色鲜艳，有紫红、棕红、绿、青绿等色彩。锦绣苋是布置毛毡花坛的好材料，可利用不同色彩搭配制成各种花纹、图案、文字等平面或立体的形象。

图 2-12　羽衣甘蓝　　　　　　　　　　图 2-13　锦绣苋

※ 技能实训 ◎

【实训一】园林绿地观叶花卉识别

一、实训目的

准确识别当地常见的园林绿地观叶花卉，掌握其形态特征、环境要求与园林应用。

二、材料工具

园林观叶花卉实物、标本、图片。

三、方法步骤

（1）初步识别。提供植物标本与图片，引导学生仔细观察形态特征。

（2）现场讲解。教师介绍现场各种园林绿地观叶花卉的名称与科、属，选择若干种花卉讲解识别要点与园林应用。

（3）学生辨识。学生仔细辨识各种园林绿地观叶花卉，完成园林观叶绿地花卉观察记录表（表2-1）的填写。在学生辨识的过程中，教师在旁随时答疑解惑。

（4）复习巩固。引导学生课余时间反复训练，在达到准确辨识常见园林绿地观叶花卉的目的的同时，掌握各园林绿地观叶花卉的形态特征、环境要求与观赏用途。

表 2-1　园林绿地观叶花卉观察记录表

序号	花卉名称	科	属	识别要点	环境要求	观赏用途
1						
...						

【实训二】室内观叶花卉识别

一、实训目的

准确识别当地常见的室内观叶花卉，掌握其形态特征、环境要求与园林应用。

二、材料工具

室内观叶花卉实物、标本、图片。

三、方法步骤

（1）识别准备。提供植物标本与图片，引导学生仔细观察形态特征。

（2）现场讲解。教师介绍现场各种室内观叶花卉的名称与科、属，选择若干种花卉讲解识别要点与园林应用。

（3）学生辨识。学生仔细辨识各种观叶花卉，完成室内观叶花卉观察记录表（表2-2）的填写。在学生辨识的过程中，教师在旁随时答疑解惑。

（4）复习巩固。引导学生课余时间反复训练，在达到准确辨识常见室内观叶花卉的目的的同时，掌握各室内观叶花卉的形态特征、环境要求与观赏用途。

表 2-2　室内观叶花卉观察记录表

序号	花卉名称	科	属	识别要点	环境要求	观赏用途
1						
...						

※ 复习思考题

一、判断题

1. 观叶植物就是彩叶植物，那些全年呈现单一绿色的都不是观叶植物。（　　　）

2. 脉纹类观叶植物都具有平行脉序。（　　　）

3. 斑叶类观叶植物都属于双子叶植物。（　　）

4. 金边大叶黄杨与金边六月雪都是镶边类观叶植物。（　　）

5. 常色叶类观叶花卉都没有明显的季相变化。（　　）

二、连线题

1. 将观叶类花卉名称与其所属的类型用线连接起来。

花叶美人蕉　　　　　　　　　　　单色彩叶类

金边虎尾兰　　　　　　　　　　　双色彩叶类

红背桂　　　　　　　　　　　　　斑叶类

紫叶酢浆草　　　　　　　　　　　脉纹类

洒金桃叶珊瑚　　　　　　　　　　镶边类

2. 将植物名称与其所属的科用线连接起来。

花叶冷水花　　　　　　　　　　　杨柳科

花叶络石　　　　　　　　　　　　十字花科

垂盆草　　　　　　　　　　　　　紫葳科

羽衣甘蓝　　　　　　　　　　　　胡椒科

豆瓣绿　　　　　　　　　　　　　荨麻科

鹅毛竹　　　　　　　　　　　　　五加科

锦绣苋　　　　　　　　　　　　　夹竹桃科

彩叶杞柳　　　　　　　　　　　　禾本科

八角金盘　　　　　　　　　　　　景天科

菜豆树　　　　　　　　　　　　　苋科

三、简答题

1. 列举校内彩叶地被植物，选择 3 种简述其形态特征。

2. 列举校内或所在地区常用的室内观叶植物，选择 3 种简述其形态特征。

单元三

观花类花卉及其识别

【单元导入】

"爱美之心，人皆有之；尚美之道，千古之风。"花是自然界美的象征，美丽的鲜花总能给人以赏心悦目的感受。观花类花卉种类繁多，是花卉植物的主要类型，园林应用极其广泛。观花类花卉有哪些特点？常见的观花类花卉有哪些？如何辨识观花类花卉？让我们带着这些问题，进入本单元的学习。

【相关知识】

一、观花类花卉及其观赏特点

观花类花卉是指以花及花序为主要观赏部位、开花期为重点观赏季节的一类花卉，狭义的花卉指的就是这一类。观花类可以根据花卉的生物学、生态学特性及观赏应用进行综合分类，分为一二年生花卉、宿根花卉、球根花卉、水生花卉等。观花类花卉以花与花序为主要观赏对象，观赏期集中，缤纷艳丽的花朵常成为园林观赏的焦点。我国花卉文化历史悠久，许多花都有丰富的花语。花的观赏性既体现在色彩、形态与香气等感官性状方面，也体现在花的文化内涵上。

（一）花色

观花类植物的花或花序呈现出鲜艳夺目的色泽，不同的色彩具有不同的美化效果，给人以不同的心理感受。例如，红色是绿色的对比色，在大自然的绿色世界里，显得格外夺目。红色是暖色调，代表的是热情、喜悦与奔放，具有吉庆、红火之意；黄色是一种高明度的色彩，具有亮丽、光辉、快乐、浪漫、高贵等象征意义；白色给人以纯洁、质朴而淡雅的美，夏日里配置洁白的花卉，带给人一种清凉而洁净的心理感受……常见的红色花有山茶、月季、梅花、杜鹃花等；常见的黄色花有菊花、黄木香、棣棠、万寿菊、金丝桃等；常见的白色花有栀子花、溲疏、马蹄莲、茉莉花、凤尾兰等；常见的橙色花有萱草、硫华菊、美人蕉等；常见的紫色花有薰衣草、紫藤、桔梗、木槿等。除此之外，还有一花多色的花卉，如三色堇、角堇等，牡丹、月季、铁线莲、长春花、矮牵牛等都有复色花品种。

（二）花相

花相是指花与花序在植株上表现出的整体形象。根据开花时有无叶片存在，其可分为纯式花相与衬式花相两大类。纯式花相是指在开花时，植株上没有叶片的一类花相，如梅花、紫荆、石蒜等；衬式花相是指开花时，植株上有绿叶相衬的一类花相，如八仙花、三角梅、马缨丹等。根据花与花序在植株上的分布情况，其可分为外生花相、内生花相与均生花相3类。

（1）外生花相。花与花序着生于植株的表层。常见的有马缨丹、月季、八仙花、紫藤等。

（2）内生花相。花或花序主要分布于植株内部，花朵常被叶片遮盖，如桂花、含笑、凤仙花等。

（3）均生花相。花以散生或簇生的形式，在全株各部均匀分布，如榆叶梅、火棘、唐菖蒲等。

二、常见的观花类花卉

（一）木本观花花卉

1. 含笑（*Michelia figo*）（图 3-1）

知识拓展：其他
木本观果类花卉

【别名】香蕉花

【科属】木兰科、含笑属

【形态特征】常绿灌木，高为 2～3 m，树皮灰褐色，分枝繁密；芽、嫩枝、叶柄、花梗均密披黄褐色绒毛；叶革质，狭椭圆形或倒卵状椭圆形。花瓣肉质，淡黄色，边缘有时红色或紫色，具有浓郁的芳香味，花期为 3—5 月，果期为 7—8 月。

【生态习性】性喜半阴，在弱荫下生长最好，忌强烈阳光直射，夏季要注意遮阴；不甚耐寒。喜肥，要求排水良好，肥沃的微酸性壤土，不耐干燥瘠薄，也怕积水。

【观赏用途】含笑树形圆整，是著名的香花树种，在园林中广泛应用。可散植于开阔草坪之中，列植于园路两侧；或布置于路边旷地，搭配于乔木之下。因香味浓烈，不宜陈设在小空间内。

2. 蜡梅（*Chimonanthus praecox*）（图 3-2）

【别名】金梅、腊梅、蜡花、蜡木、麻木紫、石凉茶、唐梅、香梅、蜡梅花

【科属】蜡梅科、蜡梅属

【形态特征】落叶灌木，常丛生。叶对生，椭圆状卵形至卵状披针形，花着生于二年生枝条叶腋内，先花后叶，芳香；花被片圆形、长圆形、倒卵形、椭圆形或匙形，无毛，花丝比花药长或等长，花药内弯，果托近木质化，口部收缩，并具有钻状披针形的被毛附生物。

【生态习性】性喜阳光，能耐阴；较耐寒，怕风。其适宜生长在肥沃疏松、排水良好的微酸性砂质壤土上，在盐碱地上生长不良。耐旱性较强，怕涝，不宜在低洼地栽培。

【观赏用途】冬季开花的名贵花木，广泛地应用于城乡园林建设。宜配植于室前、墙隅，或群植于斜坡、水边；也可单独或与梅花搭配片植，形成花林。在建筑正面门口、两侧及中心花坛处的园林绿化配置，可以用蜡梅搭配玉兰、红枫、黄杨、月季等树种，构成不同层次、不同花期的植物景观；在岩石园或假山石旁，也可以将蜡梅作为主景，再配以南天竹等，形成美丽芬芳的冬日美景。

图 3-1　含笑

图 3-2　蜡梅

3. *梅花*（*Prunus mume*）（图 3-3）

【科属】蔷薇科、杏属

【形态特征】小乔木；小枝绿色，光滑无毛；叶片卵形，边缘具有细锐锯齿；花先于叶开放，花萼通常红褐色，花瓣倒卵形，白色至粉红色；果实近球形，黄色或绿白色，被柔毛，味酸；花期冬春季，果期为 5—6 月。

【生态习性】喜光，稍耐阴；喜暖湿，不耐干旱。耐瘠薄、忌积水，以土质疏松、排水良好、底土稍带黏性的砾质黏土或砾质壤土为好。

【观赏用途】梅花是我国十大名花之首，集色、香、形、韵诸般美感于一体，深受人们喜爱。在公园、风景区可群植成林，形成赏梅胜地；在门前、入口处对植成景，可散植于开阔草地，也可丛植于林缘石侧。在古典园林中，梅还常与松、竹等配植，意寓"岁寒三友"。梅也可盆栽观赏或加以整剪做成各式桩景，或作切花瓶插供室内装饰用。梅的果实是一种以酸见长的水果，有多种用途，如可制成青梅酒、乌梅干、话梅等。

图 3-3　梅花

● **拓展知识** ◎

中国十大名花

1986 年 11 月 20 日开始、1987 年 4 月 5 日结束的，由上海园林学会、《园林》杂志、上海电视台、上海文化出版社联合举办的"中国传统十大名花评选"活动评选出的十大名花分别是花中之魁—梅花、花中之王—牡丹花、凌霜绽妍—菊花、君子之花—兰花、花中皇后—月季花、繁花似锦—杜鹃花、花中娇客—茶花、水中芙蓉—荷花、十里飘香—桂花、凌波仙子—水仙花。这十种花分别包含着不同层面的精神文化底蕴，有着深厚而浓重的历史内涵，在花卉世界里各领风骚。

4. 多花蔷薇（*Rosa multiflora*）

【别名】蔷薇、野蔷薇

【科属】蔷薇科、蔷薇属

【形态特征】落叶攀缘灌木。小枝圆柱形，有稍弯曲皮刺。奇数羽状复叶互生，小叶 5 ～ 9 枚，近花序的小叶有时为 3 片；小叶柄和叶轴有柔毛或散生腺毛；托叶篦齿状，大部贴生于叶柄。圆锥状花序；萼片披针形，内面有柔毛；花瓣白色，先端微凹；花柱结合成束，无毛。其果近球形，萼片脱落。

【常见变种】

（1）粉团蔷薇（*R.multiflora* var.*cathayensis*）：单瓣，淡粉红色。

（2）七姊妹蔷薇（*R.multiflora* var.*carnea*）：花重瓣，粉红或深红（图 3-4）。

【生态习性】喜光，也耐半阴，较耐寒。对土壤要求不严，耐瘠薄，耐干旱，忌积水。

【观赏用途】多花蔷薇及其变种粉团蔷薇、七姊妹等树性强健，具有攀缘生长能力，适于垂直绿化；其花朵或洁白，或粉红，均富有香气，可布置于阳台之上、点缀于山石之间，也可植于廊架、园门、栅栏、院墙等处，可形成色香诱人的花架、花门、花篱、花墙。

5. 月季（*Rosa chinensis*）（图 3-5）

【别名】月月红、月月花

【科属】蔷薇科、蔷薇属

【形态特征】常绿、半常绿低矮灌木，通常具钩状皮刺。小叶 3 ～ 5 枚，先端尖，两面无毛，有光泽。四季开花，一般为红色或粉色；有单瓣和重瓣，还有高心卷边等优美花型；其色彩艳丽、丰富，不仅有红、粉黄、白等单色，还有混色、银边等品种；多数品种有芳香。

微课：月季、蔷薇与玫瑰

【生态习性】气候适应性强，喜温暖、日照充足、空气流通的环境。对土壤要求不严格，但以疏松肥沃、富含有机质、微酸性、排水良好的壤土较为适宜。

【观赏用途】月季是我国十大名花之一，栽培历史悠久；传入欧洲后，与其他蔷薇属植物反复杂交，育成许许多多的园艺品种，在园林绿化、家居装饰、花艺活动等方面均应用广泛。

月季花期长，观赏价值高，可用于园林布置花坛、花境，装饰庭院；可利用藤本月季的攀缘生长特性，用于垂直绿化；可开辟专类园，或制作月季盆景欣赏。

6. 玫瑰（*Rosa rugosa*）（图 3-6）

【别名】滨梨、刺玫

【科属】蔷薇科、蔷薇属

【形态特征】灌木，株高可达 2 m。茎粗壮，丛生；小枝密生线毛，针刺和腺毛，有皮刺，淡黄色，被绒毛。小叶 5～9 枚，椭圆形或倒卵形，有尖锐锯齿，上面无毛，叶脉下陷，有褶皱，下面密披绒毛和腺毛，托叶大部贴生叶柄，离生部分卵形，带腺锯齿。花单生叶腋或数朵簇生；萼片上面有稀疏柔毛，下面密披柔毛和腺毛；花瓣紫红或白色，芳香，半重瓣至重瓣。果实为扁球形，熟时砖红色，肉质，平滑，萼片宿存。

【生态习性】喜阳光充足、通风良好的环境，适合生长在排水良好、疏松透气的微酸性土壤，较耐瘠薄。在潮湿弱光、空气流通不畅的环境中容易发病。

【观赏用途】玫瑰是中国传统园林植物，既可观花又可观果。其花色艳丽，气味芬芳，可用于道路绿化、庭院绿化及公园美化，也可将其修剪造型后，点缀在广场草地、堤岸旁。

图 3-4　七姊妹蔷薇　　　　　　图 3-5　月季　　　　　　　图 3-6　玫瑰

（二）草本观花花卉

知识拓展：其他草本观花花卉

1. 石竹（*Dianthus chinensis*）（图 3-7）

【别名】中国石竹、洛阳花

【科属】石竹科、石竹属

【形态特征】宿根花卉，常作二年生花卉栽培。株高为 20～40 cm。叶对生，线状披针形，先端渐尖，基部抱茎。花单生或数朵簇生，有红色、粉红色、白色、紫红色等，有香气。蒴果圆筒形。花期为 5—6 月，个别品种可全年开花。

【生态习性】阳性，喜光，喜凉爽、干燥气候，耐寒；喜排水良好、含石灰质的肥沃土壤，忌水涝。

【观赏用途】石竹株形似竹，花朵繁密，色泽鲜艳，质如丝绒，多用作布置花坛或花境，也可以大量直接播种用作地被植物，还可以作为盆栽或切花。

2. 四季秋海棠（*Begonia cucullata*）（图 3-8）

【别名】蚬肉秋海棠、瓜子洋海棠、四季海棠

【科属】秋海棠科、秋海棠属

【形态特征】多年生常绿草本，常作二年生栽培，株高为 20～40 cm。茎直立，肉质、光滑，多分枝。单叶互生，叶片卵圆形，先端短尖，边缘有锯齿，基部偏斜，

亮淡绿色，叶柄短；托叶大，膜质。聚伞花序腋生，花单性，雌雄同株。

【生态习性】中性，喜光，稍耐阴，夏季需要遮荫处理；喜温暖，不耐寒；对土壤要求不高，但忌积水。

【观赏用途】四季秋海棠为小型盆栽花卉，其花、叶美丽娇嫩，适宜于家庭书桌、茶几、案头和商店橱窗等装饰。其中有些品种还可用来配置花坛和花墙。

图 3-7　石竹　　　　　　　　　　　　　图 3-8　四季秋海棠

3. 三色堇（*Viola tricolor*）（图 3-9）

【别名】蝴蝶花、猫脸花

【科属】堇菜科、堇菜属

【形态特征】二年生草本。多分枝，稍匍匐状生长。基生叶近心脏形，茎生叶较狭长，边缘浅波状，托叶大而宿存。花大，腋生，通常具紫、白、黄三色，栽培品种有各种纯色及杂色。蒴果为椭圆形。其花期为 11 月—翌年 6 月，个别品种在阴凉条件下，可全年开花。

【同属植物】角堇（*Viola cornuta*）（图 3-10），多年生草本，茎丛生，花堇色、白色等，花型较小，微有香气，原产西班牙。

【生态习性】中性，耐半阴，耐寒，喜凉爽气候，忌烈日高温。喜疏松、肥沃、湿润而排水良好的砂质壤土。

【观赏用途】三色堇多用于布置花坛，也可盆栽。

图 3-9　三色堇　　　　　　　　　　　　图 3-10　角堇

4. 关节酢浆草（*Oxalis articulata*）（图 3-11）

【科属】酢浆草科、酢浆草属

【形态特征】多年生常绿草本。地下部分具块茎。叶基生，具长柄；掌状复叶，小叶 3 枚；小叶倒心脏形，全缘，被短绒毛。伞形花序，花萼 5，绿色，花瓣 5 枚，粉红色或深桃红色。雄蕊 10 枚，子房 5 室，果为蒴果。

【生态习性】喜光，不耐荫蔽；喜温暖、湿润环境，生长适宜温度为 15 ℃～26 ℃；土壤适应性强，在一般土壤中均可生长良好。

【观赏用途】关节酢浆草株型低矮，四季常绿，花期长，是一种良好的观花地被植物。

● 小贴士 ◎

相似种辨识——关节酢浆草与红花酢浆草

两者区别最明显之处是花冠筒内侧的色泽，关节酢浆草的花冠筒内侧为紫红色，而红花酢浆草（图 3-12）的为嫩绿色。此外，关节酢浆草的地下茎为块茎，红花酢浆草的地下茎为鳞茎；关节酢浆草叶形较小、叶色较浅且小叶叶脉较不明显，红花酢浆草的叶形较大、叶色较深且小叶叶脉明显。

图 3-11　关节酢浆草　　　　　图 3-12　红花酢浆草

※ **技能实训** 🌿 ————————————————————

【实训一】木本观花花卉识别

一、实训目的

准确识别当地常见的木本观花花卉，掌握其形态特征、环境要求与园林应用。

二、材料工具

木本观花花卉实物、标本、图片。

三、方法步骤

（1）识别准备。提供植物标本与图片，引导学生细致观察。

（2）现场讲解。教师介绍现场各种木本观花花卉的名称与科属，选择若干种花卉讲解识别要点与园林应用。

（3）学生辨识。学生仔细辨识各种观花花卉，完成木本观花花卉观察记录表（表3-1）的填写。在学生辨识的过程中，教师在旁随时答疑解惑。

（4）复习巩固。引导学生课余时间反复训练，在达到准确辨识常见木本观花花卉的目的的同时，掌握各木本观花花卉的形态特征、环境要求与观赏用途。

表3-1　木本观花花卉观察记录表

序号	花卉名称	科	属	识别要点	环境要求	观赏用途
1						
...						

【实训二】草本观花花卉识别

一、实训目的

准确识别当地常见的草本观花花卉，掌握其形态特征、环境要求与园林应用。

二、材料工具

草本观花花卉实物、标本、图片。

三、方法步骤

（1）识别准备。提供植物标本与图片，引导学生细致观察。

（2）现场讲解。教师介绍现场各种草本观花花卉的名称与科、属，选择若干种花卉讲解识别要点与园林应用。

（3）学生辨识。学生仔细辨识各种观花花卉，完成草本观花花卉观察记录表（表3-2）的填写。在学生辨识的过程中，教师在旁随时答疑解惑。

（4）复习巩固。引导学生课余时间反复训练，在达到准确辨识常见草本观花花卉的目的的同时，掌握各草本观花花卉的形态特征、环境要求与观赏用途。

表3-2　草本观花花卉观察记录表

序号	花卉名称	科	属	识别要点	环境要求	观赏用途
1						
...						

※ 复习思考题

一、判断题

1. 衬式花相是指开花时，植株上有绿叶相衬的一类花相。（　　　）

2. 均生花相是指花以散生或簇生的形式，在植株表面均匀分布。（　　　）

3. 观花类花卉是指以花及花序为主要观赏部位、开花期为重点观赏季节的一类花卉。（　　　）

4. 花卉的观赏性既体现在色彩、形态与香气等感官性状方面，也体现在花卉的文化内涵上。（　　　）

5. 梅花、蜡梅、牡丹都是纯式花相。（　　）

二、连线题

1. 将花及花序与其花相类型用线连接起来。

紫荆　　　　　　　　　　　　衬式、均生

桂花　　　　　　　　　　　　纯式、外生

八仙花　　　　　　　　　　　衬式、内生

火棘　　　　　　　　　　　　纯式、均生

泡桐　　　　　　　　　　　　衬式、外生

2. 将植物名称及其所属的科用线连接起来。

玉兰　　　　　　　　　　　　菊科

马缨丹　　　　　　　　　　　十字花科

蝴蝶兰　　　　　　　　　　　木兰科

孔雀草　　　　　　　　　　　唇形科

梅花　　　　　　　　　　　　罂粟科

诸葛菜　　　　　　　　　　　兰科

鸡冠花　　　　　　　　　　　蔷薇科

茑萝　　　　　　　　　　　　马鞭草科

一串红　　　　　　　　　　　旋花科

虞美人　　　　　　　　　　　苋科

三、简答题

1. 列举校内木本观花植物，选择 3 种简述其形态特征。

2. 列举校内或所在地区常用的草本观花植物，选择 3 种简述其形态特征。

单元四

观果类花卉及其识别

【单元导入】

"一年好景君须记，最是橙黄橘绿时。"果既是果树类作物的食用器官，又具有很高的观赏价值，自古受人重视。观果类花卉有哪些特点？常见的观果类花卉有哪些？如何辨识观果类花卉？让我们带着这些问题，进入本单元的学习。

【相关知识】

一、观果类花卉及其观赏特点

观果类花卉是指以果为主要观赏部位的花卉，在园林应用中，某些种皮或种托具有良好观赏性的裸子植物也常被归为观果类。观果类植物的种类丰富，果实的类型多样，色彩与形态各异，观赏效果独特。植物的果实可分为干果与肉果两大类。其中，肉果形态较为丰满、色彩也更诱人，是多数观果类花卉拥有的果实类型；但有些干果形态独特，同样具有良好的观赏效果，如秤锤树、凤凰木等。常见的肉果有核果（如紫珠）、仁果（如火棘）、浆果（如珊瑚豆）、柑果（如金豆）、瓠果（如小葫芦）及一些聚合果、聚花果等。观果类花卉具有以下观赏特点。

（一）形态上以"奇"占优

从观赏的角度看，形态上别具一格的果实自然更加惹人注目。所谓"奇"，指的是果形的个性特点突出，如形象奇特的乳茄、果形特大的柚子、小巧如珠晶莹剔透的白英、树干上附着生长果实的树葡萄、叶面长果的青荚叶等。"奇"不是所谓的病态美，如因病虫为害、发育畸形而长成的"歪瓜裂枣"，不能给人以美的享受。

（二）色彩上以"艳"见长

果实的色彩丰富，各有特点，如呈红色的有万年青、朱砂根、茵芋等，呈橙色的有金橘、牛茄子、珊瑚樱等，呈黄色的有佛手、柠檬等，呈蓝色的有榄绿粗叶木、沿阶草等，呈紫色的有蓝莓、紫珠等，呈白色的有红瑞木等，还有果实发育过程中色彩出现多种变化的，如五彩椒等。由于植物的基本色调是绿色，色调偏冷偏暗，因此无论哪种果色，均以明亮艳丽为佳，而暖色系、明度高的色泽尤为吸引人。因绿色的对比色是红色，红绿相衬格外夺目，市场上的观果类花卉以色彩明艳的红橙色系为主。

（三）数量上以"丰"取胜

果实的成熟预示着收获季节的到来，果实累累象征着收获满满。许多观果类花卉果形小巧，但数量繁多，带给人岁稔年丰的感受，如金豆、火棘等。

二、常见的观果类花卉

（一）木本观花花卉

1. 南天竹（*Nandina domestica*）（图 4-1）

【别名】南天竺、红杷子、天竺、兰竹

【科属】小檗科、南天竹属

【形态特征】常绿小灌木，茎常丛生而少分枝，光滑无毛；叶集生于茎的上部，3回羽状复叶；小叶薄革质，椭圆形，顶端渐尖，全缘，上面深绿色，冬季变红色；圆锥花序直立，花小，白色，具芳香；花瓣长圆形，先端圆钝；浆果球形，熟时鲜红色，稀橙红色；花期为3—6月，果期为5—11月。

【生态习性】较耐阴，性喜温暖、湿润的气候，也耐寒；水分适应性强，既耐湿也耐旱；适宜在湿润肥沃、排水良好的砂质壤土生长。

【常见的栽培品种】玉果南天竹（N.domestica cv.Fire power）：果色黄。

【观赏用途】南天竹枝叶扶疏，形象清丽。冬季叶片转红，枝头浆果鲜红，经久不凋，赏叶观果俱佳。可配植于花境，点缀于假山，或布置于草地一角、庭院一隅。

2．火棘（Pyracantha fortuneana）（图4-2）

【别名】火把果、救军粮、红子刺、吉祥果

【科属】蔷薇科、火棘属

【形态特征】常绿灌木或小乔木，侧枝短，芽小，下延连于叶柄，叶柄短；花集成复伞房花序，花瓣白色，近圆形，果实近球形，橘红色或深红色；花期为3—5月，果期为8—11月。

【生态习性】喜光，稍耐阴；喜温暖，不耐寒。耐贫瘠，抗干旱，对土壤要求不严，以排水良好、湿润、疏松的中性或微酸性壤土为好。

【观赏用途】火棘是冬季重要的观果树种。可修剪成球形，布置于草坪之上，点缀于庭园之中；也可在园路旁条带状密植，修剪成绿篱；还可制作树木盆景，枝、叶也可作插花材料。

图4-1　南天竹　　　　　　　　　　　　图4-2　火棘

3．金弹（Fortunella×crassfolia）（图4-3）

【别名】金柑、金橘

【科属】芸香科、金柑属

【形态特征】常绿灌木，枝有刺；小叶卵状椭圆形或长圆状披针形，顶端钝或短尖，基部宽楔形；花单朵或 2～3 朵簇生长；花萼裂片 5 或 4 片；果圆球形，果皮橙黄至橙红色，味甜，油胞平坦或稍凸起，果肉酸或略甜；种子 2～5 粒，子叶及胚均绿色。花期为 4—5 月，果期 11 月—翌年 2 月。

【生态习性】喜光，但不宜强光暴晒；喜温暖、潮湿气候，抗寒力强。其土壤适应性较广，以 pH 值为 5.5～6.5 的微酸性土壤最为适宜。

微课：金豆

【观赏用途】金弹树形规整，枝叶繁茂、四季常青，果实金黄，观赏价值高。果熟于秋冬季节，可挂果过冬，适宜种植于庭院观赏；也常盆栽，为春节期间家庭装饰的观果盆花。

4. 长寿金柑（*Fortunella×obovata*）（图 4-4）

【别名】月月橘、寿星橘、四季金柑

【科属】芸香科、金柑属

【形态特征】常绿灌木或小乔木。枝开展，少分枝。单身复叶，翼叶甚窄；叶质厚，浓绿，阔卵圆形或倒卵形。单花或 2～5 簇生；花瓣 5 枚，白色，有香味。果实为倒卵形或阔卵形，有时略呈扁圆形，果顶部中央明显凹陷，果皮柠檬黄色至橙红色，果心实，果皮酸，果肉甚酸。花期为 4—5 月，果期为 11 月—翌年 1 月，有时可延至春节前后。

【生态习性】喜温暖、湿润、阳光充足的环境，以雨量充足、冬季无冰冻的地区栽培为宜。较耐寒，耐阴，耐瘠，耐涝。适合在土层深厚、疏松肥沃、富含腐殖质、排水良好的酸性壤土、砂质壤土或黏壤土中生长。

【观赏用途】长寿金柑丛生紧凑，四季常绿，观果期长，是常见的一种年宵观果植物，盆栽或地栽均可。

图 4-3　金弹

图 4-4　长寿金柑

5. 佛手（*Citrus medica* var. *sarcodactylis*）（图 4-5）

【别名】佛手柑、五指橘、五指香橼

【科属】芸香科、柑橘属

【形态特征】常绿灌木或小乔木。枝开展，少分枝。单身复叶，翼叶甚窄；叶质厚，浓绿，阔卵圆形或倒卵形。单花或 2～5 簇生；花瓣 5 枚，白色，有香味。果实呈倒卵形或阔卵形，有时略呈扁圆形，果顶部中央明显凹陷，果皮柠檬黄色至橙红色，果心实，果皮酸，果肉甚酸。花期为 4—5 月，果期为 10—11 月，可延至春节前后。

【生态习性】喜温暖、湿润、阳光充足的环境，以雨量充足，冬季无冰冻的地区栽培为宜。较耐寒，耐阴，耐瘠，耐涝。适合在土层深厚、疏松肥沃、富含腐殖质、排水良好的酸性壤土、砂质壤土或黏壤土中生长。

【观赏用途】佛手果实状如人手，姿态奇特，又能散发出醉人的清香，是名贵的冬季观果盆栽花木。

6. 轮生冬青（*Ilex verticillata*）（图 4-6）

【别名】北美冬青

【科属】冬青科、冬青属

【形态特征】落叶灌木，树高为 2～3 m。主根不明显，须根发达。单叶互生，长卵型或卵状椭圆形，具硬齿状边缘；叶片正面无毛，绿色，嫩叶古铜色，叶背面多毛，略白。雌雄异株，花乳白色，复聚伞花序，着生于叶腋处，雌花 3～6 朵，雄花几十朵聚生叶腋。核果浆果状，单果种子数为 4～6 粒。

【生态习性】喜光，但耐半阴。喜肥沃疏松的微酸性到中性土壤，弱碱性土壤也能适应。喜温暖、湿润环境，不耐持续干旱，但有较强的耐湿性和抗寒性，部分品种能抵御 −30 ℃的低温。

【观赏用途】轮生冬青耐寒性强，红果经冬不凋，且结果量大、挂果期长，是年宵观果类花卉珍品。轮生冬青在欧美大量栽培，主要用作切枝观赏，切枝水插期长达 2 个月，与多种切花都可完美配伍。株型矮小，适于盆栽观赏，可用于庭院美化，也可布置于公园草坪道旁、山石之间。

图 4-5 佛手

图 4-6 轮生冬青

7. 枸骨（*Ilex cornuta*）（图 4-7）

【别名】猫儿刺、老虎刺、八角刺、鸟不宿

【科属】冬青科、冬青属

【形态特征】树皮灰白色，幼枝具纵脊及沟；叶片厚革质，四角状长圆形或卵形，先端具 3 枚尖硬刺齿，中央刺齿常反曲，叶面深绿色。花序簇生；花淡黄色；果为球形，成熟时为鲜红色；花期为 4—5 月，果期为 10—12 月。

【常见变种】无刺枸骨（*Ilex cornuta* var. *fortunei*）：全缘，叶尖为骤尖（图 4-8）。

【生态习性】喜光，也能耐阴；喜温暖、湿润气候，稍耐寒。喜疏松肥沃、排水良好的酸性土壤，不耐盐碱。

【观赏用途】枸骨枝叶稠密，叶形奇特，深绿光亮，入秋红果累累，经冬不凋，是良好的观叶、观果树种。宜作基础种植及岩石园材料，也可孤植于花坛中心、对植于前庭、路口，或丛植于草坪边缘。枸骨也是很好的绿篱（兼有果篱、刺篱的效果）及盆栽材料。

图 4-7　枸骨

图 4-8　无刺枸骨

（二）草本观果花卉

1. 玫瑰茄（*Hibiscus sabdariffa*）（图 4-9）

【别名】洛神花、牙买加酸模

【科属】锦葵科、木槿属

【形态特征】一年生草本，高为 1～2 m。茎直立，粗壮，淡紫色，无毛。叶异形，下部叶卵形，不分裂；上部叶矩圆形，3 裂，边缘有锯齿，先端渐尖或钝，基部圆至宽楔形。花单生于叶腋；花萼肉质，杯形，紫红色；花冠大，深黄色。蒴果为卵球形。其 10 月开花，秋末冬初结果。

知识拓展：其他
草本观果花卉

【生态习性】阳性，喜光，耐热不耐寒。对土壤要求不太严格。

【观赏用途】玫瑰茄花冠美丽，紫红色的花萼肉质宿存，自蕾期至果期历经数月，均有良好的观赏效果。适宜于庭院栽培，也可配植于公园草地、路旁，墙角、亭侧。

2. 五彩椒（*Capsicum annum* cv. Cerasiforme）（图 4-10）

【别名】观赏辣椒、指天椒、佛手椒

【科属】茄科、辣椒属

【形态特征】多年生半木质植物，常作一年生栽培。株高为 30～60 cm，茎直立，分枝多。单叶互生。花单生叶腋或簇生枝梢顶端，花冠白色，形小。果实簇生于枝端。同一株果实可有红、黄、紫、白等各种颜色，且有光泽，盆栽观赏很惹人喜爱。

花期为 5—7 月。

【生态习性】中性，不耐寒，喜欢温热、光照充足，在潮湿肥沃的土壤中生长良好。

【观赏用途】五彩椒属于观果植物，果实鲜艳具有光泽，点缀在绿叶中显得小巧可爱，是夏秋季盆栽供室内观赏的好选择，也适合种植在花坛、花境中。

图 4-9　玫瑰茄　　　　　　　　　　　图 4-10　五彩椒

3. 乳茄（*Solanum mammosum*）（图 4-11）

【别名】黄金果、五指茄

【科属】茄科、茄属

【形态特征】直立草本。高约为 1 m，茎披短柔毛及扁刺，小枝披具节的长柔毛、腺毛及扁刺，刺蜡黄色，光亮；叶卵形，常 5 裂，裂片浅波状，先端尖或钝，基部微凹，两面密披亮白色极长的长柔毛及短柔毛；蝎尾状花序腋外生，常着生于腋芽的外面基部，披有与枝、叶相似的毛被，通常为 3 ~ 4 花；浆果为倒梨状，外面土黄色，内面白色，种子黑褐色，花果期在夏秋间。

【生态习性】喜温暖、光线充足、通风良好的环境，不耐寒，怕水涝和干旱。宜肥沃、疏松和排水良好的砂质壤土。其冬季生长温度不得低于 12 ℃。

【观赏用途】乳茄果实基部有乳头状凸起，或如手指，或像牛角。其果形奇特，观果期长达半年，果色鲜艳，是一种珍贵的观果植物，在切花和盆栽中广泛应用。

4. 红果薄柱草（*Nertera depressa*）（图 4-12）

【别名】珍珠橙、灯珠花、苔珊瑚

【科属】茜草科、薄柱草属

【形态特征】矮生常绿草本，茎匍匐，呈丛生状，节上常生根。叶对生，上部叶密集，下部叶疏离；叶片卵形或卵状三角形，长约为 6 mm，淡绿色，略为肉质化。其花无梗，顶生，单朵，细小。核果球形，成熟时红色。

【生态习性】耐半阴，忌强光直射。喜温暖、湿润，较耐寒，不耐旱。其适应疏松透气、排水良好的土壤环境，忌积水。

【观赏用途】红果薄柱草植株娇小精致，橘色珠状浆果色彩鲜艳，亮丽可爱。其植株耐半阴，挂果期长，是室内观果佳品。

图 4-11　乳茄

图 4-12　红果薄柱草

※ 技能实训

【实训一】园林观果花卉识别

一、实训目的

准确识别当地常见的园林观果花卉，掌握其形态特征、环境要求与园林应用。

二、材料工具

园林观果花卉实物、标本、图片。

三、方法步骤

（1）识别准备。提供植物标本与图片，引导学生细致观察。

（2）现场讲解。教师介绍现场各种园林观果花卉的名称与科、属，选择若干种花卉讲解识别要点与园林应用。

（3）学生辨识。学生仔细辨识各种观果花卉，完成园林观果花卉观察记录表（表 4-1）的填写。在学生辨识的过程中，教师在旁随时答疑解惑。

（4）复习巩固。引导学生课余时间反复训练，在达到准确辨识常见园林观果花卉的目的同时，掌握各园林观果花卉的形态特征、环境要求与观赏用途。

表 4-1　园林观果花卉观察记录表

序号	花卉名称	科	属	识别要点	环境要求	观赏用途
1						
…						

【实训二】室内观果花卉识别

一、实训目的

准确识别当地常见的室内观果花卉，掌握其形态特征、环境要求与养护特点。

二、材料工具

室内观果花卉实物、标本、图片。

三、方法步骤

（1）识别准备。提供植物标本与图片，引导学生细致观察。

（2）现场讲解。教师介绍现场各种室内观果花卉的名称与科、属，选择若干种花卉讲解识别要点、环境要求与养护特点。

（3）学生辨识。学生仔细辨识各种观果花卉，完成室内观果花卉观察记录表（表4-2）的填写。在学生辨识的过程中，教师在旁随时答疑解惑。

（4）复习巩固。引导学生课余时间反复训练，在达到准确辨识常见室内观果花卉的目的同时，掌握各室内观果花卉的形态特征、环境要求与观赏用途。

表4-2　室内观果花卉观察记录表

序号	花卉名称	科	属	识别要点	环境要求	观赏用途
1						
...						

※ 复习思考题

一、判断题

1. 观果类花卉是具有美丽肉果的植物专称。（　　）

2. 观果类花卉形态上以"奇"占优，故畸形果比果形端正的正常果更具观赏性。（　　）

3. 当前花卉市场上观果类花卉的果实色彩以鲜艳的蓝紫色为主。（　　）

4. 花卉市场上，观果类以草本植物为主。（　　）

5. 观果类花卉的结果量以"丰"取胜。（　　）

二、连线题

1. 将花卉名称及其果实类型用线连接起来。

紫珠　　　　　　　　　　　　　　仁果

金弹　　　　　　　　　　　　　　核果

小葫芦　　　　　　　　　　　　　浆果

枸杞　　　　　　　　　　　　　　柑果

火棘　　　　　　　　　　　　　　瓠果

2. 将植物名称及其所属的科用线连接起来。

乳茄　　　　　　　　　　　　　　柿树科

南天竹　　　　　　　　　　　　　茜草科

老鸦柿　　　　　　　　　　　　　胡颓子科

玫瑰茄　　　　　　　　　　　　　茄科

红果薄柱草　　　　　　　　　　　小檗科

长寿金柑　　　　　　　　　　　　冬青科

火棘　　　　　　　　　　　　　　蔷薇科

胡颓子　　　　　　　　　　　　　葫芦科

枸骨　　　　　　　　　　　　　　芸香科

小葫芦　　　　　　　　　　　　　锦葵科

三、简答题

1. 列举校内木本观果植物，选择 3 种简述其形态特征。

2. 列举校内或所在地区的草本观花植物，选择 3 种简述其形态特征。

单元五

观茎观根类等花卉及其识别

【单元导入】

较之于叶、花、果丰富的形态与色彩变化，大多数植物的根与茎表现得"朴实无华"，但也有一部分植物的根与茎形态独特、色彩别致，具有强烈的视觉冲击力，在花卉世界里别树一帜。这类以茎、根为主要观赏部位的花卉就被称为观茎类、观根类花卉。此外，还有一些植物的芽或叶柄等器官具有很高的观赏价值，如银芽柳具有银白色大芽与紫红色苞片、观音坐莲具有状如莲座的粗壮肉质叶柄，都极具观赏性。

【相关知识】

一、观茎类花卉

（一）观茎类花卉及其观赏特性

观茎类花卉是指以茎为主要观赏部位的花卉。茎（包括主茎及其各级分枝）构成了植物地上部的骨架，在很大程度上决定了植物的整体形象。茎的观赏性体现在形态、色泽与质感等方面。

1. 茎的形态

植物的整体形象与茎生长习性密切相关。例如，单干直立的五针松盆景，形象挺拔高耸；攀缘生长的铁线莲，姿态婀娜曼妙；而匍匐生长的沟叶结缕草，则容易形成绿草如茵的效果。观茎类花卉的茎往往具有一些独特的性状，如方竹茎的切面为方形、竹节蓼的上部分枝扁平带状、卫矛的枝具有宽阔的木栓翅等。

2. 茎的色泽

许多观茎类花卉具有奇特的茎枝色泽，如秆呈紫黑色的紫竹等。有些植物入秋后枝色加深，特别是一些落叶树落叶后观赏效果更好，如枝条红色的赤枫、黄色的金枝槐等在无叶的冬日里特别醒目。

3. 茎的质感

植物的质感是指人的视觉与触觉感受植物材料表面特性后，形成的对植物材料的综合印象。茎的质感特性是其观赏特性的重要组成部分，如许多松类盆景日常管理中要保护好主干翘裂的树皮，使之显得古朴苍劲。茎的质感由两方面因素决定。其中一方面是植物本身的因素，如茎的生长方式、干枝的粗度对比、色泽、纹理及附着物等；另一方面是外界因素，如观赏距离、环境光线等因素。

（二）常见的观茎类花卉

1. 飞龙枳（*Poncirus trifoliata* var. *maonstrosa*）

【科属】芸香科、枳属

【形态特征】小乔木，树冠伞形或圆头形；枝有刺，花单朵或成对腋生，通常为白色；果近圆球形或梨形，汁胞有短柄，果肉甚酸且苦，带涩味；种子阔卵形，乳白或乳黄色；花为5—6月，果期为9—11月。树矮叶小，枝条及枝刺均弯曲。

【生态习性】为温带树种，喜光，稍耐阴；喜温暖、湿润气候，耐寒力较酸橙强，耐热。对土壤要求不严，以肥沃、深厚的微酸性黏性壤土生长为宜。对二氧化硫、氯气抗性强，对氟化氢抗性差。

【观赏用途】枝条绿色而多刺，花于春季先叶开放，秋季黄果累累，可观花、观果、观叶。其在园林中多栽作绿篱或作屏障树，耐修剪，可整形为各式篱垣及洞门形状。飞龙枳树矮叶小，常作盆栽。

2. 金琥（*Echinocactus grusonii*）（图5-1）

【别名】象牙球、金琥仙人球

【科属】仙人掌科、金琥属

【形态特征】多年生草本多浆植物。茎圆球形，球体大，高可达1.2 m，直径可达1 m，浅黄绿色，顶部有多数浅黄色羊毛状刺；有20～37棱，棱上具刺座，有黄色硬刺4个，有光泽，有周刺8～10个。

【生态习性】性喜温暖、干燥及阳光充足的环境，耐热、耐瘠、不耐寒，忌湿；栽培以疏松、排水良好的砂质壤土为宜；生长适宜温度为18 ℃～30 ℃。

【观赏用途】金琥寿命很长，成年金琥花繁球壮，观赏价值很高且栽培容易，体积小，适合用于家居绿化。

知识拓展：其他常见的观茎类花卉

图 5-1 金琥

3．玉翁（*Mammillaria hahniana*）（图 5-2）

【科属】仙人掌科、乳突球属

【形态特征】多年生草本多浆植物。植株幼时呈扁球形或球形，以后长成圆筒状，直径为 10 cm 左右，淡绿色。疣状凸起呈圆锥形，新刺座的白色棉毛很短，疣突腋部则有 20 根白色长棉毛，棉毛弯曲伸展，将球体覆盖。每个刺座有周刺 20～30 根，白色；有中刺 2～3 根，尖端褐色。花紫红色，漏斗形。果实紫粉色，种子黑褐色。

【生态习性】喜夏季炎热、冬季温暖的气候和阳光充足的环境。耐干旱，不耐寒，怕涝渍。适宜在疏松、排水良好、富含腐殖质的沙壤土中生长。

【观赏用途】玉翁球体端正，雪白，开花时成圈开放，非常美丽。生长缓慢，适合家庭盆栽。

4．金手指（*Mammillaria elongata*）（图 5-3）

【别名】手指花

【科属】仙人掌科、乳突球属

【形态特征】茎肉质，形似人的手指。全株布满黄色的软刺。初始单生，后易从基部滋生仔球，圆球形至圆筒形，单体株径为 1.5～2 cm，体色明绿色。具有 13～21 个圆锥疣突的螺旋棱。黄白色刚毛样短小周刺 15～20 枚，黄褐色针状中刺 1 枚，易脱落。其春季侧生淡黄色小型钟状花，花径为 1～1.5 cm。

【生态习性】喜光，喜干耐旱；喜温暖，越冬期间应注意防寒；适合栽种在肥沃透气、排水良好的砂质土壤中。

【观赏用途】金手指株形精致，小巧易养，适合作为家居盆栽。

图 5-2 玉翁　　　　图 5-3 金手指

（一）观根与观根茎类及其观赏特性

观根类花卉是指以根为主要观赏部位的花卉。根是地下部器官，位于土表以下的根没有观赏意义，但裸露于地面、水养于玻璃容器的根就具有较高的观赏价值，如树木盆景强调"悬根露爪"，裸露的根系具有很重要的观赏价值。有些植物具有欣赏价值很高的变态根，如气生根垂丝如帘的锦屏藤、块根膨大裸露的人参榕等，都可称为观根类。

根茎也叫根状茎，是一种地下变态茎，但有些植物的根茎裸露，如圆盖阴石蕨的根系常匍匐于地面或附着于树干等处。由于根茎形象类似于根，这类植物在应用中常常被归为观根类花卉。

（二）常见的观根类及观根茎花卉

1. 圆盖阴石蕨（*Humata tyermanni*）（图 5-4）

【别名】白毛岩蚕、毛石蚕

【科属】骨碎补科、阴石蕨属

【形态特征】多年生匍匐草本蕨类，植株高达 20 cm。根状茎长而横走，密披绒状披针形鳞片，鳞片棕色至灰白色。叶远生，叶柄长为 1.5 ~ 12 cm，仅基部有鳞片，上部光滑；叶三至四回羽状深裂，裂片达 10 对以上，有短柄。孢子囊群近叶缘着生于叶脉顶端，囊群盖圆形。

【生态习性】喜温暖干燥，夏季需要半遮阴，对恶劣环境有较强的抵抗力，常见于香樟等树干上。

【观赏用途】圆盖阴石蕨体态潇洒，叶形美丽，根茎粗壮，密披白毛，形似狼尾，是做垂吊盆栽和盆景的好材料，如绑扎成动物形态如山鹿、小羊等，摆设案头、窗台，奇趣横生。

2. 人参榕（*Ficus macrocarpa* cv.Ginseng）（图 5-5）

【别名】河豚树，地瓜榕

【科属】桑科、榕属

【形态特征】人参榕是榕树（*Ficus microcarpa*）的变种。灌木或小乔木，侧根肥大如人参，常隆起外露在地表面。其他特征类似榕树。

【生态习性】性喜温暖、湿润的环境，不耐寒，当温度低于 6 ℃时，极易受到冻害。喜阳，耐半阴。喜疏松肥沃、排水良好、富含有机质、呈酸性反应的砂质壤土，碱性土易导致其叶片黄化、生长不良。

【观赏用途】人参榕根部形似人参，四季常绿、风韵独特，但不耐寒，多盆栽或制作为盆景欣赏。为提高观赏性，通常在植株上部嫁接金钱榕、卵叶榕等。

图 5-4　圆盖阴石蕨　　　　　　　　　　图 5-5　人参榕

3. 锦屏藤（*Cissus sicyoides*）（图 5-6）

【别名】蔓地榕、珠帘藤、一帘幽梦、富贵帘

【科属】葡萄科、白粉藤属

【形态特征】多年生常绿草质藤蔓植物，茎草质，具卷须，与叶对生；气生根线形，着生于茎节处，短截的气生根可分生多条侧根，下垂生长。初生气根紫红色，质地光滑脆嫩，老熟气根黄绿色，柔韧，长度可达 4 m；单叶互生，叶色深绿，阔卵形，叶尖渐尖，叶基心形，叶缘微具钝齿，叶柄绿色，叶脉为羽状脉，叶面平展；多歧聚伞花序，花小，呈白绿色，两性花。

微课：锦屏藤

【生态习性】喜阳，稍耐阴，耐旱、耐高温，要求土壤排水良好。

【观赏用途】锦屏藤绿叶密如幔、气根垂若帘，景观效果独特，适用于拱门、篱垣、棚架、绿廊等方式的垂直绿化。

图 5-6　锦屏藤

※ 技能实训

【实训一】观茎类花卉识别

一、实训目的

准确识别当地常见的观茎类花卉，掌握其形态特征、环境要求与园林应用。

二、材料工具

观茎类花卉实物、标本、图片。

三、方法步骤

（1）识别准备。提供植物标本与图片，引导学生细致观察。

（2）现场讲解。教师介绍现场各种观茎类花卉的名称与科、属，选择若干种花卉讲解识别要点与园林应用。

（3）学生辨识。学生仔细辨识各种观茎花卉，完成观察记录表（表5-1）的填写。在学生辨识的过程中，教师在旁随时答疑解惑。

（4）复习巩固。引导学生课余时间反复训练，在达到准确辨识常见观茎类花卉的目的同时，掌握其形态特征、环境要求与观赏用途。

表 5-1　观茎花卉观察记录表

序号	花卉名称	科	属	识别要点	环境要求	观赏用途
1						
...						

【实训二】观根及观根茎类花卉识别

一、实训目的

准确识别当地常见的观根及观根茎类花卉，掌握其形态特征、环境要求与观赏用途。

二、材料工具

观根及观根茎类花卉实物、标本、图片。

三、方法步骤

（1）识别准备。提供植物标本与图片，引导学生细致观察。

（2）现场讲解。教师介绍现场各种观根及观根茎类花卉的名称与科属，选择若干种花卉讲解识别要点、环境要求与观赏用途。

（3）学生辨识。学生仔细辨识各种观根及观根茎类花卉，完成其观察记录表（表5-2）的填写。在学生辨识的过程中，教师在旁随时答疑解惑。

（4）复习巩固。引导学生课余时间反复训练，在达到准确辨识常见观根及观根茎类花卉的目的同时，掌握其形态特征、环境要求与观赏用途。

表 5-2　观根及观根茎类花卉观察记录表

序号	花卉名称	科	属	识别要点	环境要求	观赏用途
1						
...						

一、判断题

1. 观茎类是指具肉质茎的花卉。（　　）

2. 观根类花卉的根系通常具有鲜艳的色彩。（　　）

3. 红瑞木、火殃勒都是观茎类花卉。（　　）

4. 观根类花卉是指以根为主要观赏部位的花卉。（　　）

5. 具有根茎的植物都具有较高的观赏性。（　　）

二、连线题

1. 将花卉名称及其主要观赏器官用线连接起来。

锦屏藤　　　　　　　　　　　　　　芽

银芽柳　　　　　　　　　　　　　　根茎

圆盖阴石蕨　　　　　　　　　　　　块根

观音坐莲　　　　　　　　　　　　　气生根

睡布袋　　　　　　　　　　　　　　叶柄

2. 将植物名称及其所属的科用线连接起来。

金琥　　　　　　　　　　　　　　　葡萄科

人参榕　　　　　　　　　　　　　　大戟科

红瑞木　　　　　　　　　　　　　　仙人掌科

火殃勒　　　　　　　　　　　　　　豆科

圆盖阴石蕨　　　　　　　　　　　　葫芦科

锦屏藤　　　　　　　　　　　　　　骨碎补科

飞龙枳　　　　　　　　　　　　　　山茱萸科

睡布袋　　　　　　　　　　　　　　百合科

文竹　　　　　　　　　　　　　　　芸香科

金枝槐　　　　　　　　　　　　　　桑科

三、简答题

1. 列举 2 种观茎植物，并简述其形态特征。

2. 列举 2 种观根或观根茎植物，并简述其形态特征。

模块二 花卉繁殖

知识目标

1. 理解花卉繁殖的概念，明确花卉繁殖的意义；
2. 了解播种、扦插、嫁接、压条、分生繁殖及植物组织培养的特点与应用；
3. 掌握播种、扦插、嫁接、压条、分生繁殖及植物组织培养的基本理论；
4. 熟悉各种繁殖方式的育苗程序。

能力目标

1. 能够采集与调制种子，会检测种子生活力，能够进行花卉播种繁殖；
2. 能够进行花卉的扦插、压条、分生及嫁接繁殖；
3. 能够配制组织培养基，会灭菌与无菌操作，能够进行花卉组织培养。

素质目标

1. 具有精益求精的工匠精神；
2. 具有谦虚好学的学习态度；
3. 具有吃苦耐劳、踏实肯干的工作态度。

花卉的繁殖是自然界花卉植物繁衍后代、扩大种群的过程，也是园林花卉苗木生产、种质保存及品种繁育的重要环节。

花卉繁殖的方法可分为有性繁殖与无性繁殖两大类。前者主要是指播种繁殖，后者又称营养繁殖，是指利用植物营养器官进行繁殖，包括扦插、压条、分生、嫁接等。花卉植物的种类繁多，不同植物的生物学特性各异，适用的繁殖方法也不尽相同。如大多数一二年生花卉适合播种，宿根花卉常用扦插、压条等方法，球根类适合分球，而木本花卉则常用扦插、嫁接、压条等营养繁殖方法。

单元六

播种繁殖

【单元导入】

"春种一粒粟，秋收万颗子。"种子是植物的繁殖器官，播种繁殖是最古老的植物繁殖方式。播种繁殖有哪些特点？在花卉上有哪些应用？种子的质量如何评价？如何确定播种期与播种量？怎样选择合理的播种方法？播种后应如何管理？让我们带着这些问题，进入本单元的学习。

【相关知识】

一、播种繁殖的特点与应用

播种繁殖又称种子繁殖、实生繁殖，是指以种子为繁殖材料培育新植株的繁殖方法。播种繁殖培育的苗木叫作实生苗。本书中，种子的概念包括植物学概念的种子及类似种子的干果。

● 拓展知识 ◎

关于"种子"

植物学上的"种子"与植物生产上的"种子"概念不同。前者是指胚珠经过受精发育而成的生殖器官，其基本结构是种皮、胚与胚乳，其中有些种子缺乏胚乳，被称为无胚乳种子。

被子植物的种子着生于果实之中，许多植物的种子成熟时，果皮（或果皮的一部分）成为保护种子的外围屏障，且不少种类的果皮与种皮愈合成一体不可分离（如波斯菊、高羊茅等），即形成类似种子形态的果实，植物生产上将这些果实也称为"种子"。生产上更广义的"种子"，泛指用于繁殖的植物材料（如鳞茎、球茎等）及通过组织培养获取的体细胞胚。

（一）播种繁殖的特点

与扦插、压条、嫁接等营养繁殖相比，播种繁殖具有以下特点：

（1）繁殖方法简单，繁殖系数大，便于大量繁殖。

（2）播种繁殖苗根系发达，生长迅速，对环境条件的适应性强。

（3）播种繁殖苗具有童期，寿命长。因童期的存在，植株开花结实期较晚，某些木本花卉，若采用播种繁殖，开花结果期将大大推迟。

（4）播种繁殖苗容易出现后代明显的性状分离。有些异花授粉的花卉，因品种间极易相互杂交，优良性状难以保证，种性退化明显。

（5）种子不带病毒，可用于无病毒苗的繁育。利用播种繁殖脱毒苗木是防控病毒病的有效手段。

（二）播种繁殖的应用

（1）直接用于成品苗的培育。生命周期较短的一二年生花卉等以播种育苗为主。

（2）用于嫁接苗的砧木。碧桃、梅花、金橘等木本花卉常采用嫁接繁殖，其砧木一般采用播种繁殖。

（3）用于花卉杂交育种。

二、种子的采收与贮藏

种子的采收与贮藏直接影响种子的质量与生活力。必须掌握种子的成熟规律，准确判断其成熟度，做到适时采收。不同植物的种子寿命各异，贮藏期间的环境要求也不一致，恰当的贮藏方法有利于延长种子寿命，提高播种质量。

（一）种子的成熟

种子的成熟是胚与胚乳完成发育的过程，可分为生理成熟与形态成熟两种状态。

（1）生理成熟。生理成熟是指种子形成了具有发芽能力的种胚。在生理成熟期，大多数植物种子含水量高，内部营养物质呈溶胶态，种胚发育完全，在适宜条件下随时可能萌发；但因其种皮（或果皮）发育不充分，容易发生失水、内部营养外渗、微生物侵染等现象，难以长期贮藏。

（2）形态成熟。形态成熟是指种子的外部形态呈现出固有的成熟特征。在形态成熟期，植物种子含水量低，内部营养物质呈凝胶态；种皮（或果皮）致密，籽粒饱满，抗性强，耐贮藏。

大多数花卉种子的生理成熟先于形态成熟或与之同步，当外观形态呈现出成熟特征时，其种胚也已经具备了良好的发芽能力，如诸葛菜、凤仙花等。另外，也有少数花卉种子在形态成熟时，生理上尚未成熟，不具备发芽能力，如桂花种子在形态成熟时，种胚尚未发育完全，需要再经过一段时间的发育才能具备发芽能力。这种生理成熟晚于形态成熟的现象，叫作生理后熟。

（二）种子的采收

1．母株的选择

采收的种子要求有优良的遗传品质，因此选择的母株必须保证观赏性好、品种纯正且遗传稳定。对容易发生实生变异的花卉种类，要有隔离良好的留种地，以避免杂交退化。另外，收获的种子要有良好的播种品质，选择的母株要生长健壮、无病虫害、抗逆性强。

2．种子的采收

种子的采收时期主要取决于其成熟期，一般以形态成熟为采收标志。每种花卉种子成熟时均会呈现特定的形态特征，如一串红种子呈褐色、石竹种子呈黑色时标志着种子成熟，此时就是适宜采收期。适时采收还要注意花卉的果实类型，肉质果类通常在果皮充分转色（如山茱萸、君子兰等呈红色，八角金盘、小蜡等呈黑色）、肉质软化时采收，裂果类（如凤仙花、三色堇等）应在果皮开裂前进行采收，果实与种子成熟期集中或成熟后不易散落的（如紫荆、蔷薇等），可一次性采收，而果实、种子分批成熟且容易逸失的（如大花马齿苋、三色堇等），应分批采收。

3．种子的调制

为获得纯净而优质的种子，并使其达到适于贮藏或播种的程度，种子采收后要进行各种处理，这个过程就叫作调制。调制的主要内容包括脱粒、净种、干燥与分级。干果类、球果类脱粒可用干燥法，肉果类可用堆沤、水洗法。净种的目的是去除杂物、秕种、不健康的种子，方法有风选、水选、筛选、粒选等。干燥是调制的重要环节，其方法可分为晒干法和阴干法。前者适用于种皮坚硬、安全含水量低的种子；后者适用于种皮薄、安全含水量高的种子，即在净化与干燥的基础上，将同一批种子按大小、轻重分级，以便于播种。

● **小贴士** ◎

种子包衣技术

所谓种子包衣（图6-1），是采取机械或手工方法，按一定比例将含有杀虫剂、杀菌剂、复合肥料、微量元素、植物生长调节剂、缓释剂和成膜剂等多种成分的种衣剂均匀包覆在种子表面，形成一层光滑、牢固的药膜。随着种子的萌动、发芽、出苗和生长，包衣中的有效成分逐渐被植株根系吸收并传导到幼苗植株各部位，使种子及幼苗免受种子带菌、土壤带菌及地下、地上害虫的侵害。种子包衣后，可使小粒种子大粒化，不规则种子成形化，提高了播种速度与精度，促进了种子的标准化、机械化、产业化发展。包衣种子苗期生长旺盛，叶色浓绿，根系发达，植株健壮，从而达到增产增收的目的。

彩图 6-1

净种子　　　　　　　　　包衣种子

图 6-1　种子包衣前后对比

（三）种子的贮藏

经过调制的种子要妥善贮藏，以保证种子的生活力。

1. 种子贮藏的条件

种子贮藏的目标是通过控制环境因子，降低呼吸消耗，保持种子的生活力。

（1）温度。温度影响着种子的呼吸速率及内含物的分解与转化，也影响着环境微生物的活动。有研究表明，0 ℃～50 ℃时，随着温度的降低，呼吸作用减弱，种子的寿命延长，温度每降低 5 ℃，种子寿命可延长 1 倍。如果在贮藏期间出现超过其生存极限的高温或低温，种子就会出现严重的生理障碍，甚至死亡。贮藏期温度过高或过低均不利于种子的保存。研究表明，0 ℃～5 ℃最有利于保存种子的生活力。

（2）湿度。环境湿度是引起种子含水量变化的主要因素，对种子寿命产生很大的影响。环境相对湿度达 70% 时，多数种子含水量在 14% 左右，这是一般种子安全贮藏含水量的上限。当相对湿度为 20%～50% 时，多数种子的贮藏寿命最长。

（3）通气性。贮藏环境的通气条件直接影响种子中气体的交换能力。保持贮藏环境良好的通风条件，可以及时扩散呼吸产生的热量与水汽，降低环境的温度与湿度；维持环境中二氧化碳与氧气的平衡，防止无氧呼吸，避免种子酒精中毒。

（4）生物因子。微生物是贮藏环境中最重要的生物因子，微生物的侵染会导致种子霉烂变质，丧失发芽能力。此外，贮藏时出现害虫、鼠类等都是有害生物，会直接导致种子损失或变质。

2. 种子贮藏的方法

种子的贮藏方法可分为干藏、湿藏、水藏、真空贮藏和超干贮藏等类别。

（1）干藏法。干藏适用于标准含水量低的种子。具体又可分为普通干藏、密封干藏和低温干藏。

①普通干藏就是将干燥种子装入麻袋、木桶等容器中，置于凉爽通风的干燥环境中贮藏。普通干藏方法简便、经济实用，一般适用于种子的短期贮藏。

②密封干藏是指将干燥的种子密封在容器内，长期保持种子的低含水量，以延长种子寿命的贮藏方法。密封干藏广泛用于花卉种子保存，对一些存活率低的种子的保存效果尤为明显。

③低温干藏是指将干燥种子放入低温环境贮藏。低温干藏的温度可控制在 5 ℃左右，空气湿度控制在 20% ～ 50%。

（2）湿藏法。湿藏适用于标准含水量高且具有自然休眠特性的种子。常用的保湿材料为洁净而湿润的河沙，河沙的湿度为 60% 左右，以手握成团不滴水、松开裂成数团不散沙为宜。根据沙藏地点可分为露天贮藏、室内堆藏与窖藏法。南方地区常用室内堆藏，贮藏含水量高的大粒种子也可用窖藏法。

种子与湿沙的混合有分层堆积及不分层混合堆放两种方式。种子与湿沙分层堆积的方法叫作层积沙藏，在贮藏室的底部铺上一层厚度约为 10 cm 的河沙，再铺上一层种子，如此反复，使种子与湿沙交互作层状堆积。不分层的混合堆放是指将种子与河沙按一定比例混合后，在堆底一般要先铺上一层厚度约为 10 cm 的湿沙，再将种子与沙的混合物堆放在上面。

（3）水藏法。水藏适用于荷花、睡莲等水生花卉种子的保存。贮藏水温宜控制在 5 ℃左右。

（4）真空贮藏法。真空贮藏法是将种子放入密闭容器中，然后抽真空保存的一种方法。这种方法适合种子的长期保存。

（5）超干贮藏法。种子超干贮藏也称超低含水量贮藏，是将种子含水量降至 5% 以下，密封后在室温或稍低温度条件下贮存种子的方法。超干贮藏适合标准含水量低、耐干性强的脂肪类种子。使用超干贮藏法的种子在萌芽前必须采取有效措施，如 PEG 引发处理、逐级吸湿平衡水分等。

三、种子生活力的测定

种子潜在的发芽能力，称为种子生活力。为了确定种子质量和计划播种量，应在贮藏或播种前测定种子的生活力。

（一）发芽试验

取一定数量的种子，在适宜的条件下，使其发芽，根据其发芽

微课：种子生活力快速测定

百分比来确定种子的生活力。

（二）染色法

染色法是一类常用的快速测定种子生活力的方法，根据其染色原理可分为两类：第一类是根据细胞膜的选择透过性来判断，活细胞的细胞膜完整，可有效阻隔染料进入细胞，避免被染色；而死细胞的细胞膜功能丧失，容易着色。因此，凡是染色的为失去生活力的种子，不染色的为活种子，这类染色剂有靛蓝胭脂红、红墨水、甲基红、甲基蓝等。第二类是根据氧化还原原理检测的，活的种子能进行正常的呼吸作用，能在代谢中产生氢等还原性物质，与药剂发生氧化还原反应而着色，如常用的TTC（2，3，5－氯化三苯基四氮唑）染色法。用无色TTC（氧化态）的水溶液浸泡种子，使之渗入种胚的细胞内，如果种胚具有生命力，其中的脱氢酶就可以将TTC作为受氢体使之还原成红色，如果种胚死亡便不能染色，种胚生命力衰退或部分丧失生活力则染色较浅或局部被染色，因此，可以根据种胚染色的部位或染色的深浅程度来鉴定种子的生命力。

（三）X光显影法

将种子用$BaCl_2$溶液浸泡后，用X光照像，凡丧失生活力的种子，钡盐可渗入，照片不显影，而有生活力的种子能则显影。

（四）H_2O_2法

用3%的H_2O_2溶液滴在种子切面上，凡是切面有气泡的为有生活力种子，没有气泡的为无生活力种子。

四、种子发芽的条件

具有生活力的种子在适宜的内部生理状态与外界环境因素的共同作用下，就会进入萌芽状态。

（一）种子发芽的生理基础

（1）种子具有生活力。

（2）完成自然休眠。自然休眠是指具有生活力的种子在适于发芽的环境中不能萌发的现象。自然休眠在许多植物中都存在，引起自然休眠的原因主要有种皮（或果皮）结构的障碍、种胚发育不完全、种子存在生长抑制物质。在自然界，冻融交替、干湿交替、微生物的作用等均能破坏种皮的结构，促进透水通气。生产上也采用各种机械的（如机械破壳）、物理的（如冷热处理）、化学的（如酸处理、生长调节剂处理）方法进行处理，打破自然休眠，促进发芽。

（二）种子发芽的环境条件

种子发芽需要一定的温度、充足的水分及良好的通气性。此外，有些种子对光照等条件也有特殊的要求。

（1）水分。种子的萌发需经历吸胀、萌动（也称露白，即胚根突破种皮）、出芽3个阶段。吸胀阶段要保证充足的水分供应，便于吸水后种皮膨胀、软化、破裂。萌动与出芽阶段需要的土壤水分依种类而异，一般以田间持水量的60%为宜。水分过多，通气不良，容易烂种；水分不足，则吸涨不充分，萌芽缓慢、不整齐，出苗率低。

（2）温度。任何种子的萌芽都需要在一定的温度条件下进行，不同的花卉，种子发芽所需要的温度也不同，大多数花卉种子发芽的最适宜温度为18 ℃～21 ℃。

（3）氧气。种子的发芽需要充足的氧气，如果土壤通气不良，就会影响种子的正常出苗，甚至因呼吸受阻而霉烂。

（4）光照。大多数花卉种子的萌发不受光照条件的影响，这类种子称为中光种子；有些花卉如紫苏、毛地黄、矮牵牛等，在有光照的条件下能正常萌芽，黑暗环境中则不能萌芽或发芽率低下，这类种子称为需光种子或好光种子；还有些花卉（如雁来红、千日红等）在有光的条件下不能正常萌芽，而在黑暗环境中发芽良好，这类种子称为嫌光种子。

五、播种及播后管理

（一）播种时期

不同花卉的种子萌芽及植株生长需要不同的环境条件，播种时期应根据当地的气候条件、花卉的生物学特性及目标花期而定。一般花卉的播种时期可分为以下几种：

（1）春播。一年生草花大多为不耐寒花卉，多在春季播种。大多数不耐寒常绿宿根花卉也适宜春播。我国江南地区在3月中旬到4月上旬播种；北方约在4月上中旬播种。

（2）秋播。二年生草花大多为耐寒花卉，多在秋季播种。要求在低温与湿润条件下完成休眠的宿根花卉，如芍药、鸢尾、飞燕草等也适宜秋播。我国江南地区多在10月上旬至10月下旬播种；北方地区多在9月上旬至9月中旬播种，冬季入温床或冷床越冬。

（3）随采随播。有些花卉的种子含水量高，寿命短，失水后易丧失发芽力的花卉应随采随播，如棕榈树、四季海棠、南天竹、君子兰、枇杷、七叶树等。

（4）周年播种。热带和亚热带花卉及部分盆栽花卉，在满足水分、氧气等条件下，成熟种子萌发主要受温度影响，如果温度合适，种子随时萌发。因此，在有条件时，可进行周年播种，如中国兰花、热带兰花、鹤望兰等。

（二）播种量

播种量是指单位播种面积所需种子的公斤数。播种量取决于单位面积的育苗数、种子的平均质量、种子的发芽率与纯净度。播种量可通过以下公式计算：

$$播种量（kg）＝\frac{单位面积育苗量（株）}{每\,kg\,的种子数（粒/kg）×种子的发芽率×种子净度}$$

（三）播种方法

播种方法有点播、条播与撒播。方法的选择因花卉的种类、种子的大小、播种育苗的方式而定。

（1）点播。点播按一定的株行距挖穴播种，或按行距开沟再按株距在沟内播种。点播用种量小，花苗生长好，便于管理，但用工量大，育苗产量较低。点播主要适用于大粒种子的播种。

（2）撒播。撒播是将种子均匀撒于苗床上的播种方法。撒播土地利用率高、单位面积产苗量大，但用种量大、密度大、通风透光性差、容易徒长、病害容易发生。撒播主要适用于小粒种子的播种。

（3）条播。条播按一定的行距开沟，将种子均匀播于播种沟内。与撒播相比，条播省种子、行距清晰、通风性好、便于管理，但用工量较大、育苗量较低。与点播相比，条播省工、育苗产量高，但用种量大、播后的管理工作量较大。条播适用于大多数花卉种子的播种。

（四）播种深度

播种深度应根据种子大小、幼苗类型、土质、气候条件而定。大粒种子宜深，小粒种子宜浅；子叶出土幼苗宜浅，子叶留土幼苗宜深；土质疏松的宜深，黏重的宜浅；旱季宜深，雨季宜浅；秋播宜深，春播宜浅。一般大粒种子覆土厚度为种子厚度的 2～3 倍，小粒种子以盖住种子为度；微细种子可以不覆土。

（五）播后管理

1. 出苗期的管理

出苗期管理的目的是种子出苗快速整齐，幼苗生长健壮。满足种子发芽所需的温度、湿度及通气性要求是此期管理的重点。

（1）灌水。出苗期间，要保持土壤湿润，不能过干或过湿。播种初期，为满足种子吸胀需要，供水可稍多些，发芽后可适当减少。在干旱季节，应在种子播入前灌透水一次，土壤充分渗水后再播种覆土。要注意灌水方式，可采用喷壶洒水、微喷等方式，切忌漫灌，以免土壤板结，影响通气，妨碍出苗。

（2）覆盖与去覆盖。播种后应立即覆土，覆土后可再在床面覆盖一层稻草，然后用细孔喷壶充分喷湿。在低温或干旱季节，还应加盖小拱棚增温保湿。

幼苗出土后，应及时除去覆盖物，以免黄化徒长。如果出苗后气温尚低，可先除去地面覆草，防止幼苗主茎弯曲。白天气温高时，可以半启或揭开小拱棚棚膜，晚上再盖回棚膜，待气温升高、幼苗渐趋老熟后，除去小拱棚。

2. 间苗、补苗与移栽

为防止幼苗过密影响生长，应及时间苗，可一次性完成，也可分期进行。当幼苗长出 2～3 片真叶时，可进行第一次间苗；在第一次间苗之后 20 d 左右进行第二次间苗。间苗时应除去病虫苗、过密苗、发育不良苗。间出的健壮苗，应另行栽种。间苗后要注意随时填补苗根空隙，并及时灌水。

因撒种不均匀、管理不当、病虫危害等原因，苗地会出现不同程度的缺株现象，这时可用补苗来补救。补苗时间宜早不宜迟，可以与间苗结合起来进行。

采用床播的，应适时进行移栽。移栽时期因花卉种类而异，一般草本花卉可在幼苗3叶期前后移栽，移栽前宜充分灌水，以保持苗床湿润，移栽后宜遮阴保湿，以利于成活。

3. 肥水管理

苗期根系弱小，组织幼嫩，不耐干旱；水分过多又会发生烂根现象，因此水分管理必须精细。地势宜高，要有完善的排水系统，大雨时能做到速排雨水。灌水方法以喷灌、滴灌等对土壤结构影响较小的方法为宜，灌溉时间应避开中午高温时段，土壤含水量应保持在田间持水量的 60%～70%。

除播前基肥施用外，在幼苗生长期还应适时补充营养。土壤追肥应薄肥勤施，可每隔 1～2 周施一次薄肥。根外追肥要注意浓度控制，如尿素液浓度一般控制在 0.3%～0.5%。

4. 病虫害防治

要本着"预防为主、综合防治"的原则，开展病虫害防治。苗期病虫害因花卉种类而异，注意对症下药。

※ 技能实训 ✿

【实训一】种子生活力的快速测定

一、实训目的

学会用 TTC、红墨水、H_2O_2 法快速检测种子生活力。

二、材料工具

花卉种子（如向日葵）、恒温箱、烧杯、培养皿、镊子、刀片、天平、蒸馏水、3% 的 H_2O_2、0.5% 的 TTC 溶液、5% 的红墨水。

三、方法步骤

（一）TTC 染色法（图 6-2）

有生活力种子的胚具呼吸作用，当 TTC 渗入种胚中的活细胞时，作为氢的受体被还原，由无色的 TTC 变为红色的 TTF，细胞被染色。无生活力的死种子则无此反应。

（1）取样。随机选取待测种子 100 粒。

（2）浸种。将待测种子放在 30 ℃ ～ 35 ℃ 的温水中浸种，使其充分吸胀。有些花卉种子，有坚硬而易剥的果皮包被，宜先去除果皮，以利于种子吸水。

（3）显色。将浸泡后的种子剥去种皮，放入培养皿中，倒入 0.5% TTC，以淹没种子为度。然后放置在 30 ℃ 的恒温箱中 0.5 ～ 1 h。

（4）结果观察与统计。凡种胚被染为红色的是活种子，不着色的为死种子。计算活种子的百分比。

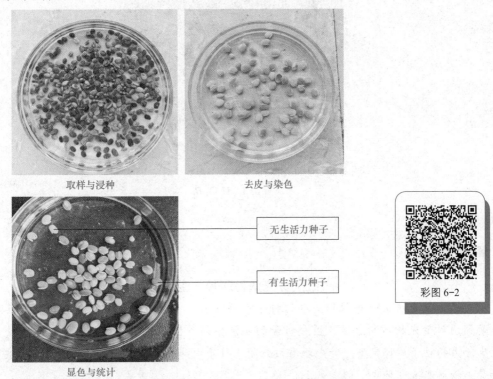

取样与浸种　　　　　去皮与染色

无生活力种子

有生活力种子

彩图 6-2

显色与统计

图 6-2　TTC 染色法

（二）红墨水染色法

活细胞的细胞膜具有选择性吸收物质的能力，能阻隔染料分子进入细胞；而死细胞的细胞膜功能丧失，染料就能进入细胞而给其染色。

（1）取样。随机选取待测种子 100 粒。

（2）浸种。将待测种子放在 30 ℃ ～ 35 ℃ 温水中浸种，使其充分吸胀。有些花卉种子有坚硬果皮包被，宜先去除果皮，以利于种子吸水。

（3）染色。将浸泡后的种子剥去种皮，放入培养皿中，倒入 5% 的红墨水溶液，以淹没种子为重，然后将其放置在 30 ℃ 恒温箱中 10 ～ 15 min。

（4）结果观察与统计。染色后倒去红墨水溶液，用水冲洗种子，至冲洗液无色为止。凡种胚被染为红色的是死种子，不着色或着色很浅的为活种子。计算活种子的百分比。

（三）H₂O₂法（图6-3）

（1）取样。随机选取待测种子100粒。

（2）剖切。用刀片将种子切成两半。

（3）滴测。在切口上滴入3%的H_2O_2，观察切面有无气泡产生。

（4）结果观察与统计。有生活力的种子，切口滴入H_2O_2后，会产生气泡；无生活力的种子则没有气泡产生。计算活种子的百分比。

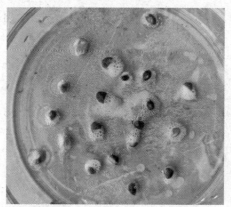

活种子切断后，断面滴3%H_2O_2，不断冒气泡

图6-3　H₂O₂法

● **拓展知识** ◎

纸上荧光法检测种子生活力

纸上荧光法是一种操作简单的种子检测方法，特别适用于十字花科植物。其原理是利用对荧光物质的透性来区分种子的死活。许多植物种子中都含有荧光物质，具有生活力的种子质膜完整，荧光物质被封闭于种子内部；而已经死亡的种子，质膜破坏，荧光物质能透过种皮，留在纸上。

【实训二】紫茉莉种子穴盘播种育苗（图6-4）

一、实训目的

学会花卉穴盘播种育苗技术。

二、材料工具

紫茉莉种子、穴盘、小花铲、水桶、小筛子、基质、细孔喷壶。

三、方法步骤

（1）播前处理。挑选籽粒饱满、高活力、高发芽率的种子。为使种子发芽一致，播种前应进行种子处理。可将种子放入50 ℃～60 ℃的水中，顺时针搅拌20～30 min，待浸泡一段时间后，漂去瘪粒，用清水冲洗干净，滤去水分，再晾干。

（2）苗盘选择。苗盘的穴孔有圆锥形、方锥形，穴孔形状以方锥体形为宜，这种穴盘有利于引导根系向下伸展。用过的穴盘在使用前应清洗和消毒，可用800倍的多菌灵浸泡容器，防止病虫害的发生或蔓延。

（3）装盘。装盘是指将准备好的熟土或配好的基质装入穴盘。熟土装盘时不可用力压紧，以防破坏土壤物理性质。如果采用泥炭、珍珠岩、蛭石等疏松的基质，可稍微压实。基质不可装得过满，以防浇水时水流出。将装好基质的穴盘摆在一起，两手放在上面，均匀下压。使育苗孔的沿口没有基质残留。

（4）播种。将种子仔细点入穴盘，每穴一粒，再轻轻盖上一层细土，与小格相平为宜。

（5）浇水。播种后及时浇水，穴盘底部有水渗出即可。由于穴中基质量少，平时的浇水次数较多，以穴盘底孔有水渗出为准。

（6）播后管理。冬春季出苗前可用地膜覆盖，保温保湿，夏季要放在阴凉处。当小苗长出3～4片真叶时，即可定植。

温汤浸种　　　　穴盘选用　　　　基质装盘

打孔　　　播种　　　覆土　　　浇水

图6-4　紫茉莉穴盘播种育苗

● **拓展知识** ◎

穴盘育苗技术的优点

穴盘育苗技术是一种适合工厂化育苗生产的育苗方式，20世纪80年代中期传入我国，与传统育苗方式相比，它具有以下几个优点：播种后出苗快，幼苗整齐，成苗率高，节省种子量；苗龄短，幼苗素质好；根系发达、完整，移栽时伤根少，缓苗期短；苗床面积小，管理方便，便于运输；基质通过消毒处理，苗期病虫害少。

一、名词解释

1．播种繁殖

2．种子净度

3．发芽率

4．种子生活力

5．嫌光种子

二、填空题

1．种子的成熟是_____与_____完成发育的过程，分_____成熟与_____成熟两种状态。种子的采收时期一般以_____为采收标志。

2．种子调制的主要内容包括_____、_____、_____与_____。

3．根据种子寿命的长短，可将种子分为_____、_____与_____3种类型。

4．种子贮藏的方法可分为_____、_____、_____、_____及_____等类别。

5．优质的花卉种子应该具备_____、_____、_____及_____等特点。

6．种子发芽均需要一定的_____、充足的_____及良好的_____。此外，有些种子对_____等条件也有特殊的要求。

三、简答题

1．播种繁殖有哪些特点？

2．试分析贮藏的环境条件对种子的影响。

3．试述种子的播后管理方法。

单元七

扦插繁殖

【单元导入】

俗话说"无心插柳柳成荫"，扦插是一种常用的植物繁殖方法，简单易行，但不同植物的扦插难度也不同。扦插成活的原理是什么？扦插繁殖有哪些类型？影响扦插生根的因素有哪些？如何促进扦插生根？让我们带着这些问题，进入本单元的学习。

【相关知识】

一、扦插繁殖的特点

扦插繁殖是指剪取植物的一部分营养器官，插入土中、水中或栽培基质中，使其生根、发芽，成为独立的新植株。最常见的扦插类型是枝插，其繁殖材料叫作插条或插穗。

（一）扦插繁殖的优点

（1）扦插繁殖是无性繁殖的一种，能保持原品种的优良性状。
（2）利用成年植株的枝叶扦插，较播种繁殖开花结果早。
（3）繁殖方法简单，繁殖材料丰富，便于大量繁殖。

（二）扦插繁殖的缺点

（1）扦插繁殖苗无主根，根系入土浅，抗逆性弱。
（2）植株长势不如播种苗，寿命也较短。

二、扦插成活的原理

（一）不定根与不定芽的形成

扦插繁殖的原理主要是基于植物营养器官具有的再生能力，可发生不定根和不定芽从而成为新植株。

当根、茎、叶脱离母体时，伤口处会在愈伤激素的刺激下产生愈伤组织，并在愈伤组织附近产生不定根或不定芽。对于枝插来说，成活的关键就在于生根，不定根较容易在枝条的节部发生，剪切插穗时下端切口宜贴近节部。不定根与不定芽的发生都有极性现象，无论是根还是枝，一般总在形态学上端抽枝，在下端发根，因此扦插时不能颠倒。

插穗的不定根形成的部位因植物种类而异，通常可分为皮部生根型、愈伤组织生根型和混合生根型3种。

（1）皮部生根型。皮部生根型植物的髓射线与形成层交叉处，容易分化出根原基，这种类型容易生根。

（2）愈伤组织生根型。愈伤组织生根型植物在愈伤组织形成后，愈伤组织及其附近的活细胞在激素的作用下，产生根原基，最终形成不定根。这种类型的植物，愈伤组织形成是生根的先决条件；但愈伤组织能否分化出根原基并形成不定根，还取决于环境因素与激素水平。难生根的植物大多属于这种类型。

（3）混合生根型。混合生根型植物兼具皮部生根与愈伤组织生根两种生根方式的特点，这类植物一般也容易扦插。

（二）影响生根的因素

1. 内部因素

（1）花卉种类。不同花卉的遗传基础不同，生根类型不同，扦插生根的难易程度也不同。仙人掌、景天科、杨柳科的花卉普遍容易扦插生根，而五针松、蜡梅、槭树类则生根困难。有些植物不同品种间生根难易程度也有明显差异，如菊花、月季等。

（2）植株与枝条年龄。插穗的生根能力随着植株年龄的增长而不断降低，枝条的年龄越大，再生能力也越低，生根越不容易。同一品种的花卉，幼龄的植株比老龄植株容易生根。同一树龄的木本花卉，一年生枝较多年生枝容易生根。

（3）插条着生部位与营养状况。同一植株上，根茎部的萌蘖最容易生根，主干上的也较容易，随着分枝级次的增大，枝条的生根能力不断下降。硬枝扦插时取自枝梢基部的插条生根较好，软枝扦插以顶梢作插条比下方部位的生根好。

插条是离体的营养器官，生根发芽与自身的贮藏营养关系密切。凡是枝条发育健壮、贮藏营养丰富的，就容易生根。纤弱枝、徒长枝贮藏营养少，生根能力较弱。

2. 环境条件

（1）土壤与基质。愈伤组织的形成、不定根的发生都需要良好的通气性，用于扦插的土壤或基质应该质地疏松、排水容易、通气良好。土壤质地以砂土或砂质壤土为宜，基质可选择河沙、蛭石、珍珠岩、草木灰、砻糠灰等疏松通气的材料。

（2）水分与空气湿度。扦插后土壤与基质必须保持一定湿度，防止插穗失水。土壤湿度一般以田间持水量的 60% 左右为宜。生长季扦插，可以采用弥雾、遮阴等方法，将空气湿度控制在 90% 左右为宜。

（3）温度。大多数花卉生根的最适宜地温为 15 ℃～25 ℃，春季硬枝扦插时常需要加温设施以提高土温，促进生根。气温对叶片的光合作用、蒸腾作用及芽的活动均具有重要的影响，适宜的气温有利于营养物质的积累并促进生根，但气温升高会加速蒸腾，导致插穗失水，因此，在花卉插条生根期间为其创造一个土温略高于气温的环境在利于生根。

（4）光照。绿枝扦插时，叶片的光合作用产物及内源激素是插穗生根的必需物质，光照是绿枝扦插不可或缺的环境因子。但过强的光照会增强叶片蒸腾与床面蒸发，导致插穗失水而枯萎。生产上常用全光弥雾、适度遮阴等办法，将温度、湿度与光照强度控制在生根适宜的范围内。

全光照喷雾扦插

全光照喷雾扦插简称喷雾扦插，别名弥雾扦插，是在温度较高和光照充足的季节，通过喷雾使插床维持很高湿度的一种嫩枝扦插方法。用电子叶式或计时器式或人工控制喷雾，使插床维持很高的湿度，使插穗的叶片上形成水膜。当插穗的叶上水膜消失后，马上喷雾，而形成水膜后则停止喷雾，以雾包围插穗，叶片上有一层薄水膜。在基质上的全叶插穗处在全光照且雾气弥漫的环境中，可延长插穗的生存机会，叶片仍进行光合作用，制造碳水化合物和生长素类，从而有利于生根，并提升其适应能力和防病能力。

三、促进扦插生根的措施

（一）机械处理

机械处理是对枝条进行剥皮、环缢等处理，促进生根，常用于木本花卉。

（1）剥皮。有些树种表皮木栓组织发达，影响枝条吸水与生根。在扦插前剥去树皮木栓层，有利于生根，如葡萄。

（2）纵伤。纵伤是在接穗基部顺着枝条生长方向，划出数道伤痕，刺激伤口产生愈伤组织，促进节间生根，增加发根量。

（3）环剥、环割与环缢。生长季在待取插穗的枝条基部环剥、环割与环缢，可促使有机营养在枝条上积累，提高其贮藏营养的水平，有利于扦插生根。

（二）加温处理

当气温或地温达不到正常要求时，常采用加温处理。常用的加温方法有酿热温床、电热温床、阳畦加温等。

（三）植物生长调节剂处理

生长素类调节剂常用于扦插生根，常见的生长素类调节剂有萘乙酸（NAA）、吲哚乙酸（IAA）、吲哚丁酸（IBA）、2，4-二氯苯氧乙酸（2，4-D）等。此外，广泛使用的还有一些复合型生根剂，如"ABT生根粉"等。

生长调节剂常用的处理方法有以下几项。

（1）低浓度浸渍。一般硬枝插使用浓度为 $25 \sim 100$ mg/L，浸渍时间为 $12 \sim 24$ h；绿枝扦插一般使用浓度为 $5 \sim 25$ mg/L，浸渍时间为 $12 \sim 24$ h。

（2）高浓度速蘸。一般使用浓度为 $500 \sim 1\,000$ mg/L 或更高，浸蘸时间为 $5 \sim 60$ s。

（3）蘸粉。一般用滑石粉作稀释剂，稀释成 $500 \sim 2\,000$ mg/kg，混合 $2 \sim 3$ h 后使用。其方法是先用清水将插穗基部浸湿，然后蘸粉。

（四）化学药剂处理

有些化学药剂具有促进呼吸代谢，刺激细胞分裂的作用，能促进生根，如用0.05%～0.1%的高锰酸钾溶液浸渍插穗基部12 h，可起到活化细胞、促进生根及杀菌的作用。

（五）黄化处理

在新梢生长初期，用黑布或黑膜将枝条下部包裹起来，使枝条黄化，皮层加厚，有利于根原始体的分化与生根。黄化处理约3周后即可剪下枝条扦插。

（六）浸洗处理

硬枝扦插的插穗，内部常有一定的抑制物质存在，且水分常有一定的损失。通过浸洗处理，既可洗脱抑制物质，又能补充水分，促进发根。

（1）清水浸泡。硬枝扦插前，清水浸泡12～24 h，使插穗在充分吸水的同时降低抑制物质含量，激活细胞。

（2）温水浸洗。将插穗下端置于30 ℃～35 ℃的温水中，浸泡数小时，具有脱脂作用，利于切口愈合和生根。

（3）流水清洗。将接穗放入流水中12～24 h，洗去抑制物质。

（4）酒精洗脱。用1%～3%的酒精或1%酒精与1%乙醚混合液，浸泡杜鹃类插条6 h，可有效降低插穗中的抑制物质。

四、扦插的类型与方法

扦插按照繁殖材料的不同，可分为枝插、根插、叶插等。

（一）枝插

枝插也称茎插，是指剪取一段带芽的枝条作为插穗进行扦插的繁殖方法。按照取材不同，又可分为硬枝扦插、绿枝扦插及芽叶插。

（1）硬枝扦插。硬枝扦插是指使用已经木质化的成熟枝条进行的扦插。藤木类、花灌木类常用此法繁殖，如葡萄、紫藤、石榴、木槿等。

微课：扦插（一）

（2）绿枝扦插。在生长季，以当年新梢为插条进行繁殖的扦插方法称为绿枝扦插。根据新梢的老熟程度不同，绿枝扦插又可分为软枝扦插和半硬枝扦插。绿枝扦插的插穗剪取方法与硬枝插相似，但插穗上应保留顶部1～2叶，有些叶型大的，可剪留半张叶片扦插。绿枝扦插应做好遮荫保湿工作。

微课：扦插（二）

半硬枝扦插是指在生长季使用已经木质化，但尚未完全老熟的枝条进行繁殖。半硬枝扦插常用于米兰、杜鹃、月季、海桐、茉莉、山茶、桂花等常绿或半常绿木本花卉的繁殖。

● 小贴士 ◎

带踵扦插

带踵扦插是一种特殊形式的枝插。取带分枝处的一段枝条，在其分枝处两侧各留一小段母枝剪切，剪成一个"踵"（俗称脚后跟）形的插穗进行扦插。有时将这踵形插穗分枝背面的母枝也削去，以刺激生根。带踵扦插常用于生长季的绿枝扦插，可提高蜡梅、栀子花、月季等花卉的生根速度与成活率。

（3）芽叶插。芽叶插是指利用为一芽一叶的茎段作为插穗的繁殖方法。芽叶插用材经济，但枝段所带营养较少，生长较缓慢，一般适用于繁殖材料稀缺时。可以用芽叶插的花卉有橡皮树、桂花、菊花、杜鹃等。

（二）根插

根插是利用根段作为插穗的繁殖方法。其适用于根部容易发生不定芽的花卉种类，如紫薇、海棠、樱花等。根插有平插与直插两种。

（1）平插。平插是一般将根剪成 3～5 cm 的小段，散放于苗床，在其上覆土 3～5 cm。适用于平插的有宿根福禄考等。

（2）直插。直插是一般将根剪成 3～8 cm 的小段，直插于基质中，插穗上端稍露出床面。适用于直插的有补血草、芍药等。

（三）叶插

叶插是指用一片全叶或叶的一部分作为插穗的繁殖方法。叶插适用于叶部容易产生不定根和不定芽的花卉，许多叶片肉质肥厚及具有粗大叶脉的花卉，如秋海棠、虎皮兰、龙舌兰及燕子掌等多肉类花卉常使用叶插。

※ 技能实训

【实训一】四季秋海棠嫩枝扦插（图 7-1）

一、实训目的
通过实训，学会四季秋海棠嫩枝扦插技术。
二、材料工具
四季秋海棠植株、锄头、脸盆、剪枝剪、生根粉。
三、方法步骤
（1）采插穗。剪取生长良好的四季秋海棠枝条（可以带花），只保留上部 3～5

张叶片，去掉其余的叶片，穗长为 10 ～ 15 cm。

（2）扦插。四季秋海棠绿枝插容易成活，一般不需要使用生长调节剂处理。扦插插前先用木棍或竹签在基质上扎孔，以免损伤插穗基部剪口表面。扦插深度为插穗长度的 1/2 ～ 1/3，直插或斜插均可。

（3）遮阴。用花盆等容器扦插的，将花盆放在遮阴处，或者上方搭建遮阴网。

（4）浇水。扦插后及时喷雾浇水。以后保持土壤湿润，直到新根新叶长出。一般新叶萌发就意味着下面有新根长出了。

采插穗　　　　　　　　疏叶片　　　　　　　　扦插

图 7-1　四季秋海棠嫩枝扦插

【实训二】虎皮兰叶插（图 7-2）

一、实训目的

通过实训，学会虎皮兰叶插技术。

二、材料工具

虎皮兰植株、剪枝剪、小花铲、花盆、基质。

三、方法步骤

（1）采叶片。从生长健康的虎皮兰株丛中剪取叶片作插穗，稍晾干。

（2）剪插穗。将虎皮兰叶片按 7 cm 左右长度剪成数段，每段的基部均剪成宽楔形。

（3）扦插。扦插基质一般为疏松透气的基质。可以用泥炭、蛭石和珍珠岩混合而成，也可以用疏松透气性好的砂质土。将所剪叶片的一半左右插入基质中。

（4）浇水。扦插后喷一次水。扦插后，将花盆放在遮阴处，或在其上方搭建遮阴网，以便于在干旱时及时喷雾浇水，进而保持土壤的湿润。

采叶片　　　　　　　　剪插穗　　　　　　　　扦插

图 7-2　虎皮兰叶插

虎皮兰中有一种常见的园艺品种叫作金边虎皮兰（图7-3），可以扦插，但扦插后金边性状会消失，若要使其保持金边，可以分株繁殖。

彩图7-3

图7-3　金边虎皮兰

※ 复习思考题

一、名词解释

1. 扦插繁殖

2. 硬枝扦插

3. 绿枝扦插

4. 芽叶插

5. 叶插

二、填空题

1. 扦插繁殖的原理主要是基于植物营养器官具有的_____，可发生_____和_____从而成为新植株。

2. 插穗的不定根形成的部位因植物种类而异，通常分为_____、_____和_____3种。

3. 常用于生根的生长素类植物生长调节物质有_____、_____、_____、_____等。

4. 按照取材部位不同，枝插可分为_____、_____及_____三类。

三、简答题

1. 扦插繁殖有哪些优点、缺点？

2. 试分析影响扦插生根的因素。

3. 试述促进扦插生根的措施。

单元八

嫁接繁殖

【单元导入】

有一个成语叫作"移花接木"，其字面意思就是指把一种花木的枝条或嫩芽嫁接到另一种花木上，可见嫁接是花木繁育的一种传统方法。为什么嫁接能使"花"（离体的枝芽）与"木"（另一植株）融为一体，形成新的生命？影响嫁接成活的因素有哪些？嫁接的方法有哪些？让我们带着这些问题，进入本单元的学习。

【相关知识】

一、嫁接繁殖的特点与应用

嫁接是指将植株的一段枝或一个芽，与另一植株茎或根部接合，使之长成新的植株的繁殖方法。用于嫁接的枝条称为接穗；嫁接的芽称为接芽；承受接穗的植株称为砧木；接活后的苗称为嫁接苗。

（一）嫁接繁殖的特点

（1）保持品种的优良性状。嫁接是无性繁殖的一种，能够保持接穗（芽）母株的优良性状。

（2）开花结果较早。接穗（或接芽）采自遗传性稳定的成年阶段植株，故嫁接苗没有童期，开花结果早。

（3）具有砧穗互作效应。嫁接苗是一个整体，砧木与接穗存在着相互影响的关系，如在矮化砧上嫁接，可使树体矮化；直立性树冠的接穗品种，其砧木的垂直根也较发达。

（4）繁殖系数较高。嫁接繁殖砧木多用播种繁殖，繁殖量大；与枝插、压条、分株等营养繁殖相比，接穗用材量较小，繁殖系数较大。

（5）操作技术要求较高。

（二）嫁接繁殖的应用

（1）花卉苗木生产。嫁接是许多木本花卉常用的育苗方式，如梅花、碧桃、金橘、玉兰、桂花等。

（2）克服繁殖困难。有些花木品种没有种子或种子很少，而扦插等营养繁殖又很困难，采用嫁接是克服繁殖困难的一个途径。

（3）保存优良的营养系变异。花木发生的优良芽变，可以通过嫁接保存其变异特性并繁殖其后代。

（4）利用砧木的优势。嫁接可以利用砧木的特性，达到一定的栽培目的。通过砧木的选择，可以提高嫁接苗的适应性与抗逆性，扩大栽培范围。可以利用砧穗互作效应，如砧木的乔化或矮化等特点，改变花木株型，提高观赏品质。

（5）某些特殊用途。如利用多头高接技术，在一棵植株接上多个品种，达到一树开多种花、结多种果的观赏效果。利用高大的黄花蒿等作为砧木，多头嫁接菊花，可以培育出高达数米的塔菊。

二、嫁接成活的原理

（一）嫁接愈合的过程

嫁接时，砧木和接穗切口表面产生一层褐色的坏死层，把砧木和接穗的生活细胞分隔开。但坏死层下的薄壁细胞在激素的作用下大量增殖，形成愈伤组织，愈伤组织发生 2～3 d 后便向外突破坏死层，很快便填满砧木与接穗之间的微小空隙，即薄壁组织互相混合与连接，使砧穗彼此连接愈合。嫁接后 2～3 周内，由愈伤组织的外层与砧木和接穗原有形成层相连部分化出新的形成层细胞，并逐渐向内分化，最终和砧穗原有的形成层连接起来。新形成层产生新的微管束组织，将砧穗间水分和养分的运输渠道沟通起来，砧穗融合为一个整体。

（二）影响嫁接成活的因素

1. 砧穗间的亲和力

亲和力是指砧木与接穗在内部组织结构、生理和遗传方面的相似程度。相似度越高，亲和力越强。

亲和力的强弱与砧穗之间的亲缘关系相关，一般规律是亲缘越近，亲和力越强。同品种或同种砧穗间的亲和力最强，嫁接最容易成活，如山茶不同品种之间的嫁接。同属不同种之间的亲和力因树种而异，如梨属的沙梨接在豆梨上、蔷薇属的月季嫁接在野蔷薇上，嫁接成活率都很高。同科异属间，大多数亲和力较小，但也有部分亲和力强的，如芸香科柑橘属的宽皮橘嫁接在枳属的枳上、木犀科木犀属的桂花接在女贞属的小蜡上，都容易成活。不同科之间尚无嫁接成功的例子。

2. 砧木与接穗的质量

生长健壮、营养良好的砧木与接穗中含有丰富的营养物质和激素，有助于细胞旺盛分裂，成活率高。早春嫁接，接穗以一年生的充实枝梢最好。生长季嫁接，接穗宜选用木质化程度高、发育充实的新梢。砧木要选用发育充实、具有足够粗度、主茎直、嫁接部无伤的壮苗。

3. 环境因素

嫁接后的环境因素对成活的影响很大，主要因素有温度、湿度和氧气等。

（1）温度。温度对愈伤组织发育有显著的影响。不同的花卉形成愈伤组织的最适温度也不同。嫁接期间，温度过高或过低，均会影响愈合。

（2）湿度。在嫁接愈合的全过程中，保持嫁接口的高湿度是非常必要的。因为愈伤组织内的薄壁细胞胞壁薄而柔嫩，不耐干燥。在愈伤组织表面保持一层水膜（饱和湿度），对愈伤组织的形成与增殖有促进作用。因此使用薄膜包扎伤口，保湿效果好。嫁接中还有使用涂蜡、保湿材料（如泥炭藓）包裹等提高湿度。

（3）氧气。细胞旺盛分裂时呼吸作用加强，故需要有充足的氧气。生产上常用透气保湿聚乙烯膜包裹嫁接口和接穗，是较为方便、合适的材料与方法。

4. 嫁接技术

嫁接技术是决定嫁接成败的关键因素之一。根据前述的嫁接愈合过程及所需条件，为使嫁接快速愈合，技术要点包括：刀刃锋利，操作快速准确，削口平直光滑，砧穗切口的接触面大，形成层要相互吻合，砧穗要紧贴无缝，捆扎要牢而且密闭等。

三、嫁接的方法

嫁接的方法很多，按嫁接时期可分为生长期嫁接与休眠期嫁接；按嫁接材料可分为芽接、枝接、根接等。

（一）芽接

芽接是削取一个芽片作为接穗进行嫁接的方法。芽接材料利用经济、嫁接容易成活、方法简单易学、工作效率高，是生长季应用最广的一类嫁接方法。常用的有"T"形芽接、"1"形芽接、嵌芽接、方块形芽接、小芽腹接等。

（二）枝接

枝接是削取一个枝段作为接穗进行嫁接的方法。枝接的优点是苗木生长快、健壮整齐；缺点是用穗量大、砧木要求较粗、可接期较短。枝接一般在早春砧木树液开始流动但尚未发芽时、秋季新梢停止生长或落叶前进行。常用的有劈接、切接、皮下接（插皮接）等。

微课：柑橘单芽切接

（三）根接

根接是以根作砧木进行嫁接的方法。用作砧木的根可以是完整的根系，也可以是一截根段切接、劈接、皮下接等都可以用于根接。

四、嫁接后管理

（一）检查成活率、补接

芽接一般在接后半个月左右检查成活率。凡是芽片新鲜饱满、叶柄一触即落的，说明已经成活。而芽片发黑、叶柄干枯、触之不落者，说明嫁接失败。如果季节适宜，未成活的应及时补接。若当年不宜补接的可在翌春枝接。

枝接一般在接后1个月左右检查成活。凡接穗色泽不变、接芽新鲜的，表示已经成活。如果接穗表面皱缩、色泽暗淡、接芽变色或脱落的，表明嫁接失败。如果是常绿树种带叶柄枝接的，还可以从叶柄的状态判断成活与否，判断标准与芽接相同。如果季节适宜，未成活的应及时补接。若当年不宜补接的，可将未接活的掘出并集中栽植，以待生长季芽接。

（二）解膜

解膜是嫁接苗管理的重要环节，不宜过早也不宜过迟。过早解膜，接口愈合不完全，芽片容易失水干枯；砧穗结合尚不牢固，遭受大风或外力时，容易断裂；常绿树种秋季芽接的，年内解膜还增大了冻害概率。过迟解膜，薄膜嵌入树皮，影响生长。一般秋季芽接的，可在春季萌芽前后解膜；春季枝接的，可在秋季新梢停长后解膜。

（三）剪砧

剪砧是芽接与腹接的一项管理工作，是指将接芽以上的砧木剪除。一般秋季芽接的，在翌春接芽萌发前剪砧。夏季芽接、计划当年成苗的，可结合成活检查，先作折砧处理，待萌芽抽枝后，再剪去接口以上的砧木。

（四）除萌

春季萌芽前，要及时抹除砧木上的萌蘖。芽接的可结合剪砧进行第一次除萌。无论芽接还是枝接，生长季砧木均会多次发生萌蘖，要随时除去。

（五）摘心

接穗新梢长到一定长度后，应及时摘心，以促发分枝。

（六）肥水管理与病虫防治

为保证嫁接苗生长的需要，要加强肥水管理。在生长前期，要薄肥勤施；在生长后期，要适当控制肥水，促进组织成熟，必要时可根外追肥补充营养。同时要加强病虫草害的防控，保证苗木的健康生长。

※ 技能实训

【实训一】梅花切接（图 8-1）

一、实训目的

学会梅花切接技术。

二、材料工具

梅花接穗、梅（或桃）实生苗、剪枝剪、切接刀、薄膜。

三、方法步骤

（1）切砧木。砧木离地约 10 cm 处剪断，削平，再选择光滑顺直、皮部较厚的一侧，稍带木质部垂直下切，切口长为 2～3 cm。

（2）削接穗。切接接穗一般长为 5～6 cm，上有 2～3 片芽。选择生长健壮、侧芽饱满的枝段作接穗，在其下端稍带木质部削出一个长为 2～3 cm 的平滑削面，此为长削面；再在此削面的背面削出 45°的斜削面，此为短削面；然后剪下接穗。

（3）插接穗。将接穗的长削面对着砧木切面内侧方向，插入接穗。插接穗时要求至少一侧形成层对齐，并且接穗的长削面不能全部插入砧木切口，应露出少许伤口。

（4）绑薄膜。用塑料薄膜进行绑缚，要求在将砧木与接穗结合部固定牢固的同时，把砧穗所有伤口都封闭在薄膜中。

    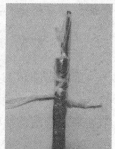

剪砧木　　　　切砧木　　　　削接穗　　　　插接穗　　　　绑薄膜

图 8-1　梅花切接

掘接

掘接是把砧木从田间挖出来，在室内进行嫁接。与地接相比，掘接可以避免风雨等不利条件的影响，并大幅延长适宜嫁接的时期。对于某些春季伤流多、地接难成活的树种，掘接也是提高嫁接成活率的有效措施之一。

【实训二】碧桃"T"形芽接（图8-2）

一、实训目的

学会碧桃"T"形芽接技术。

二、材料工具

碧桃接穗、桃实生苗、剪枝剪、切接刀、薄膜。

三、方法步骤

（1）开砧。在砧木离地5～10 cm处，选择光滑平直的一侧，切出"T"形接口，将接口挑开。

（2）削芽。在待削芽下方约1.5 cm处切入木质部并削至芽上方约1 cm处，再在芽上方0.5～1 cm处横切一刀，深达木质部。再取下带有叶柄的芽片，取下的芽片一般不带木质部，但必须保留芽内维管束。

（3）插芽。将芽片插入砧木"T"形接口，使芽片上端与砧木横切口对齐，并使两者的形成层紧贴。

（4）绑缚。用塑料薄膜包紧伤口，但要露出芽和叶柄。

开砧　　　　　　　削芽　　　　　　　插芽　　　　　　　绑缚

图8-2　碧桃"T"形芽接

※ 复习思考题

一、名词解释

1. 嫁接

2. 嫁接亲和力

3. 芽接

4．枝接

5．根接

二、填空题

1．芽接的方法有_____、_____、_____、_____、_____等。

2．枝接的方法有_____、_____、_____等。

3．嫁接后的主要管理工作有_____、_____、_____、_____、_____、_____。

三、简答题

1．试述嫁接繁殖的特点。

2．试分析影响嫁接成活的因素。

3．试述"T"形芽接的操作步骤。

单元九

分生繁殖

【单元导入】

小陈种了一盆卷丹，在各节的叶腋里长出了黑豆般的珠芽，小陈收集了这些珠芽，沙藏起来，准备第二年春天用来播种。这种用珠芽来繁殖花苗的方法属于分生繁殖的一种。分生繁殖有什么特点？除珠芽繁殖外，分生繁殖还有哪些类型呢？如何进行分生繁殖？让我们带着这些问题，进入本单元的学习。

【相关知识】

分生繁殖是花卉营养繁殖方式之一，是将植物分生出来的幼小植物体（如根部的萌蘖等）从其母体分离出来，或者将植物的变态营养器官（如鳞茎、块根等）进行分离或切割，另行栽植，形成独立生活的新植株繁殖方法。

一、分生繁殖的特点

分生繁殖的优点是新植株能保持母本的遗传性状，方法简便，易于成活，成苗较快；缺点是繁殖系数较低，且易感染病毒。

二、分生繁殖的类型

分生繁殖大体可分为分株繁殖、分球繁殖及珠芽与零余子类繁殖等类型。分株繁殖与分球繁殖的区分有时并不明确，如美人蕉、蕉芋的根茎繁殖。本书将利用球根类进行分生的繁殖方法统一称为分球繁殖。

微课：分生繁殖

（一）分株繁殖

分株繁殖是指将萌蘖、吸芽、匍匐茎等带着部分根系从母株上分割下来，另行栽植为独立新植株的方法。分株的繁殖材料一般根、茎齐全，因此繁殖成活率高，幼苗生长速度快，容易成苗。

1. 萌蘖分株

萌蘖分株是利用根蘖或茎基萌蘖进行繁殖，常用于丛生灌木类和宿根类花卉，如牡丹、蜡梅、玫瑰、玉簪、麦冬、春兰、萱草等。

萌蘖分株有全分法和半分法两种。全分法是指分株时将母株挖出，再分割成数丛分别栽种的方法；半分法是指分株时不挖出母株，仅在其一侧挖出部分株丛，将其分离种植的方法。

落叶灌木类多在休眠期进行分株，而宿根草本多在春季发芽前后进行。

2. 吸芽分株

吸芽是指某些植物自根际或茎的叶腋自然发生的短缩、肥厚呈莲座状的短枝，吸芽的下部能自然生根，利用吸芽进行分株繁殖的方法叫作吸芽分株。多肉类的芦荟、石莲等常在根际发生吸芽，观赏凤梨等地上茎叶腋也生长吸芽，这些花卉均可用吸芽繁殖。

3. 匍匐茎分株

匍匐茎横走地面并在节上着生不定根和芽，形成幼小植株，切断这些幼小植株与其母体联系的匍匐茎，使之成为独立的个体，就叫作匍匐茎分株。适用于匍匐茎分株繁殖的花卉有虎耳草、吊兰、吉祥草等。

（二）分球繁殖

分球繁殖是指利用球根花卉的地下变态器官产生的子球进行分栽的繁殖方法。球根花卉的地下部分每年都产生若干子球，秋季或春季把子球分开另栽即可。根据变态器官的种类，分球繁殖可分为以下几种类型。

1. 球茎类

球茎为茎轴基部膨大的地下变态茎，球茎上有节、退化叶片和侧芽。老球茎萌发后在基部形成新球，新球旁再形成子球。新球、子球和老球都可作为繁殖体另行种植，也可带芽切割繁殖，如唐菖蒲、香雪兰、慈姑等用球茎繁殖。

2. 鳞茎类

鳞茎由一个短的肉质的直立茎轴（鳞茎盘）组成，茎轴顶端为生长点或花原基，四周被厚的肉质鳞片包裹。郁金香、水仙常用鳞茎繁殖。百合可用鳞茎繁殖，也可用鳞片叶繁殖。

3. 块茎类

块茎是地下变态茎的一种。地下茎末端形成膨大而不规则的块状，表面有许多芽眼。小块型的常采用自然分球繁殖；大型块茎类繁殖常采用分割块茎的方法，即将块茎切分成带有芽眼的数块，分别栽种。常用块茎繁殖的花卉有花叶芋、球根秋海棠、马蹄莲等。

4. 块根类

块根是由侧根或不定根膨大形成的不规则肥大肉质变态根。块根上没有芽，它们的芽都集中于接近地表的根茎上，单纯栽一个块根不能萌发新株，分割时，每一部分都必须带有根茎部分，如大丽花、何首乌、花毛茛等均可用块根繁殖。

5. 根茎类

根茎也称根状茎，即形态似根但具有节，横卧于地下的变态茎。根茎的节上具芽，有繁殖能力。

（三）珠芽与零余子繁殖

珠芽与零余子都是地上茎的变态。珠芽是长在叶腋里或开花部位的小鳞茎；零余子是指长在叶腋里的小块茎。珠芽与零余子脱离母株后自然落地即可生根，如卷丹、落葵薯等。

三、分生后的管理

分生繁殖苗的管理工作主要有以下几项。

1. 施肥

分生时可先施入基肥，丛生型及根蘖类木本花卉，分生时穴内可施用腐熟的肥料；球根类可施含磷、钾较多的基肥。在生长期追肥时宜用薄肥，或在根外追肥。

2. 遮阴保湿

带枝叶进行分生繁殖的，在上盆浇水后，宜先放在阴棚或庇荫处养护一段时间。若出现萎蔫现象，应及时喷水增湿。

3. 水分管理

采用分生繁殖的花卉种类繁多，水分适应性各异，水分管理要求也不同，如睡莲、荷花等水生花卉，需要保持一定深度的水位，多数种类宜保持土壤半干润至湿润状态，但忌积水。

【实训一】蜘蛛抱蛋的分株繁殖（图 9-1）

一、实训目的

学会蜘蛛抱蛋的分株繁殖技术。

二、材料工具

蜘蛛抱蛋、花盆、脸盆、50% 托布津可湿性粉剂、小花铲、基质。

三、方法步骤

（1）母株脱盆。分株前要适当控水，待盆土稍干时，将蜘蛛抱蛋带着土坨从花盆中脱出。拍抖去掉附着在根系上的土壤，将坏死的根系、枯黄的叶片修剪掉。

（2）株丛切分。小心梳理根茎与根系，用锋利的小刀把蜘蛛抱蛋的根茎切开，分成若干株丛，每个株丛都要带上部分根茎与根系。一般以每丛带 3～5 叶为宜，但也可留 1～2 叶或 5 叶以上的，具体应视新盆体量而定。

（3）根茎杀菌。把切分下来的株丛在 50% 托布津可湿性粉剂 600 倍液浸泡根茎，15 min 后取出晾干。

（4）株丛上盆。将经过杀菌的株丛上盆，栽植深度以盆土与根茎齐平即可。上完盆后浇一次透水，然后将株丛放在庇荫处养护。

蜘蛛抱蛋　　　　　　　　　　切分后的株丛　　　　　　　　　　株丛上盆

图 9-1　蜘蛛抱蛋的分株繁殖

【实训二】百合鳞叶分生繁殖（图 9-2）

一、实训目的

学会百合鳞叶分生繁殖技术。

二、材料工具

百合鳞茎、营养钵、脸盆、50% 托布津可湿性粉剂、小花铲、基质。

三、方法步骤

实训时间建议：秋季。

（1）鳞茎选择。秋季，选择生长健壮成熟种球，去掉泥土、残根和外围的干缩的鳞叶。

（2）鳞叶剥取。从边缘开始，将种球上健康肥壮的鳞叶一层层的剥下来，鳞叶剥取时，最好每一片都带有少量鳞茎盘，这样有利于生根。留下的中心小轴可单独栽培，自成一个新的鳞茎。

（3）鳞叶杀菌。将剥下来的鳞叶浸泡在 50% 托布津可湿性粉剂 600 倍液中杀菌，约 20 min 后捞出晾干。

（4）鳞叶扦插。将经过杀菌的鳞叶插入事先准备好的疏松通气的基质中，深度以基质盖住鳞叶顶部或稍露顶为度，随后浇透水。以后要保持土壤湿润，约 20 天后，鳞叶基部发根。

百合鳞茎　　　　鳞叶剥取　　　　鳞叶扦插　　　　新苗生长

图 9-2　百合鳞叶分生繁殖

※ 复习思考题

一、名词解释

1. 分生繁殖

2. 吸芽

3. 匍匐茎分株

4. 分球繁殖

5. 珠芽与零余子

二、填空题

1. 分生繁殖_____保持母本的遗传性状，方法_____，成活_____，成苗速度_____，繁殖系数_____，易感染_____。

2. 分生繁殖的类型大体可分为_____、_____、_____类繁殖。

三、简答题

1. 试将下列球根花卉按其变态器官的种类进行分类。

　　唐菖蒲　大丽花　水仙　百合　马蹄莲　美人蕉

2. 分生繁殖苗的主要管理工作有哪些？

单元十

压条繁殖

【单元导入】

压条古称压枝，《齐民要术·种桑柘》中记载："大都种椹长迟，不如压枝之速。"可见，早在1 600多年前的北魏时期，人们就已经在桑树等植物上使用压条繁殖，并且认识到压条繁殖的优点。那么，压条繁殖有什么优点和缺点？压条繁殖有哪些类型？如何进行压条繁殖？让我们带着这些问题，进入本单元的学习。

【相关知识】

压条繁殖是花卉营养繁殖方式之一，是枝条在未脱离母体时埋入土中并生根后，再与母体分离成独立新株的繁殖方式。某些花卉，如令箭荷花属、悬钩子属的一些种，枝条弯垂，先端与土壤接触后可生根并长出小植株，是自然的压条繁殖，栽培上称为顶端压条。

一、压条繁殖的特点

压条繁殖的优点是能保持母本的遗传性状，方法较简单，易于成活，成苗也较快；缺点是繁殖系数较低，生根时间较长，对母株的影响也较大。

压条多用于扦插较难成活的一些木本花卉或一些丛生灌木类，如桂花、柑橘、玉兰、扶桑等。草本花卉压条虽然生根较快，但因受母株限制，操作费工，加上繁殖量有限，应用较少。

二、压条繁殖的类型

根据压条的位置，压条繁殖可分为低压法与高压法两大类。前者又可分为直立压条、曲枝压条、波状压条、水平压条；后者也叫作空中压条。

（一）低压法

低压法是指利用植株近于地面的枝条，用土埋压，促其生根的一类压条方法。因压条时枝条生长状态的不同，可分为曲枝压条、波状压条、水平压条和直立压条。

压条繁殖苗在枝条埋土部分根系发育完整后，从母株切离，另行种植。为了提高成活率，切分工作常在当年生长后期至休眠期或第二年春季萌芽前进行。

（1）曲枝压条。曲枝压条是最常用的压条方法，又称普通压条，是指将接近地面的长枝弯曲埋入土中，而使枝梢顶部反曲露出地面，使其地下部分生根后，将梢端连同生根处切离母株，成为独立个体的压条方法。为防止枝条弹出，常用小木杈固定于地下弯曲部。为了促进生根，常在弯曲入土部分的最下端刻伤或环剥，或涂以生长调节剂。如迎春、连翘、三角梅等可用此法。

（2）波状压条。波状压条也称多段压条，适用于枝条细长、柔软易弯的种类，如葡萄、紫藤、铁线莲等藤木类花卉。将柔软细长的枝蔓，作上下弯曲的波浪状埋土，用小木杈将各波谷部位固定土中，而波峰部位则露出土面，待枝条埋土部分根系发育完整后，分段切离母株。

（3）水平压条。水平压条适用于枝条着生部位低而细长的树种，如紫藤、连翘等。将枝条呈水平状态埋入土中，并用小木杈分段固定，待根系完整后，将其分段切离母株。

（4）直立压条。直立压条又称堆土压条、壅土压条，适用于丛生灌木类花卉，如八仙花、蜡梅等。在春季萌芽前，将植株的萌蘖刻伤或环剥，然后用土堆埋，促其生根；至秋季停止生长期或落叶后，剪下新株。为了提高繁殖系数，可于春季萌芽前，对母株行平茬处理，以促发萌蘖，待当年新梢长到 15 ～ 20 cm 后，再开始培土。

（二）高压法

高压又称空中压条，适用于分枝部位高而难以弯曲入土的木本，如桂花、玉兰、罗汉松等。在枝条基部环剥后，再用生根剂处理，然后用湿润的苔藓或其他基质包裹伤口，再用塑料薄膜等材料封闭处理部位，生根后剪下即可。

微课：空中压条

三、压条后的管理

压条时，由于枝条不脱离母体，因此管理比较容易，只需检查压紧与否。压条生根后切离母体的时间，依其生根快慢而定。有些种类生长较慢，需翌年切离，如牡丹、蜡梅、桂花等；有些种类生长较快，当年即可切离，如月季、忍冬等。切离之后即可分株栽。注意，移栽时应尽量带土栽植，并注意保护新根。

压条苗与母株分离后有一个转变、适应、独立的过程。所以开始分离后要先放在荫蔽的环境，切忌烈日暴晒，以后逐步增加光照。刚分离的植株，也要剪去一部分枝叶，以减少蒸腾，保持水分平衡，有利于其成活。移栽后注意水分供应，空气干燥时注意叶面喷水及室内洒水，并注意保持土壤湿润。另外，适当施肥可以保证压条苗的生长需要。

【实训一】云南黄馨曲枝压条繁殖（图 10-1）

一、实训目的

学会云南黄馨曲枝压条技术。

二、材料工具

云南黄馨、锄头、罐头瓶、萘乙酸（NAA）或其他生根剂、剪枝剪、嫁接刀、毛笔或棉签。

三、方法步骤

实训时间建议：在早春发芽前进行，也可以在生长期进行。

（1）枝条选择。选择发育充实、细长柔韧、无病虫害的一二年生枝。

（2）地面清理。清理地面的杂草、石子，翻松土壤，在压条位置挖穴，深约为 10 cm。

（3）去叶伤枝。摘除枝条埋土部分的叶片。并将待压部位的节部刻伤或环剥。为促进生根，可在伤口处涂抹生根剂。

（4）涂生根剂。在刻伤或环剥部位，涂抹浓度为 1 000 mg/L 的萘乙酸或其他生根剂促根。云南黄馨压条容易生根，也可以不涂生根剂。

（5）压枝入土。把刻伤部分的枝条压入土中，如果枝条要反弹，在压土时，可以用小木权固定于穴内，然后填平，浇一次透水。

彩图 10-1

选枝与去叶　　　　　生根处理　　　　　小木权固定　　　　　埋土与喷水

图 10-1　云南黄馨曲枝压条繁殖

【实训二】金弹空中压条繁殖（图 10-2）

一、实训目的

学会金弹空中压条技术。

二、材料工具

金弹树、植物高压盒、罐头瓶、萘乙酸或其他生根剂、剪枝剪、嫁接刀、毛笔或棉签、水苔等基质。

三、方法步骤

实训时间建议：晚春至初夏进行较好。

（1）枝条选择：在母株上选择生长健壮的 2～3 年生枝。

（2）环状剥皮：在离枝条基部约 10 cm 处环割两刀，深达木质部，两刀间距 2～3 cm（具体视枝条粗度而定），剥去两刀间的树皮，将形成层除去。

（3）生根处理：在环剥处涂抹浓度为 1 000 mg/L 的萘乙酸或其他生根剂促根。

（4）包填基质：把浸湿的水苔或者其他基质填满植物高压盒内；把填满基质的植物高压盒扣在枝条的环剥处。

环剥　　　　　　　　　　涂生根剂　　　　　　　　　　包填基质

三个月后的生根情况　　　　　　高压苗盆栽

图 10-2　金弹空中压条繁殖

● 小贴士 ◎

高压繁殖容易影响树势，宜选择生长健壮的成年树，树势衰弱的老年树、树冠未成形的幼年树不宜选用，而且同一棵树不宜过多压条，选枝时还要避免树形的破坏。

※ 复习思考题 🔥

一、名词解释

1. 压条繁殖

2. 曲枝压条

3. 波状压条

4. 直立压条

5. 空中压条

二、填空题

1. 根据压条的位置，压条繁殖可分为低压法与高压法两大类。低压法又可分为_____、_____、_____、_____；高压法也叫作_____。

2. 为促进压条生根，可在伤口涂抹合适浓度的_____、_____、_____等生长调节剂。

三、简答题

1. 压条繁殖有哪些优点和缺点？

2. 压条后应如何管理？

单元十一

植物组织培养

【单元导入】

植物组织培养是现代生物技术的重要部分，是一项能获得大量同源母本幼苗的生物技术，在现代农业生产和园林良种繁育中得到了广泛的应用，产生了巨大的经济效益和社会效益。什么是植物组织培养？组织培养育苗有什么特点？需要哪些设施？基本工作流程怎样？让我们带着这些问题，进入本单元的学习。

【相关知识】

植物组织培养是指在无菌的条件下，利用植物离体器官、组织和细胞，在人工控制的环境中培养，使其分化、发育成完整的植物体的过程。植物组织培养的理论基础是"细胞的全能性"，即每一个具有完整细胞核的细胞都携带着该物种全部的遗传信息，这些遗传信息能在适当的条件下准确地表达出来，分化出该物种所有不同类型的细胞，形成各种器官甚至胚状体，直至形成完整的再生植株。

一、植物组织培养的类型、特点与应用

（一）植物组织培养的类型

按外植体的来源与培养对象的不同，植物组织培养可分为器官培养、组织培养、

胚胎培养、细胞培养与原生质体培养。

（1）器官培养。器官培养是指植物某一器官的全部或部分器官原基的离体培养。

（2）组织培养。组织培养是指对植物的各种组织进行离体培养的方法，如分生组织、薄壁组织、韧皮组织培养等。

（3）胚胎培养。胚胎培养是指胚和胚器官（子房、胚珠）在离体条件下培养发育成完整植株的技术。其包括幼胚、成熟胚、胚乳、胚珠、子房培养。

（4）细胞培养。细胞培养是指对离体的单细胞（包括体细胞与性细胞）或很小的细胞团的培养技术。其包括花粉细胞、叶肉细胞、根尖细胞、韧皮部细胞培养等。

（5）原生质体培养。原生质体培养是指对已消去细胞壁、由质膜包裹着、具有生活力的原生质体进行的培养。

（二）植物组织培养的特点

（1）繁殖材料多样，用材经济，繁殖系数大。组织培养繁殖材料多样，但无论是何种材料，所需材料的量都极少，一般仅需几毫米甚至不到 1 mm，繁殖系数极大。

（2）同批产品遗传背景单纯，规格一致。组织培养仅使用小块组织就能培养批量苗木，材料的生物学来源单一、遗传背景一致；培养过程是在人为控制的环境中进行，因此，培养的产品规格整齐一致。

（3）繁殖周期短，育苗效率高。与传统的无性繁殖相比，工作不受季节限制，能根据植物材料的来源与性质提供不同的培养条件，实现生长的最优化，继代培养的周期往往只有 20 ~ 30 d。

（三）植物组织培养的应用

（1）种苗的工厂化生产。组织培养不受季节等条件的限制，生长周期短，而且能使很难繁殖的植物进行增殖。通过材料选择与环境控制，能在短期内培育出与母株一样的大批量幼苗。

（2）无病毒苗的培养。病毒病是困扰植物生产的重要因素，有些病毒病的侵染可能会给某种植物带来灭顶之灾。由于许多花卉靠无性方法来繁殖，病毒病可代代相传，造成极严重的后果。使用微茎尖培养配合热处理等方式，是获得无病毒苗的有效途径。

（3）种质资源保存与新品种培育。组织培养可以用极少的材料保存植物种质，能够克服种间隔离，实现远缘杂交；能够缩短育种年限和世代，也有利于基因突变中隐性突变的分离。

（4）花卉的提纯复壮。运用组织培养，苗木的复壮过程很明显，对于长期运用无性方法繁殖并开始退化的花卉（如康乃馨），应采用组培方法繁殖，这样可使个体发育向年青阶段转化。

二、组培育苗工厂的基本组成

（一）洗涤车间

洗涤车间的主要用途是对培养瓶等玻璃器皿的洗涤、干燥与贮存，也包括工作服及其他用具的清洗。

（二）培养基配制车间

培养基配制车间可以分成药品贮藏、营养液配制、培养基制作等若干功能区块。其主要用途是培养基的配制、药品与培养基母液的存放等。

（三）灭菌车间

灭菌车间的主要用途是培养基、接种工具的灭菌。其用于无菌接种、继代培养、生根培养的组培苗生产车间。

（四）接种车间

接种车间主要用途是外植体的消毒与接种、培养物的转移、试管苗的继代培养等。接种车间要求封闭性好、清洁明亮、便于清洁和消毒、能长时间保持无菌状态。

（五）培养车间

培养车间是对接种好的植物离体材料在人工控制的环境中进行培养，使其成为独立植株。根据生产需要，确定培养车间的数量与面积。为了便于对培养条件的均匀控制，可设计成多个培养间。培养间要求恒温、恒湿、无尘，常年温度维持在 25 ℃左右，相对湿度为 65% ～ 75%。培养室内合理设计配置培养架，架与架、瓶与瓶之间不能相互遮光，也不能影响空气流通。

（六）检测车间

检测车间的主要功能是观察检测培养材料的分化与生长是否正常，是否脱毒，有无变异。观察室要求通风、干燥、洁净、明亮，但要避免直射光。其主要设备包括显微镜、切片机、酶联免疫检测仪、PCR 扩增仪等。

（七）组培苗驯化车间

组培苗驯化车间主要用于试管苗的驯化移植。要求配备能有效控制温、光、水、湿、气诸环境因子，适合炼苗驯化的温室。由于结构较复杂，应委托专业机构设计施工。

（一）培养基的配制与灭菌

培养基的配方有很多种，常见的有 MS、White、B5、N6、WPM、Knudson C、Nitsch 培养基等。各种培养基虽然在配制成分上有差异，但其主要成分是水分、无机盐、有机物、植物激素、培养物的支持材料 5 大类。此外有些培养基还有活性炭、抗生素等。

（1）水分。配制培养基时应选用蒸馏水或去离子水，进行大规模生产时，也可用自来水代替蒸馏水。

（2）无机盐。无机盐包括植物必需的各种矿质元素。无机盐类需要配制成母液，使用时再稀释到应用的浓度。母液一般按照不同组分的化学性质与用量分别一般配制成大量元素母液（浓缩 10 倍）、微量元素母液（浓缩 100 倍）、铁盐母液（浓缩 100 倍）。

（3）有机物。与无机盐一样，有机物也是先配制成母液（浓缩 50 ～ 100 倍），使用时再稀释。其包括糖类、维生素类、肌醇、氨基酸和一些天然有机物（如香蕉泥、苹果汁等）。

● **小贴士** ◎

母液保存时间不能过长，最好在两个月内使用完毕。若母液出现浑浊或沉淀，则不能再使用了。

（4）植物激素。这里的植物激素类是指植物生长物质，既包括植物内源激素，也包括植物生长调节剂。植物激素是培养基中的微量物质，但对组培起着关键性的作用。其有生长素类（常用的有 IAA、IBA、NAA、2，4-D 等）、赤霉素类（GA3）和细胞分裂素类（常见的有 6-BA、KT、ZT、2-iP 等）。

微课：蝴蝶兰组培
快繁技术

（5）培养物的支持材料。培养物的支持材料主要是琼脂。

培养基配制的一般流程：确定培养基配方及用量→称取琼脂→温水浸泡琼脂→取已量取的蒸馏水总量的 70% 左右→加入蔗糖→加热熔化琼脂→移取各种母液→培养基定容→调整 pH 值→培养基分装→封口→贴标签并记录→进入灭菌流程。

培养基配制完成，并在培养瓶上做好标识后，用周转箱运至灭菌室灭菌。

（二）外植体的选择与消毒

从田间采回的准备接种的材料称为外植体。对外植体的选择与消毒是决定组培能否成功的重要环节。组织培养所选用的外植体（要从健壮无病的植株上选取外植体），一般为花卉的茎尖、侧芽、叶片、叶柄、花瓣、花萼、胚轴、鳞茎、根茎、花粉粒、花药等器官。

外植体的消毒包括预处理和接种前的消毒。先剪去外植体多余的部分，再清洗表面污物，然后将材料剪成小块或小段，放入烧杯中，用干净纱布将杯口封住扎紧，将烧杯置于水龙头下，让流水通过纱布，冲洗杯中的材料，连续冲洗 2 h 以上。

接种前先使用 70%～75% 的酒精浸泡材料 30 s，然后再用下面三种方法之一处理：

（1）用饱和漂白粉上清液浸泡 10～30 min，取出后用无菌水冲洗三次。

（2）用 3%～10% 次氯酸钠浸泡 10～30 min，取出后用无菌水冲洗三次。

（3）用 0.1%～0.2% 升汞（氯化汞）浸泡 3～10 min，取出后用无菌水反复冲洗多遍（因升汞不易洗净，故需反复冲洗。升汞有剧毒，注意回收冲洗液）。

（三）接种

接种是组织培养过程中最后一个易于污染的环节。接种操作必须在无菌条件下进行。

无论是打开瓶盖（塞），还是接种材料，或者是盖紧瓶盖，所有这些操作均应严格保持瓶口在操作台面以内，且不能远离酒精灯。

除上述常规操作步骤外，新建的组织培养室在首次使用以前必须进行彻底的擦洗和消毒。先将所有的角落擦洗干净，然后使用福尔马林或高锰酸钾溶液消毒，再用紫外灯照射。

知识拓展：接种

（四）培养

1. 初代培养

初代培养也称诱导培养，一般用液体培养，也可用固体培养。由于组培目的不同，选用的培养基成分不同，诱导分化的作用也不同。在培养初期，培养组织放到转速为 1 r/min 或 2 r/min 的摇床上晃动，首先产生愈伤组织，当愈伤组织长到 0.5～1.5 cm 时将其转入固体分化培养基中给光培养，再分化出不定芽。

2. 继代培养

在初代培养的基础上所获得的芽、胚状体、原球茎，数量都不多，难于种植到栽培介质中，这些培养的材料称为中间繁殖体，培养中间繁殖体的过程称为继代培养。培养物在良好的环境条件、营养供应和激素调节下，排除与其他生物竞争，能够按几何级数增殖。一般情况下，1 个月内增殖 2～3 倍，如果不污染又能及时转接继代，能从 1 株生长繁殖材料分接为 3 株，经过 1 个月的培养，这 3 株材料各自再分接 3 株，共 9 株，第二个月月末获得 27 株。依此计算，只要 6 个月即可增殖出 2 187 株。这个阶段就是快速繁殖、大量增殖的阶段。

3. 壮苗和生根培养

试管苗在培养生根前需壮苗，目的是提高试管苗的健壮程度，移植后易成活。试管苗在生根培养基中，7～10 d 长出 1～5 条白色的根，逐渐伸长并长出侧根和根毛。茎上部具有 3～5 个叶片和顶芽，这时移栽最好。通常春季移栽比夏季移栽成活率要高。

（五）驯化和移栽

试管苗的驯化和移栽是植物组织培养的最后一环，也是决定育苗成败的重要环节。试管苗虽然已经分化长出了芽和根，形成了完整的小植株。但由于试管苗生长于人为控制的无菌、高湿、温度适宜而恒定、光照偏弱而可控、营养丰富而全面的优越环境中，植株对复杂多变的自然环境缺乏适应能力，移栽前必须经过驯化。

（1）驯化。开始阶段，将瓶苗移到普通的室内环境，放到有阳光的窗台或地板上，数天后将封口材料除掉，使幼苗暴露在自然空气中，然后逐步转到室外环境驯化。

（2）移栽。试管苗移栽前要准备好苗床。试管，苗出瓶时要尽量保持根系完整，栽植前将苗上黏附的培养基清洗干净，注意尽量不伤根，清洗后再按一定的株行距种植，移栽后浇一遍定根水，有些花卉需加盖塑料薄膜或遮阳网。

※ 技能实训 🌿

【实训一】MS 培养基母液的配制

一、实训目的

能根据母液配方和扩展倍数计算各试剂的用量，学会培养基母液的配制方法。

二、器材与试剂

电子天平（精确度 0.01 和 0.000 1 的各 1 台）、磁力搅拌器、塑料烧杯（500 mL、1 000 mL）、量筒（100 mL）、容量瓶（500 mL、1 000 mL）、冰箱、棕色瓶（1 000 mL、500 mL、100 mL）、标签纸、钢笔等。

配备 MS 培养基母液所需的药品有植物生长物质（2, 4-D, IAA、IBA、NAA、6-BA 等），95% 酒精，蒸馏水或去离子水，0.1 mol/L NaOH，0.1 mol/L HCl。

三、方法步骤

（一）MS 培养基母液的配制

本次实训以配制 MS 培养基母液为例，并按大量元素母液扩大倍数为 10、微量元素及铁盐母液扩大倍数为 100、有机物母液扩大倍数为 50 进行配制。

1. MS 培养基的配方（表 11-1）

表 11-1 MS 培养基的配方

母液名称	化合物名称	原配方/（mg·L⁻¹）	母液体积/mL	扩大倍数	称取量/mg	配 1 L 培养基移取量/mL
大量元素母液 I	NH_4NO_3	1 650	1 000	10	16 500	100
	KNO_3	1 900		10	19 000	
	KH_2PO_4	170		10	1 700	
大量元素母液 II	$MgSO_4 \cdot 7H_2O$	370	1 000	10	3 700	100

母液名称	化合物名称	原配方 / (mg·L^{-1})	母液体积 /mL	扩大倍数	称取量 /mg	配1 L培养基移取量 /mL
大量元素母液Ⅲ	CaCl$_2$·2H$_2$O	440	1 000	10	4 400	100
微量元素母液	MnSO$_4$·4H$_2$O	22.3	500	100	1 115	10
	ZnSO$_4$·7H$_2$O	8.6		100	430	
	CoCl$_2$·6H$_2$O	0.025		100	1.25	
	CuSO$_4$·5H$_2$O	0.025		100	1.25	
	H$_3$BO$_3$	6.2		100	310	
	Na$_2$MoO$_4$·2H$_2$O	0.25		100	12.5	
	KI	0，83		100	41.5	
铁盐母液	FeSO$_4$·7H$_2$O	28.7	500	100	1 435	10
	Na$_2$-EDTA	37.3		100	1 865	
有机物母液	烟酸（VPP）	0.5	1 000	50	25	20
	盐酸吡哆醇（VB$_6$）	0.5		50	25	
	盐酸硫胺素（VB$_1$）	0.1		50	5	
	肌醇	100		50	5 000	
	甘氨酸	2		50	100	

2. MS 培养基配制流程

计算每种母液的试剂用量→分别称取各种试剂→分别溶解→混合定容→母液装瓶→贴标签→1 ℃～5 ℃下保藏→及时记录。

● 小贴士 ◎

1. 配制大量元素母液时，为避免 Ca^{2+} 和 SO$_4^{2-}$，Ca^{2+}、Mg^{2+} 和 PO$_4^{3-}$ 混合而产生沉淀，应将 CaCl$_2$、MgSO$_4$ 分别溶解装瓶。

2. 配制 CaCl$_2$ 母液时，为避免 Ca^{2+} 与水中的 CO$_2$ 结合形成 CaCO$_3$ 沉淀，宜先用少量蒸馏水或去离子水煮沸，驱除水中的 CO$_2$。

（二）植物生长物质类母液的配制

用于组织培养的主要有生长素类与细胞分裂素类。前者包括 2，4-D，IAA、IBA、NAA 等，后者包括 KT、6-BA 等。配制流程与 MS 培养基的各种母液配制相似，即确定配制的浓度与体积→计算试剂的用量→称取试剂→溶解→装瓶→贴标签→1 ℃～5 ℃冷藏。

溶解时一定要注意试剂的溶解性，如 NAA 易溶于强碱性溶液中，6-BA 溶解于强酸或强碱溶液中，但为了能调和培养基的 pH 值，6-BA 一般用强酸溶解。

下面以配制 0.5 mg/mL 的 NAA100 mL 为例说明配制过程。

（1）计算 NAA 用量：0.5 mg/mL×100 mL=50（mg）。

（2）准确称取 NAA。

（3）溶解。先加入约 5 mL 10% NaOH 溶液助溶（表 11-2），再加入 60～80 mL 热蒸馏水加速溶解。

（4）定容。倒入 100 mL 容量瓶定容。

（5）装瓶。

（6）贴标签。标签上要标明如下事项：母液名称及其浓度；配制人姓名；配制日期。

（7）冷藏。1 ℃～5 ℃冷藏。

表 11-2　几种植物生长调节剂常用的助溶剂

生长调节剂	常用助溶剂
萘乙酸	热水、氢氧化钠溶液
吲哚乙酸	热水、酒精、氢氧化钠溶液
吲哚丁酸	酒精、加热溶解冷却加水
2，4-D	酒精、氢氧化钠溶液
6-苄基腺嘌呤	酒精、盐酸、氢氧化钠溶液
赤霉素	溶于甲醇、pH6.2 的磷酸缓冲液

● 小贴士 ◎

NAA 母液的浓度不能超过 0.5 mg/mL，6-BA 母液的浓度不能超过 1 mg/mL，否则贮存时间久了，就会出现结晶。

【实训二】固体培养基的配制

一、实训目的

学会母液用量的计算，掌握培养基的配制流程与灭菌方法。

二、器材与试剂

培养基灌装机、托盘天平、酸度计、移液管架、移液管、洗耳球、量筒（100 mL、500 mL、1 000 mL）、容量瓶（1 000 mL）、电饭煲或刻度烧杯（2 000 mL 或 1 000 mL）、玻璃棒、培养瓶、铝锅、电炉或燃气灶、温度计、注射器、封口膜、标签或记号笔等。

MS 培养基的各种母液和激素母液，琼脂，蔗糖，蒸馏水，0.1 mol/L NaOH，0.1 mol/L HCl。

三、方法步骤

（一）熟悉培养基配制的一般流程

确定培养基配方及用量→称取琼脂→温水浸泡琼脂→取已量取的蒸馏水总量的70% 左右→加入蔗糖→加热熔化琼脂→移取各种母液→培养基定容→调整 pH 值→培养基分装→封口→贴标签并记录→进入灭菌流程。

（二）操作步骤

（1）确定配方及培养基用量。

（2）称取蔗糖、琼脂。不同产地、不同厂家所产的琼脂条或琼脂粉的凝固强度等物理参数都不同，琼脂的用量也不同。一般进口的琼脂粉用量为 0.5% 左右，国产的在 0.8% 左右；琼脂条用量一般在 0.8% ～ 1.2%。蔗糖的用量一般在 2% ～ 3%。根据培养基的体积，计算蔗糖、琼脂用量，然后用精度 1% 电子天平分别称取。

（3）琼脂的熔化。先量取配制培养基所需的蒸馏水，并将其 70% 左右倒入有刻度线的烧杯中；再将琼脂条或琼脂粉放入 100 ～ 150 mL 的温水（约 35 ℃）中浸润，然后倒入刚才的烧杯中，猛火加热，沸腾后再用文火煮熔，再加入蔗糖，继续加热，直至琼脂完全熔化（其标志是溶液澄清透明）。在烧煮过程中，要经常搅拌，防止粘锅糊化及溢出烧杯。

● **小贴士** ◎

用电磁炉熔化琼脂，可极大缩短配制培养基的时间，具体方法是：将电磁炉温度设定为 160 ℃，然后加热 70% 培养基体积的水→加入琼脂→边加热边搅拌，直至沸腾→端离电磁炉，稍冷却→再加热煮沸→反复 2 ～ 3 次→调温至 80 ℃加热，直至琼脂完全熔化。

（4）移取母液。

①计算用量：

$$MS\ 各母液的移取量（mL）=\frac{待配制的培养基体积（mL）}{母液的扩大倍数}$$

$$激素母液的移取量（mL）=\frac{培养基所需的激素质量（mg）}{母液的浓度（mg/mL）}$$

②移取。按照大量元素母液、铁盐母液、微量元素母液、有机物母液、激素母液的顺序依次移取相应量母液到已经熔化的琼脂液中。

（5）定容。将煮好的培养基倒入 1 000 mL 容量瓶中定容。

（6）pH 值调整。待培养基温度降至 65 ℃～ 75 ℃时，用酸度计测 pH 值，用 0.2 mol/L NaOH 或 0.2 mol/L 的 HCl 溶液调整 pH 值到规定值（灭菌前培养基 pH 值一般调至 6.0 ～ 6.2）。

（7）分装与封口。趁热用注射器将调整好 pH 值的液体培养基分装到培养瓶中，培养基的装量厚度为 1.5 ～ 3 cm，容器内部横截面面积越大，需要消耗的培养基越多，培养基也就越厚。

分装后立即加盖或用线扎紧封口膜。

知识拓展：培养基制备流程

（8）标识与记录。在培养瓶上贴上标签或用记号笔在瓶壁上写明培养基的代号、配制时间等。标识后用周转箱运至灭菌室，准备灭菌。

● 小贴士 ◎

培养基配制注意事项

1. 移液管要专用，不能吸了一种母液后，又去吸另一种。
2. 酸度计使用后，其电极要用 65 ℃～ 75 ℃热水洗净。
3. 培养基配制要建档备案，妥善保存。

【实训三】植物组培的无菌操作与接种

一、实训目的

能独立对接种室和超净工作台进行消毒处理，能规范进行无菌接种。

二、器材与试剂

工作服，口罩，实验帽，超净工作台，解剖镜，酒精灯，脱脂棉球，罐头瓶，广口瓶，剪刀，镊子，解剖刀，碟子等接种器械；定性滤纸等接种用品，周转筐，塑料烧杯（500 mL、1 000 mL）、计时工具，记号笔等。

空白培养基（已灭菌），培养材料，70%～ 75%酒精，95%酒精，3%来苏儿，0.1%新洁尔灭，0.1%升汞或10%漂白粉上清液，吐温 −80，无菌水。

三、方法步骤

（一）进入接种室前的准备工作

（1）接种室消毒。首先要对接种室灭菌。接种室首次使用或间隔较长时间再使用时，应先用20%甲醛溶液（10 mL/m³）与高锰酸钾（3 g/m³）混合，密闭熏蒸 1 ～ 2 d，然后开启房门，排出甲醛气体。

在每次接种前，还应对接种室进行药剂消毒和紫外线消毒。药剂消毒可用70%酒精或0.2%新洁尔灭全面喷洒接种室空间及周壁；紫外线消毒是指在接种前要打开紫外灯（波长为260 ～ 280 nm），照射 20 ～ 30 min。

（2）工作服装、滤纸及无菌水的灭菌。将工作服装（包括工作服、帽子等）与滤纸分别用耐高温薄膜袋子包装，扎紧袋口；将自来水装到500 mL的锥形瓶内（装量一般300 ～ 350 mL），用耐高温薄膜封口，然后进行湿热灭菌。灭菌后将无菌水放置在超净工作台上，工作服放置在缓冲间的柜子里。

（3）超净工作台消毒。将已灭菌的培养基、接种工具等摆放在超净工作台的台面上，并在接种前20 min打开超净工作台的风机与紫外灯，20 min后关闭紫外灯。

（4）人员入室前消毒。接种人员用肥皂水洗净双手，在缓冲间换上鞋并穿好鞋套和工作服，戴好帽子和口罩，进入风淋室接受风淋。

（二）接种前的准备

（1）开照明灯。进入接种室后，在打开超净工作台的照明灯的同时关闭紫外灯。

（2）酒精消毒。先用70%酒精浸过的棉球擦拭双手，再按一定顺序和方向擦拭台面。

（3）接种工具消毒。从薄膜袋内取出接种工具浸泡在盛有95% 酒精的罐头瓶中，将成套培养皿放在台面上。用酒精棉球全面擦拭接种工具，然后点燃酒精灯，按碟子、接种盘、接种工具的先后顺序在火焰上分别灭菌，并将接种工具摆放在碟子、接种盘或器械架上。用镊子从薄膜袋中取出无菌滤纸，并衬垫在接种盘内。

知识拓展：接种前的准备工作

（三）无菌接种

（1）培养材料消毒。将接种材料预先放入已经灭菌的有盖瓶子，放到超净工作台台面进行表面消毒。

（2）繁殖材料修剪。用无菌滤纸吸干繁殖材料表面水分，然后对材料进行剥离或切割成合适大小。

（3）接种。对培养瓶瓶口火焰灭菌。棉塞封口的，在拔塞子前用火焰灼烧瓶口外侧，开瓶后再灼烧瓶口里面；硫酸纸或薄膜封口的，开瓶后将瓶口对着火焰灭菌并边灭菌边转动瓶口，使附在瓶口的菌全面被杀灭。

开瓶后，立即用经灼烧并冷却的接种工具接种。接入的方法有横插法与竖插法两种。横插法的操作：在酒精灯火焰附近，一手斜握瓶子，另一手用镊子夹持外植体横向送入培养瓶。竖插法的操作：将培养瓶置于火焰附近，然后用镊子夹持外植体竖向送入培养瓶。

知识拓展：无菌接种操作

（4）封盖。接种后应立即封盖。

（四）接种后工作

（1）关闭电源。

（2）做标记。用记号笔在培养瓶外壁上标出接种人员姓名、接种日期及接种材料等信息。

（3）清理。清理超净工作台及其上物品，清洁操作位及四周。

（4）放入培养室。将培养瓶放入培养室培养。

知识拓展：接种后工作

● **拓展知识** ◎

灭菌与消毒

灭菌是指杀死物体表面或某空间的所有微生物，即把所有有生命的物质全部杀死，使之达到无菌程度；消毒则是指杀灭或清除或充分抑制部分微生物，使之实现无害化处理。灭菌与消毒的主要区别在于，前者能杀死所有活体微生物，后者则只能杀死或清除大部分微生物，对芽孢、厚垣孢子等杀伤力较弱。

知识拓展：试管苗的驯化与移栽

※ 复习思考题

一、名词解释

1. 植物组织培养

2. 细胞培养

3. 原生质体培养

4. 胚胎培养

5. 器官培养

二、填空题

1. 按外植体的来源与培养对象的不同，植物组织培养可分为_____、_____、_____、_____与_____。

2. 培养基配方有多种，常见的有_____、_____、_____、_____、_____、_____、_____培养基等。

3. 各种培养基虽然在配制成分上有差异，但主要成分都是_____、_____、_____、_____、_____5大类。此外，有些培养基还含有_____、_____等。

三、简答题

1. 试述植物组织培养的特点。

2. 组织培养育苗工厂的基本组成是什么？各车间的主要设备有哪些？

3. 如何保证接种操作在无菌条件下进行？

模块三 露地花卉栽培技术

知识目标

1. 理解露地花卉栽培的概念，明确露地花卉栽培的意义；
2. 了解各类露地花卉的主要种类与习性；
3. 熟悉各类露地花卉的繁殖方式；
4. 掌握各类露地花卉的栽培要点。

能力目标

1. 能够掌握整地和育苗的方式、方法；
2. 能够进行各类露地花卉的常规管理；
3. 能够根据花卉的生长发育特点，制定相应的管理方案。

素质目标

1. 具有珍惜时间、热爱生命的情怀；
2. 具有勤奋好学、做事认真的态度；
3. 具有吃苦耐劳、踏实肯干的精神。

露地花卉是指整个生长发育周期或主要生长发育阶段在露地进行的花卉。露地栽培的一二年生花卉、宿根花卉、球根花卉及木本花卉等都属于露地花卉。露地栽培是花卉栽培最传统的方式，花坛、花境、花园等各类城乡园林绿地花卉及自然水景花卉的栽培绝大多数都采用露地栽培，因此，露地栽培也是花卉栽培最基本的一种栽培方式。

一二年生花卉栽培

【单元导入】

常言道"人生一世，草木一秋"，生命短暂，只有一次机会，要好好把握，切莫虚度光阴。许多草本花卉只有一个生长周期，从种子发芽到开花结果，直至生命终结只有一年左右的时光，这类花卉就称为一二年生花卉。一二年生花卉有哪些特点？有哪些常见种类？一二年生花卉如何繁殖与栽培？让我们带着这些问题，进入本单元的学习。

【相关知识】

一、一二年生花卉的特点

（一）一二年生花卉的共性

（1）生活史。一二年生花卉的生活史在一年时间内完成，一生中开花结实只有一次。在实际应用时，也有部分多年生花卉作一二年生花卉栽培，它们在适宜的环境中，自然生长的生命周期在一年以上，也有多次开花结实的能力。

（2）植株形态。大多数一二年生花卉株型低矮，根系入土不深。

（3）生态要求。大多数一二年生花卉喜光、不耐干旱，对土壤质地要求不严，除重黏土和过于疏松的土壤外，均可生长。

（二）一二年生花卉的不同点

1. 观赏期不同

一二年生花卉大多属观花类花卉，花期是其主要观赏期。一年生花卉主要在春季播种，花期一般在夏秋季；二年生花卉主要在秋季播种，花期一般在早春至初夏。

2. 温度要求不同

（1）一年生花卉多数种类原产于热带或亚热带，一般不耐 0 ℃以下低温。一年生花卉中的耐寒种类苗期耐轻霜冻；半耐寒种类遇霜冻受害甚至死亡；不耐寒型花卉原产热带地区，遇霜立刻死亡，生长期要求温度高。

（2）二年生花卉喜冷凉气候，耐寒冷，但不耐炎热。这类花卉必须经过春化作用才能开花，即必须经历一段时间的持续低温才能由营养生长阶段转入生殖阶段生长。春化作用通常在 0 ℃～ 10 ℃时经 30 ～ 70 d 才能完成。

二、一二年生花卉的繁殖与栽培

（一）播种繁殖

一二年生花卉以播种繁殖为主，通常包括以下环节。

1. 种子采收

采收的是要留作繁殖的种子，因此要求必须成熟、饱满。一二年生花卉种类繁多，采收种子的具体要求也有差异。鸡冠花、矮牵牛、百日菊、三色堇等在田间容易发生杂交而导致性状分离，这类种子留种，要求不同品种的种株之间有严格的隔离措施，才能保证品种的纯正。凤仙花花期长、种子陆续成熟，宜在蒴果呈黄色未开裂时分批采收，且要先把果实套上袋，再从果梗处采下，以防止果实突然开裂、弹散种子；与凤仙花类似的有大花马齿苋、三色堇、福禄考等。石竹、瞿麦、矮雪轮等种子成熟后不易散失，可以整个花序一起剪下，晒干取种。

2. 种子干燥与贮藏

大多数一二年生花卉种子适宜干藏。先剔除种子里的碎屑、石子、混种等杂物，再将种子放阴凉通风处阴干，在低温干燥的条件下贮藏。

3. 播种与幼苗期管理

应根据当地的气候条件、花卉的生物学特性及目标花期确定播种期。播种前可进行催芽、消毒等处理。播种后要做好覆盖保湿工作，温度不足时可加盖小拱棚保温。幼苗期管理的主要工作有及时覆盖、间苗、除草、水肥管理等。

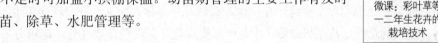

微课：彩叶草等一二年生花卉的栽培技术

（二）栽培要点

1. 间苗与定植

幼苗长出 2 ～ 3 片真叶时，可进行第一次间苗；在第一次间苗之后 20 d 左右进行第二次间苗。一二年生花卉的播种有直播与床播两种方式。直播苗要及时间苗与补种；床播苗要及时定植。

2. 摘心及抹芽

为保证植株整齐一致、株型饱满，需对植株摘心以满足要求，摘顶芽以促进分枝。如石竹、万寿菊、千日红等，为促发分枝，常采用摘心的方法；反之，为了保证主茎的生长或主花的发育，减少分枝及花量，常抹除萌动的侧芽，即抹芽。

3. 支柱与绑扎

当株形过大时，上部枝叶花朵过于沉重，遇风易倒伏，均需借助单根竹竿或芦苇进行支柱绑扎，特别是部分藤本植物需要进行支柱绑扎才利于欣赏，可在花卉周围四角插立支柱，用绳索建立联系以扶持群体植物。

4. 剪除残花

对于花期较长且能连续开花的一二年生花卉，花后应及时摘除残花，避免花卉因结果而消耗更多的养分，同时加强肥水管理，以维持健壮长势，促其继续开好花。

三、常见的一二年生花卉

1. 鸡冠花（*Celosia cristata*）（图 12-1）

【科属】苋科、青葙属

【形态特征】一年生草本花卉，株高为 40 ～ 100 cm。全株无毛，茎直立粗壮。叶长卵形或卵状披针形，先端渐尖或长渐尖，基部渐窄成柄，全缘。花序扁平呈鸡冠状，雌花着生于花序基部，花色有紫红、红、玫红、橙黄等色。种子呈肾形，黑色，有光泽。花期为 7—10 月，果熟期为 9—10 月下旬。

【生态习性】阳性，喜光，耐炎热、干燥环境，不耐寒，遇霜冻即枯死；宜疏松而肥沃的土壤，喜肥，不耐瘠薄。

【观赏用途】鸡冠花形似鸡冠，观赏期长，多用作布置花坛、花境，也可以栽种在庭院，或作为盆栽。

2. 千日红（*Gomphrena globosa*）（图 12-2）

【别名】火球花、杨梅花、千年红

【科属】苋科、千日红属

【形态特征】一年生草本花卉，株高为 50 ～ 60 cm。植株上部多分枝，茎直立。叶对生，椭圆形至倒卵形，全缘。花顶生，头状花序单生，或 2 ～ 3 个花序集生于枝端，每序有一较长的总梗，花序圆球形。小花的干膜质苞片为红色及玫红色。花期为 8—10 月。

【生态习性】阳性，喜光照充足、温热、干燥的环境，不耐寒；要求疏松、肥沃的土壤，较耐干旱，不耐积水。

【观赏用途】千日红适宜作花坛、花境材料，也可以盆栽或者做切花、干花用。花序可入药。

图 12-1　鸡冠花

图 12-2　千日红

3．大花马齿苋（*Portulaca grandiflora*）（图 12-3）

【别名】半支莲、松叶牡丹

【科属】马齿苋科、马齿苋属

【形态特征】一年生肉质花卉，茎干平卧或斜升，紫红色，多分枝，节上有丛生毛。叶通常散生，细圆柱形，先端圆钝；叶柄极短，叶腋常生一撮白色长柔毛。花顶生，单瓣或复瓣，花色丰富，有紫色、红色、粉色、橙色、黄色、复色等。花期为 6—10 月。

【生态习性】阳性，喜阳光充足、温暖、干燥的环境，在阴暗潮湿处生长不良，见阳光开花，早、晚、阴天闭合，故得名太阳花。

【观赏用途】大花马齿苋植株矮小，茎、叶肉质光泽，花色丰富，花期长，宜用来布置花坛外围，多用在容易干旱的公路隔离带的绿化，也可作为专类花坛使用。

4．茑萝（*Quamoclit pennata*）（图 12-4）

【别名】羽叶茑萝、茑萝松、绕龙花

【科属】旋花科、茑萝属

【形态特征】一年生蔓性草本花卉，茎长达 4 m，光滑、柔弱。单叶互生，叶片羽状细裂，裂片线形、整齐；托叶和叶片同形。聚伞花序腋生，着花一至数朵，花小；花萼 5；花冠高脚碟状，边缘 5 裂，形似五角星，鲜红色。蒴果卵圆形，种子黑色，花果期为 7—10 月。

知识拓展：其他常见的一二年生花卉

【生态习性】中性，喜光；不耐寒，能自播。

【观赏用途】茑萝茎叶柔美，花色红艳，观赏性好。可用于篱垣、棚架等绿化，也可盆栽搭架攀缘，将其塑造成各种形状。

图 12-3　大花马齿苋

图 12-4　茑萝

5．雏菊（*Bellis perennis*）（图 12-5）

【别名】春菊、延命草

【科属】菊科、雏菊属

【形态特征】二年生草本花卉，高为 10 cm 左右。叶基生，草质，匙形，顶端圆钝，基部渐狭成柄，上半部边缘有疏钝齿或波状齿。头状花序单生，直径为 2.5～3.5 cm，花葶被毛；总苞半球形或宽钟形；舌状花一层，雌性，舌片白色带粉红色，开展，全缘或有 2～3 齿；中央筒状花多数，两性，结实，有花冠红色、粉红色、浅粉色、白色。自然花期为 3—5 月。

【生态习性】中性，喜阳光充足；性强健，较耐寒，喜凉爽，忌炎热，可耐 –4 ℃ 低温。宜肥沃、富含腐殖质的土壤。

【观赏用途】雏菊花期长，色彩艳，且耐寒性好，容易栽培，是春季花坛重要的观花植物，也可用作岩石园、草地配植或者盆栽。

6. 金盏菊（*Calendula officinalis*）（图 12-6）

【别名】金盏花、长生菊

【科属】菊科、金盏菊属

【形态特征】株高为 30 ～ 60 cm，全株被白色茸毛。单叶互生；叶片椭圆形或椭圆状倒卵形，全缘，基生叶有柄，上部叶基抱茎。头状花序单生茎顶；舌状花一轮，或多轮平展，金黄或橘黄色，雌性，结实；盘花管状，黄色或褐色，两性，不结实。金盏菊有重瓣（实为舌状花多层）、卷瓣和绿心、深紫色花心等栽培品种。其花果期为 4—9 月。

【生态习性】中性，喜光，稍耐阴；适应性强，耐低温，忌夏季烈日高温，不择土壤。耐瘠薄干旱土壤及阴凉环境，在阳光充足及肥沃地带生长良好。

【观赏用途】金盏菊花色金黄，花期长，可供春季花坛与庭院配植。株型小巧，适合盆栽，也可作为切花使用。

图 12-5 雏菊

图 12-6 金盏菊

7. 其他常见的一二年生花卉

其他常见一二年生花卉（包括部分常作一二年生花卉应用的多年生草本）的栽培简介见表 12-1。

表 12-1 其他常见的一二年生花卉简介

序号	中文名	学名	科属	生态习性	花期
1	石竹	*Dianthus chinensis*	石竹科石竹属	喜光，喜凉爽干燥，耐寒，耐旱，不耐酷暑；喜排水良好的石灰质土壤，忌积水	5—7 月
2	羽衣甘蓝	*Brassica oleracea* var.*acephala* f.*tricolor*	十字花科芸薹属	喜冷凉气候，极耐寒，不耐涝，喜阳光，耐盐碱	12 月—翌年 3 月

序号	中文名	学名	科属	生态习性	花期
3	紫罗兰	*Matthiola incana*	十字花科紫罗兰属	喜冷凉的气候，忌燥热	4—6月
4	羽扇豆	*Lupinus micranthus*	豆科羽扇豆属	较耐寒，忌炎热，略耐阴	5—6月
5	三色堇	*Viola tricolor*	堇菜科堇菜属	喜光，耐半阴，喜凉爽，较耐寒，忌高温和积水；喜肥沃湿润的砂质壤土	3—6月
6	凤仙花	*Impatiens balsamina*	凤仙花科凤仙花属	喜光，喜温暖，耐热，不耐寒；喜排水良好土壤，对质地要求不严	6—9月
7	美人樱	*Verbena hybrida*	马鞭草科美女樱属	喜光，不耐阴，较耐寒，不耐旱；喜疏松肥沃土壤	4—11月
8	矮牵牛	*Petunia hybrida*	茄科碧冬茄属	喜光，喜温暖，耐热不耐寒，喜疏松肥沃排水良好的砂质壤土	4—10月
9	一串红	*Salvia splendens*	唇形科鼠尾草属	喜光，耐半阴，喜暖湿，不耐寒，忌高温阴雨，喜疏松、肥沃的中性至微碱性土壤	4—10月
10	鼠尾草	*Salvia japonica*	唇形科鼠尾草属	喜温暖，喜光照充足，耐旱不耐涝	6—9月
11	金鱼草	*Antirrhinum majus*	车前科金鱼草属	喜光，耐半阴，耐寒，不耐酷暑	5—6月
12	万寿菊	*Tagetes erecta*	菊科万寿菊属	喜光，稍耐阴，喜温暖，不耐寒，怕湿热，较耐旱；对土壤要求不严	5—10月
13	波斯菊	*Cosmos bipinnata*	菊科秋英属	喜光，不耐阴，耐贫瘠，忌积水，较耐热	5—11月
14	瓜叶菊	*Pericallis hybrida*	菊科瓜叶菊属	喜光，不耐高温，怕霜冻	3—7月
15	翠菊	*Callistephus chinensis*	菊科翠菊属	喜温暖，畏炎热，喜光，稍耐阴；喜肥，不耐涝	5—10月
16	黄帝菊	*Melampodium paludosum*	菊科黑足菊属	喜高温、高湿环境，不耐寒；耐干旱瘠薄，对土壤要求不高	6—10月
17	银叶菊	*Jacobaea maritima*	菊科疆千里光属	喜光照充足、凉爽湿润的气候，较耐寒，不耐高温高湿；喜疏松肥沃土壤	6—9月
18	天人菊	*Gaillardia pulchella*	菊科天人菊属	耐半阴，喜温暖，耐炎热，不耐寒，耐干旱；喜疏松肥沃土壤	6—10月
19	藿香蓟	*Ageratum conyzoides*	菊科藿香蓟属	喜光，喜温暖，不耐寒；对土壤要求不严	5—11月
20	矢车菊	*Centaurea cyanus*	菊科矢车菊属	喜光，喜冷凉，耐寒，不耐阴湿，忌高温	2—8月
21	夏堇	*Torenia fournieri*	玄参科蝴蝶草属	喜光，喜温暖、湿润，耐热不耐寒；喜排水良好的中性或微碱性土壤	6—11月
22	毛地黄	*Digitalis purpurea*	玄参科毛地黄属	耐寒，性喜凉爽，畏炎热	5—6月
23	桂竹香	*Erysimum×cheiri*	十字花科糖芥属	喜光，喜冷凉干燥，耐寒，畏热；喜疏松肥沃土壤，不耐涝	4—5月
24	风铃草	*Campanula medium*	桔梗科风铃草属	喜夏季凉爽、冬季温和的气候；喜轻松、肥沃而排水良好的壤土	4—6月

序号	中文名	学名	科属	生态习性	花期
25	香豌豆	*Lathyrus odoratus*	豆科山黧豆属	喜冬暖夏凉、阳光充足、空气潮湿的环境，最忌干热风	6—9 月
26	雁来红	*Amaranthus tricolor 'Splendens'*	苋科苋属	喜湿润，耐干旱，忌水涝；不耐寒，对土壤要求不严	7—9 月
27	醉蝶花	*Tarenaya hassleriana*	白花菜科醉蝶花属	喜高温，较耐暑热，忌寒冷；喜光，耐半阴，对土壤要求不严	6—9 月
28	向日葵	*Helianthus annuus*	菊科向日葵属	适应性强，对土壤要求不严，耐旱、耐瘠薄，较耐盐碱性土壤	7—9 月
29	黑种草	*Nigella damascena*	毛茛科黑种草属	喜冷凉气候，忌高温高湿，种子有嫌光性	6—7 月
30	蜡菊	*Xerochrysum bracteatum*	菊科蜡菊属	喜光，喜温暖湿润的环境，不耐寒，忌酷热	5—7 月

※ 技能实训

【实训一】凤仙花的栽培与管理技术（图 12-7）

一、实训目的

学会凤仙花栽培管理技术。

二、材料工具

凤仙花种子、有机肥、复合肥、喷洒水壶、锄头、簸箕等。

三、方法步骤

（一）选地、整地、施肥

选择阳光充足、土质疏松、肥力中等以上且排水良好的土壤为宜。播前深耕 15～20 cm，根据土壤情况撒施有机肥，将肥料翻入土中与土壤混匀，然后按 1.8 m 开墒做畦，畦面宽 1.5 m，畦高 15 cm，沟间走道宽 0.3 m。

（二）播种

选择颗粒饱满无病虫害的种子，在整好的土地上，采取开沟条播、点播、撒播的方式。点播按行间距 5 cm，每穴播种 3～4 粒，播后覆土 1～2 cm 厚，浇透水；撒播时将种子均匀撒在畦面上，覆土厚 1 cm 并稍加镇压，随后浇水，将撒播时的每亩用种量宜控制在 1.5～2 kg。

（三）播种后管理

播种后保持土壤湿润，温度为 20 ℃～25 ℃时，5～7 d 开始出苗，在出苗后 15～20 d，当幼苗高 10 cm 左右，真叶长出 3～4 片时即可进行间苗，应按照"去弱留强"的原则，留下壮苗，去除弱苗和病苗。

间苗前   间苗后

图 12-7　凤仙花间苗

（四）定植

当苗高为 15～20 cm 时，按株距 25～30 cm 进行单株定苗，每亩定苗 7 000～8 000 株。

（五）田间管理

（1）中耕除草。中耕除草主要是疏松土壤，提高地温，调节土壤水分，铲除杂草，促进根系发育，保证植株生长健壮。

（2）肥水管理。凤仙花喜肥，定植时，可每穴施入腐熟的豆饼肥或三元复合肥（15-15-15）7～10 粒作基肥，覆盖细土后再定植，注意定植时勿使根系直接接触肥料。生长期视生长情况适当追肥。

生长期要注意灌水，保持土壤湿润。

（3）病害防治。凤仙花常见的病害有白粉病、褐斑病、立枯病、轮纹病等，应对症下药，及时防治。

（4）采收。在 7—9 月开花期间，每日下午多次采收，采收后拣去杂质，干燥后贮藏。

● **拓展知识** ◎

凤仙花的别名——金凤花、急性子、指甲花

凤仙花也称金凤花，由于其花形奇特，侧视如凤凰展翅，故得此名。

急性子是凤仙花的另一个别名，意为种子性子急，等不及采收、贮藏至来年播种，一旦成熟就急急忙忙爆裂自播，当年萌发。凤仙花的果实成熟之后就会自行爆裂，里面的种子就会弹射而出，种子落地之后往往当年萌芽，长出新一代植株。

指甲花是凤仙花的又一别名，因其花汁鲜艳，古时的女子常用它来染指甲而得名。古人有诗云："金凤花开色更鲜，佳人染得指头丹。"

【实训二】诸葛菜的栽培

一、实训目的

掌握诸葛菜的习性，学会诸葛菜的繁殖与栽培技术。

二、材料工具

诸葛菜种子、喷壶、锄头、簸箕、复合肥等。

三、方法步骤

（一）育苗

诸葛菜采用直播或育苗移栽均可。

（1）直播。直播一般在10月中、下旬进行。先进行翻耕，结合翻耕驶入基肥，亩施农家肥500～1 000 kg。然后整平畦面。播种方式可用条播或撒播，采用条播的，按行距为20～30 cm开沟，沟深为2～3 cm。然后将种子与焦泥灰或细沙拌匀，播入沟中；撒播的直接将搅拌好的种子撒在畦面即可，播种量为每亩0.5～0.8 kg。播种后覆盖一层细土，稍加镇压，用洒水壶洒湿土面。

（2）床播。床播在2月中、下旬进行。先整好苗床，要求土粒细、畦面平。播种方式一般采用撒播。播后注意保湿，以利于出苗。幼苗出齐后，适当通风，当苗高为3～4 cm时逐渐撤除覆盖物，使幼苗直接接受光照；苗高为8～10 cm时选择阴天或雨前移栽。

（二）田间管理

（1）间苗与补苗。直播苗可在苗高为8～10 cm时间苗，间出的幼苗可以补种到植株稀疏的地方，株距控制在10～15 cm。移植苗在移栽1周后检查移栽苗成活情况，如有缺苗要及时补栽。

（2）除草与松土。间苗和移栽成活后，要进行一次中耕除草，使表土疏松，保持下部土壤湿润，促进幼苗根系深扎。要注意杂草发生情况，及时除去。

（3）施肥。在施足基肥的情况下，视植株长势适当追肥。若出现老叶黄化、长势不良的状况时，要及时追施稀薄氮肥促进生长，花前可酌情追肥，以促进开花。

（4）病虫害防治。诸葛菜病虫害有蚜虫、潜叶蝇、白粉病、菌核病、斜纹夜蛾等，应视具体病虫发生的危害情况采取相应的措施。

● **拓展知识** ◎

诸葛菜的价值

诸葛菜又名二月兰，是十字花科二年生花卉，具有以下几方面的价值。

（1）观赏价值。诸葛菜花色以蓝紫为主，也有浅红色与白色类型，早春开放，花期长，常作为优良的观花地被，应用于林缘、路侧、花坛等处，也可与其他色系的花卉组合成色块欣赏。

（2）食用价值。诸葛菜的幼嫩茎叶柔软可食，做菜时须热水烫煮浸泡去其苦味。

（3）药用价值。诸葛菜全草入药，性平，味辛甘，有开胃下气、利湿解毒的功效。

可治疗食积不化、黄疸、热渴、热毒风肿、疔疮、乳痈等症。

另外，由于种子含油量高达 50％以上，诸葛菜还是很好的油料作物。

※ 复习思考题

一、判断题

1. 一年生花卉的生活史只有一个生长周期，而二年生花卉有两个生长周期。（   ）

2. 大多数一二年生花卉根系浅、不耐旱。（   ）

3. 一年生花卉比二年生花卉更喜光。（   ）

4. 二年生花卉的耐寒、耐热性均比一年生花卉强。（   ）

5. 二年生花卉必须经过春化作用，才能开花。（   ）

二、填空题

1. 一二年生花卉的生活史在_____时间内完成，一生中，开花结实只有_____。

2. 一年生花卉主要在_____播种，花期一般在_____；二年生花卉主要在_____播种，花期一般在_____至_____。

3. 一二年生花卉以播种繁殖为主，通常包括如下环节：_____、_____、_____。

4. 常见的一二年生花卉有_____、_____、_____、_____、_____等。

三、简答题

1. 一二年生花卉的区别有哪些？

2. 一二年生花卉播种繁殖的主要环节有哪些？

3. 试述一二年生花卉的栽培要点。

单元十三

宿根花卉栽培

【单元导入】

"离离原上草，一岁一枯荣。"有一类花卉冬季地上部枯死，但地下部仍具有生命力，至翌春地下部重新发芽抽茎、展叶开花，又是一片欣欣向荣的气象，这类花卉就属于宿根花卉。宿根花卉有哪些类型与特点？应该如何繁殖与管理？让我们带着这些问题，进入本单元的学习。

【相关知识】

一、宿根花卉的类型与特点

（一）宿根花卉的类型

宿根花卉是指地下部无变态膨大的营养器官，生命周期在两年以上的多年生草本植物，可分为以下两类。

（1）落叶宿根花卉。落叶宿根花卉是狭义的宿根花卉，是指冬季地上部枯死，而地下部能存活多年的多年生草本花卉，如菊花、芍药等。

（2）常绿宿根花卉。常绿宿根花卉也称为多年生常绿草本花卉，是指冬季地上部不枯死，以休眠或半休眠状态越冬，翌春继续生长发育的一类多年生草本花卉。

落叶宿根花卉与常绿宿根花卉在一定的环境条件下能相互转化，某些在寒冷的北方地区落叶的宿根花卉，引到南方栽培后，表现为常绿。

此外，在园林中，一些茎干基部木质化的亚灌木类花卉（如薰衣草等）也被视作宿根花卉。

（二）宿根花卉的特点

（1）资源丰富。宿根花卉品种繁多，株型高矮、花期、花色变化较大，花期长，色彩丰富、鲜艳。宿根花卉作为自然界中具有代表性的植物材料，涉及50多个科，上千个种，目前广泛栽培的有200多个种。

（2）适应环境能力强。宿根花卉拥有发达的根系，能够使宿根花卉存储大量的水分，大多数宿根花卉具有较强的抗逆性，但不同种类之间的适应性也存在很大差异，一般夏秋开花的种类喜温暖，早春开花的种类大多喜冷凉、忌炎热。落叶性宿根抗寒力强；而常绿宿根抗寒力较弱。

（3）易于繁殖。宿根花卉可以一次栽培多年观赏，是园林绿化的重要材料。宿根花卉繁殖容易，采用播种、扦插、分蘖等方法均可，只要掌握好栽培季节和繁殖方法，即可成活。

（4）栽培容易。宿根花卉中的大多数品种对环境条件的要求不苛刻，可进行粗放管理，一次种植，管理得当，可以连年多次开花，具有一次栽植多年观赏的特点，可以节省人力、物力，经济实用。

二、宿根花卉的繁殖与栽培

（一）宿根花卉的繁殖

宿根花卉以营养繁殖为主，常用的方法有分株、扦插等，其中以分株繁殖最为普遍。为了不影响观赏，春季开花的宿根花卉应在秋季或初冬进行分株，如芍药、荷包牡丹等；夏秋开花的种类应在早春萌芽前分株，如桔梗、萱草等。有些宿根花卉容易发生匍匐茎或吸芽，如吊兰、龙舌兰等。除寒冷的冬天外，其他季节均可繁殖。

宿根花卉也可以用种子繁殖，播种期因种类而异，一般选在春季或秋季。

（二）宿根花卉的栽培

1. 定植

（1）整地。选择土壤疏松、肥沃、无污染、不易积水的地块，将碎石、杂草清理干净。因宿根花卉根系分布较深，土地翻耕宜深，应先施足基肥，再平整好土地。

（2）栽种。选择生长健壮、无病虫害的繁殖材料（如根蘖苗、吸芽等）栽种，栽种时要掌握好深度，以根颈部与地面平齐为宜。栽下后浇一次定根水，为了保湿并防止冲刷，可以在土面覆盖一层稻草。

2. 灌溉与施肥

水分管理视植株状态与土壤墒情而定，旱季、旺盛生长期宜多浇，雨季、休眠期宜少浇或不浇。砂性土灌溉宜勤，黏质土则灌水不宜过于频繁。

微课：芍药的栽培技术（一）

为了满足植株生长发育的需要，在生长期应适时、适量地进行追肥。宿根花卉的种类多，不同花卉对肥料的要求不一致，施肥时期、用肥种类与施肥量、施肥方法均应根据具体种类而定。

3. 中耕除草

根据情况适当进行中耕，以疏松土壤，增加土壤内的空气流通，更好地为花苗提供水分、养分，及时清除杂草，防止杂草过多和花苗争夺养分、水分的情况。除草时应注意不要牵动花苗。

微课：芍药的栽培技术（二）

4. 病虫害防治

不同宿根花卉有不同的病虫害，平时应做好病害虫防治工作，坚持以预防为主，发生病虫害后，根据病虫害类型选择合适的化学农药进行喷洒，消除病虫害。例如，鸢尾如果出现叶斑病，可以采用69%的烯酰吗啉可湿性粉剂、75%百菌清可湿性粉剂按照1∶1的比例稀释成1 500倍进行喷施。

5. 整形修剪及冬季管理

夏天应做好整形修剪工作，根据不同的花卉种类选择适当的整形修剪时期，以促进花卉更好地生长。整形修剪时还应调整植株，使株型更完美，花开时更加美观。寒冷地区进入冬季后，应采用覆盖法、培土法等防寒措施，使花卉安全过冬，促进其第二年更好地发育。

1. 菊花（*Dendranthema morifolium*）（图 13-1）

【别名】秋菊、黄花、节花

【科属】菊科、菊属

【形态特征】多年生草本，高为 60～150 cm。茎直立，分枝或不分枝，被柔毛。叶互生，有短柄，叶片卵形至披针形，羽状浅裂或半裂。头状花序单生或数个集生于茎枝顶端；缘花舌状，盘花管状，菊花品种极多，花色与花形变异丰富，有些品种全为舌状花，有些则全为管状花。花期为 9—11 月。

【生态习性】中性，喜光，稍耐阴，夏季需遮烈日照射；耐寒，喜凉爽的气候，宿根能耐−30 ℃的低温；要求疏松、肥沃、排水良好的砂质壤土，忌连作，忌水涝。

【观赏用途】菊花是我国传统十大名花之一，品种繁多，花型花色十分丰富，可以配置在花坛、花境、假山等处，也可以作盆花栽培或制作成菊艺盆景。菊花是四大鲜切花之一，广泛用于插花与花艺活动。

2. 大花金鸡菊（*Coreopsis grandiflora*）（图 13-2）

【别名】大花波斯菊

【科属】菊科、金鸡菊属

【形态特征】多年生草本，高为 20～100 cm。茎直立，上部有分枝。叶对生，基部叶有长柄；下部叶羽状全裂，裂片长圆形；中部及上部叶 3～5 深裂。头状花序单生于枝端，总苞片外层较短。缘花舌状，黄色，雌性，结实；盘花管状，两性，结实。瘦果边缘具膜质宽翅。花期为 5—9 月。

【生态习性】阳性；不耐寒，喜温热。不择土壤，但在肥沃、深耕过的土壤中生长较好。

【观赏用途】大花金鸡菊花大而艳丽，花期长达 4 个多月，常用于花境、坡地、庭院、街心花园的美化。大花金鸡菊是一种外来物种，在某些地区表现出较强的入侵性，应用时应注意。

图 13-1　菊花　　　　　　　　　　　图 13-2　大花金鸡菊

3. 芍药（*Paeonia lactiflora*）（图 13-3）

【别名】婪尾春、绰约、将离、没骨花

【科属】毛茛科、芍药属

【形态特征】多年生草本，高达 40～70 cm。下部茎生叶为二回三出复叶，上部茎生叶为三出复叶；小叶狭卵形，椭圆形或披针形，基部楔形或偏斜，具白色骨质细齿。花数朵，生茎顶和叶腋，有时仅顶端一朵开放。花瓣倒卵形，有时基部具有深紫色斑块。花期为 5—6 月；果期在 8 月。

【生态习性】喜光，耐半阴；喜冷凉，耐寒，在我国各地可以露地越冬；喜土层深厚、湿润而排水良好的壤土，不适于盐碱地和低洼地栽培。

【观赏用途】芍药是中国的传统名花，适宜布置专类花坛、花境或散植于林缘、山石畔和庭院中，也适合盆栽和作为鲜切花。

4. 五彩苏（*Coleus scutellarioides*）（图 13-4）

【别名】彩叶草、锦紫苏

【科属】唇形科、鞘蕊花属

【形态特征】草本。茎通常为紫色，四棱形。叶膜质，其大小、形状及色泽变异很大，通常卵圆形，先端钝至短渐尖，基部宽楔形至圆形，边缘具圆齿状锯齿或圆齿，叶色有黄色、暗红色、紫色及绿色，观叶期在 3～10 月。轮伞花序多花，花时径约为 1.5 cm。花萼钟形。花冠浅紫色至紫色或蓝色。小坚果宽卵圆形或圆形，压扁，褐色。花期为 7—9 月。

【生态习性】中性，喜光，稍耐阴，光线充足能使叶色鲜艳；喜温暖气候，冬季温度不低于 10 ℃，夏季高温时稍加遮阴。

【观赏用途】五彩苏叶色丰富多彩，为优良的观叶植物。可盆栽，也可配置花坛。枝叶可作为切花材料。

图 13-3　芍药　　　　　　　图 13-4　五彩苏

5. 山桃草（*Gaura lindheimeri*）（图 13-5）

【别名】千鸟花、白桃花、白蝶花

【科属】柳叶菜科、山桃草属

【形态特征】多年生粗壮草本，株高为 100～150 cm。茎直立，多分枝，全株具短毛。叶互生，无柄；叶片披针形或匙形，先端渐尖或钝尖，叶缘具波状齿，外卷。穗状花序或圆锥花序顶生；萼片线状披针形，淡粉红色；花瓣白色或粉红色。蒴果坚果状，狭纺锤形。花期为5—9月，果期为8—9月。

【生态习性】中性，耐半阴；耐寒，喜凉爽及半湿润气候。生长在肥沃、疏松及排水良好的砂质壤土。

【观赏用途】山桃草花枝细长，富观赏性，常用于花坛、花境、地被、草坪中点缀装饰，也可作线条花材用于花艺作品。

6. 柳叶马鞭草（*Verbena bonariensis*）（图 13-6）

【科属】马鞭草科、马鞭草属

【形态特征】多年生草本，全株具纤细绒毛。茎方形，上部多分枝，株高可达 100 ～ 150 cm。生长初期叶为椭圆形，边缘有缺刻，两面有粗毛，花茎抽高后叶转为细长型如柳叶状。穗状花序顶生或腋生，细长如马鞭；花小，花冠呈紫红色或淡紫色，花期为5—9月。

知识拓展：其他
常见的宿根花卉

【生态习性】喜温暖气候，不耐寒，10 ℃以下生长较迟缓。喜光耐旱。对土壤要求不严，喜土层深厚、疏松、肥沃的壤土及砂质壤土，耐瘠薄，忌涝湿，在重盐碱地、黏性土及低洼易涝地生长不良。

【观赏用途】柳叶马鞭草株型高大而不易倒伏，在园林造景中的应用非常广泛。常连片种植，形成蔚为壮观的紫色花海。可沿路带状栽植，在分隔庭院空间的同时，还可为路边增添一道风景；也可用于花境，丰富景观层次。

图 13-5 山桃草

图 13-6 柳叶马鞭草

7. 其他常见的宿根花卉

其他常见的宿根花卉的简介见表 13-1。

表 13-1 其他常见的宿根花卉简介

序号	中文名	学名	科	生态习性	花期
1	玉簪	*Hosta plantaginea*	百合科玉簪属	性强健，耐寒冷，性喜阴湿环境，不耐强烈日光照射	5—6月
2	紫萼	*Hosta ventricosa*	百合科玉簪属	喜阴湿，耐寒冷，喜肥沃的壤土	6—7月

序号	中文名	学名	科	生态习性	花期
3	萱草	*Hemerocallis fulva*	百合科萱草属	性强健，耐寒，喜湿润，也耐旱，喜阳光又耐半荫	6—8 月
4	天竺葵	*Pelargonium hortorum*	牻牛儿苗科天竺葵属	喜冬暖夏凉，喜燥恶湿，喜光	5—7 月
5	虎耳草	*Saxifraga stolonifera*	虎耳草科虎耳草属	喜阴凉潮湿，土壤要求肥沃，湿润	4—11 月
6	楼斗菜	*Aquilegia viridiflora*	毛茛科楼斗菜属	喜凉爽，忌高温暴晒，耐寒	6—7 月
7	美丽月见草	*Oenothera speciosa*	柳叶菜科月见草属	耐寒，耐贫瘠，喜光，忌积水	4—11 月
8	宿根福禄考	*Phlox paniculata*	花葱科天蓝绣球属	不耐热，耐寒，忌烈日暴晒，不耐旱，忌积水	6—9 月
9	墨西哥鼠尾草	*Salvia leucantha*	唇形科鼠尾草属	喜湿润，日照，疏松，肥沃的壤土	8—10 月
10	紫松果菊	*Echinacea purpurea*	菊科紫松果菊属	喜温暖，耐寒，喜光，耐干旱	6—9 月
11	宿根天人菊	*Gaillardia aristata*	菊科天人菊属	性强健，耐热，耐旱，喜阳光充足	7—8 月
12	大滨菊	*Leucanthemum maximum*	菊科滨菊属	性喜阳光，喜温暖，不择土壤	7—9 月
13	香彩雀	*Angelonia salicariifolia*	玄参科香彩雀属	喜温暖，耐高温，对空气湿度适应性强，喜光	6—9 月
14	假龙头花	*Physostegia virginiana*	唇形科假龙头花属	性喜温暖，较耐寒，耐旱，耐肥，适应能力强	7—9 月
15	八宝	*Hylotelephium erythrostictum*	景天科八宝属	喜强光和干燥，耐低温，耐贫瘠和干旱，忌积水	8—10 月
16	鸢尾	*Iris tectorum*	鸢尾科鸢尾属	喜光，亦耐阴；性强健，耐寒，耐干燥；适宜弱碱性土壤	4—5 月
17	蝴蝶花	*Iris japonica*	鸢尾科鸢尾属	喜温暖，忌晚霜与冬寒。喜富含腐殖质的砂壤土或轻黏土，较耐盐碱	3—4 月
18	荷兰菊	*Aster novi-belgii*	菊科联毛紫菀属	适应性很强，耐干旱、贫瘠和寒冷，喜通风湿润	8—10 月
19	白花三叶草	*Trifolium repens*	豆科车轴草属	适应性广，抗热抗寒性强，耐旱，喜黏土，耐酸性土	3—9 月
20	紫露草	*Tradescantia ohiensis*	鸭跖草科紫露草属	喜光，耐半阴；喜温暖、湿润，较耐寒；喜肥沃、疏松的砂壤土	5—10 月
21	狼尾草	*Pennisetum alopecuroides*	禾本科狼尾草属	适应性强，喜光，耐半阴；喜温暖、湿润，同时耐旱、耐湿，抗寒性强	9—11 月
22	蛇鞭菊	*Liatris spicata*	菊科蛇鞭菊属	喜温暖，喜阳光，不耐荫蔽，耐旱，忌湿涝；喜疏松、排水良好的壤土	7—9 月
23	翠雀	*Delphinium × cultorum*	毛茛科翠雀属	喜光，耐半阴，性强健，耐旱，耐寒，喜冷凉气候，忌炎热	5—10 月
24	鹤望兰	*Strelitzia reginae*	旅人蕉科鹤望兰属	喜温暖、湿润、阳光充足的环境，畏严寒，忌酷热、忌旱、忌涝	5—8 月

【实训一】萱草分株繁殖栽培技术（图 13-7）

一、实训目的

学会萱草分株栽培技术。

二、材料工具

萱草、小刀、铁锹、肥料。

三、方法步骤

（一）整地做垄

整地前进行土壤消毒，一般使用辛硫磷乳剂均匀喷洒地面，然后深翻土地，将土壤中的石块、垃圾等杂物清除，较大的土块应打碎，均匀撒施腐熟的有机肥，保证萱草营养生长过程中所需的养分。

（二）分株

分株要在植株抽薹前或花期过后进行，选择生长健壮、无病虫害的母株，用铁锹将母株丛全部挖出，挖出时要尽量保证根系完整，用刀将株丛分成多个带 1～2 个芽的小株，确保每个小株带有一定根系且生长点完整，去除朽根和病根，分株后需及时定植。为满足扩繁需求，定植 2 年即可分株。

（三）栽植

由于萱草繁殖系数较高，密植影响植株分生，一般将小株以 20～25 cm 株距定植于垄上。

（四）水肥管理

定植后需要及时浇透水 1 次，1 周后再浇透水 1 次。之后视情况而定，若长时间没有降雨，植株出现缺水症状如叶片萎蔫时，则需要及时浇水；反之，则不需要。适当施肥可促使萱草植株生长茂盛、花色艳丽、花量增多，施肥一般在植株定植 2 个月左右、现蕾前进行，结合浇水追施尿素、磷钾肥 1 次。

（五）中耕除草

萱草幼苗期长势较弱，杂草过多、土壤透气性差影响植株生长，应及时进行中耕除草。幼苗期间，中耕不宜过深，应随植株生长逐渐加深，除草次数则可随植株生长逐渐减少。

（六）病虫害防治

萱草常见的病害为锈病、叶斑病、叶枯病，常见的虫害为蛴螬、红蜘蛛、蚜虫。病虫害防治要坚持以防为主，综合防治。

（七）休眠期管理

萱草耐寒性强，在华东地区一般都能安全越冬。每年 10 月底或 11 月初上冻前浇透越冬水，上冻后及时剪除地上部分的枯枝，保留高出地面 3 cm 左右即可。次年解冻后，应及时灌溉返青水，促使植株生长。

整地 分株 定植

图13-7 萱草分株繁殖栽培技术

● **拓展知识** ◎

萱草——中国的母亲花

萱草（*Hemerocallis fulva*）是百合科多年生草本花卉，在我国的栽培历史悠久，文化内涵丰富，有忘忧草、宜男花等别称。古人认为，萱草可种植在母亲的居室，并以"萱堂"代称母亲。孟郊诗云："萱草生堂阶，游子行天涯。慈母倚堂门，不见萱草花。"它表达了远方游子对慈母的深深思念。以萱草作为慈母象征，借以表达对母亲的爱，是中国孝亲文化的一个缩影。

【实训二】标本菊栽培

一、实训目的

学会标本菊的扦插育苗与栽培技术。

二、材料工具

标本菊、营养土、小刀、花盆。

三、方法步骤

（一）扦插

秋末冬初，选取健康母株丰满、抱头、长势壮、远离母株的脚芽，用利刀切下进行扦插，扦插深度以脚芽长度的 1/3 为宜，插后浇透水。在温度为 10 ℃～15 ℃的环境中，1 个月左右脚芽就能生根。

（二）定苗

每年清明节前后分苗上盆，7 月中旬左右进行摘心和抹芽，促进脚芽生长，待盆土内萌发出几个脚芽时，选择 1 个顶芽饱满、长势旺盛的脚芽苗，其余的除掉。

（三）新株管理

8 月上旬后，选留的脚芽苗已长成新株，这时可将老株剪去，松土后再填土，促发新根。至 9 月中旬，花芽形成并孕蕾，此时可立支柱固定植株。秋季要加强施肥，可一周一次叶面喷施 0.5％尿素与 0.05％磷酸二氢钾等，直至茎秆顶端以下第 2 叶节处成全株最粗点，花蕾透色时停止施肥。

（四）剥蕾

为集中营养、保证主花发育，每年10月上旬开始要及时疏去过多的花蕾。

（五）病虫害防治

常见的病虫害有菊花褐斑病、炭疽病、蚜虫、红蜘蛛等。要坚持预防为主，综合防治的原则。

● 拓展知识 ◎

凌霜绽妍——菊花邮票

1960年12月10日，邮电部发行了一套"菊花"特种邮票，邮票志号"特44"，全套共十八枚，至1961年出齐。邮票采用图画写实描绘菊花品种，分别为黄十八、绿牡丹、二乔、大如意、如意金钩、金牡丹、帅旗、柳线、芙蓉托桂、玉盘托珠、赤金狮子、温玉、紫玉香珠、冰盘托桂、墨荷、斑中玉笋、笑靥、天鹅舞等，均属菊花中的名贵品种。

【实训三】芍药栽培

一、实训目的

学会芍药栽培管理技术。

二、材料工具

芍药根系、有机肥、剪刀、洒水壶。

三、方法步骤

（一）整地

芍药为肉质根，较耐旱，不耐水涝，积水易腐烂，种植时宜选择背风向阳、土层深厚、地势干燥、肥沃且排水良好的砂质壤土地块，不宜选择低洼的盐碱地。大田种植时可用挖机翻耕土壤，清理碎石块及垃圾，施入腐熟的羊粪等有机肥。

（二）种植

（1）芍药根预处理。种植前，先用剪刀将芍药根部病害部分和枯死根系剪除，用小刀将根状茎削平，再将根系全部置于多菌灵800倍液、NAA4 000倍液中浸泡10 min，然后放置在阴凉通风的地上晾干。

（2）栽植。开挖种植穴，将芍药根系置于盆的中间，回填一半土后稍提一下根系，让根系舒展再继续回填基质，边填边压实，栽植高度以芽与土面相平即可，定植后立即浇透定根水，表面水渗透后覆一层基质，保温保墒。

（三）田间管理

1. 中耕除草

幼苗萌发时要及时中耕除草，每隔1个月左右再除草1次，中耕松土3～5 cm，且避免伤害到芍药的根部，保护好幼苗，结合除草，在根部进行培土，10月下旬在距离地面6～9cm处剪去芍药的枝叶，保护好芍药过冬。

2. 追肥排灌

芍药种植后，第2年需追肥3次：第1次在3—4月上旬，施人尿粪施肥；第2次在4月下旬，第3次在10—11月以圈肥为主。第3年施肥3次：第1次在3月下旬施肥，第2次在4月下旬，第3次在11月中旬左右。第4年在收获前追肥两次即可，第1次选择在3月下旬，第2次在4月下旬，不施加磷肥，按上述施肥量再施加1次。每次施肥都应该保持适宜的距离，因为芍药喜旱怕涝，所以一般不需要灌溉，干旱严重时可以在傍晚灌溉1次。

3. 摘花蕾

芍药种植期间在4月中旬出现花蕾时，选择晴天将芍药的花蕾全部摘去。不能让其过分集中地吸收养分，从而促进根的生长，只有这样，才能够提高芍药种植的产量和质量，摘花蕾时间也不宜过迟。

4. 修剪

芍药种植期间的修剪可以将植株间的泥土除松，利用露出主根的大半部分来进行修整，去除主根上生出的侧根；若发现主根中有部分腐烂现象，则应同时将腐烂部分也除去，其剩下的伤疤会自然愈合。剪下的细根视具体的情况而处理，如可作种苗，则重新进行栽种；若不能作种苗，则留下几根，待来年长大后再种植，应剪去多余的部分，以避免集中吸收养分，而阻碍主根继续生长。

5. 防治病虫害

芍药主要虫害有蚜虫、蚧壳虫、红蜘蛛、卷叶蛾、天蛾等，主要病害有菌核病、疫病、轮纹病等。要以预防为主，采取综合性的治理方式来维护芍药的生长环境。对于一些害虫，可以进行诱杀或生物防治结合化学防治进行控制。对于病害，则以预防为主，及时摘除病叶清并扫周围环境，可以减少农药的使用。

● 拓展知识 ◎

绰约婪尾春——芍药

芍药是我国传统名花，有着丰富的文化意象。苏派盆景艺术大师周瘦鹃先生曾用"绰约婪尾春"来概括芍药意象。"绰约"是芍药的谐音，反映了芍药风姿绰约的美好形象。婪尾是最后之杯，意味着酒席将尽。芍药盛开于晚春，意味着百花争艳的春天即将过去，故芍药有"婪尾春"的别称。

※ 复习思考题 🌱 ─────────────────────

一、判断题

1. 宿根花卉的地下部常膨大变态。（　　）

2．常绿性宿根花卉较落叶性宿根花卉耐寒。（　　　）

3．宿根花卉的繁殖以营养繁殖为主。（　　　）

4．宿根花卉是一类入土较深的草本花卉，栽植时宜深翻。（　　　）

5．芍药、牡丹都是宿根花卉。（　　　）

二、填空题

1．有一类花卉冬季地上部枯死，但地下部仍具生命力，至翌春地下部重新发芽抽茎、展叶开花，又是一片欣欣向荣的气象，这类花卉就属于_____。

2．宿根花卉可分为_____及_____，落叶宿根花卉与常绿宿根花卉在一定的环境条件下能相互转化。在园林中，一些茎干基部木质化的亚灌木类花卉，如_____等也被视作宿根花卉。

3．常见的宿根花卉有_____、_____、_____、_____、_____、_____等。

三、简答题

1．宿根花卉的类型有哪些？

2．宿根花卉的特点有哪些？

3．试述宿根花卉的栽培管理要点。

单元十四

球根花卉栽培

【单元导入】

物竞天择，适者生存。在漫长的进化过程中，各种植物都获得了适应自然环境变化的生存能力。有些花卉能在恶劣环境到来之前，形成肉质膨大的地下变态营养器官，这些变态器官贮存了大量营养物质，有助于花卉植物度过恶劣环境，并在适宜生长的条件下，重新成长为新的植株。这类花卉就是球根花卉，它们的变态营养器官统称为球根。有哪些常见的球根花卉？球根花卉的生态习性怎样？如何栽培球根花卉？让我们带着这些问题，进入本单元的学习。

【相关知识】

球根花卉是指根或地下茎变态膨大成贮藏器官，以其贮藏水分、养分度过休眠期的花卉，按地下部分的器官形态，可分为鳞茎类、球茎类、根茎类、块茎类、块根类。

球根花卉品种丰富，许多常见种有几十到上千品种。在现代园林中，球根花卉因开花整齐、色彩艳丽、管理方式简单容易等优点正逐渐成为园林应用中的新秀。

一、球根花卉的特点与生态习性

（一）球根花卉的特点

（1）地下部具变态营养器官。球根花卉均具有变态营养器官，这些变态器官可分为鳞茎类、球茎类、块茎类、根茎类和块根类。

（2）具自然休眠期的多年生植物。大多数球茎类花卉都具有自然休眠现象。在球根形成后，地上部逐渐枯死，植物体以变态营养器官的形式进入休眠状态。

（3）球根的贮藏、运输与繁殖容易。

（二）球根花卉的生态习性

球根花卉分布很广，不同种类的生长发育规律及其对环境条件的要求都存在一定的差异。球根花卉有两个主要原产地区：一是以地中海气候为代表的冬雨地区，包括地中海沿岸、小亚细亚、好望角和美国加利福尼亚等地。这些地区秋、冬、春降雨，夏季干旱，从秋至春是生长季，是秋植球根花卉的主要原产地区。二是以南非（好望角除外）为代表的夏雨地区，包括中南美洲和北半球温带，夏季雨量充沛，冬季干旱或寒冷，由春至秋为生长季。春季栽植，夏季开花，冬季休眠。此类球根花卉生长期要求较高温度，不耐寒。

1. 温度

球根花卉因原产地的不同，对温度要求也不同。

（1）喜温热不耐寒球根。大多数春植球根属于这一类，如大丽菊、姜花等。这一类球根花卉大多起源于以南非（好望角除外）为代表的夏雨地区，包括中南美洲和北半球温带，夏季雨量充沛，冬季干旱或寒冷，由春至秋为生长季。

（2）喜凉爽不耐热球根。大多数秋植球根属于这一类。这类球根花卉起源于以地中海气候为代表的冬雨地区，包括地中海沿岸、小亚细亚、好望角和美国加利福尼亚等地。这些地区秋、冬、春降雨，夏季干旱，从秋至春是生长季，是秋植球根花卉的主要原产地区。这类花卉的耐寒性差异较大，山丹、卷丹、喇叭水仙可耐 $-30\ ℃$低温；而铁炮百合，仅能耐 $-10\ ℃$低温。

（3）喜温而不耐寒、不耐热球根。这类球根包括君子兰、仙客来、大岩桐等。

2. 光照

大多数球根花卉喜欢充足的阳光，如唐菖蒲、小苍兰、鸢尾、百合、马蹄莲等；但也有部分种类喜半阴，如山丹、石蒜、花叶芋、球根海棠等。

3．水分

球根花卉抗旱性较强，怕积水，积水容易造成球根腐烂，整株死亡。但在植株生长期又要保持土壤湿润，当球根快成熟时，土壤要保持干燥。

4．土壤

球根类花卉喜疏松、肥沃、排水良好的砂质壤土。黏重的土壤，排水不好，不利于球根的生长。

二、球根花卉的栽培管理要点

（一）繁殖

球根花卉主要采用分球繁殖，球根的采挖一般是在球根充分增大、开始进入休眠状态时进行。部分球根自然增殖力弱，可用播种繁殖。

微课：葱兰等球根
花卉栽培技术

（二）栽植

应选择土质疏松、排水良好的土壤栽植。若在黏质土壤栽种要先进行客土改良，容易积水的低洼地，栽植前应加高土层，并修好排水设施。球根喜肥，种植前先施基肥。基肥可用腐熟的有机肥加适量复合肥配制。

球根种植的密度视植株大小而定。种植深度因种类、土质而异，朱顶红球根顶部应露出土面，晚香玉覆土以盖住球根为度，郁金香则需覆土 6～8 cm。疏松的沙壤土栽植宜深，而黏壤土应稍浅。

（三）栽后管理

球根类旺盛生长期需水量较大，应注意灌水，保证充足的水分供应，进入球根生长后期，土壤宜干燥，以免球根腐烂。为促进子球发育，多花品种要及时疏摘过多的花蕾，并在花后及时剪去残花以避免结实消耗营养。花后新球膨大但植株营养匮乏，需加强肥水管理。球根类对磷肥、钾肥需求量较大，花后长势正常的，可叶面追施 0.2% 的磷酸二氢钾，或以磷钾为主配合适量氮肥土壤施用；氮肥不宜过多，以免刺激新叶发生，影响新球发育。花后长势衰退明显的，可增施氮肥，迅速恢复长势。

（四）采收

球根花卉的采收应在其生长停止、叶片枯黄时进行。采收要适时，过早营养积累不充分，球根不充实；过晚地上部分枯落，采收时容易遗漏子球，且容易遭受鼠害及病虫危害。采收应选择晴天，土壤略显湿润时进行。要剔除病球、伤球，采收正常的球根，去掉附土，表面晾干后贮藏。

1. 朱顶红（*Hippeastrum vittatum*）（图 14-1）

【别名】对红、华胄兰、红花莲、百枝莲

【科属】石蒜科、朱顶红属

【形态特征】多年生草本。鳞茎近球形，直径为 5 ~ 7.5 cm。叶 6 ~ 8 枚，花后抽出，鲜绿色，带形，长约为 30 cm，基部宽约为 2.5 cm。花茎中空，稍扁，高约为 40 cm，宽约为 2 cm，具有白粉；伞形花序上有花 2 ~ 4 朵，花大形，漏斗状；花被裂片红、粉、复色，花柱与花被裂片近等长，花期为 5—6 月。

【生态习性】喜光，稍耐阴；喜高燥、凉爽气候，耐寒性差。宜生长在富含腐殖质、排水良好的砂质壤土，忌积水。

【观赏用途】朱顶红花色鲜艳，花朵硕大，壮丽悦目，可以配置花坛或做切花，也可陈列在庭园的亭阁、廊下。适宜盆栽，可作为室内几案、窗前的装饰品。

2. 雄黄兰（*Crocosmia*×*crocosmiflora*）（图 14-2）

【别名】观音兰、黄大蒜、倒挂金钩、标竿花

【科属】鸢尾科、雄黄兰属

【形态特征】株高为 50 ~ 100 cm。球茎扁圆球形，外包有棕褐色网状的膜质包被。叶多基生，剑形，长为 40 ~ 60 cm，基部鞘状，顶端渐尖，中脉明显；茎生叶较短而狭，披针形。花茎常 2 ~ 4 分枝，由多花组成疏散的穗状花序；每朵花基部有 2 枚膜质的苞片；花两侧对称，橙黄色，直径为 3.5 ~ 4 cm。蒴果三棱状球形，花期为 7—8 月。

【生态习性】喜充足阳光，耐寒。在长江中下游地区球茎能露地越冬。适宜生长于排水良好、疏松、肥沃的砂质壤土，生育期要求土壤有充足的水分。

【观赏用途】雄黄兰叶形如剑，花色艳丽，橙黄色的花在绿叶映衬下格外秀美。江南地区可以配置花坛、花境，花序修长可作线条花应用于插花，在北方地区适宜盆栽，可作为室内几案、窗前的装饰品。

图 14-1　朱顶红　　　　　　　　　图 14-2　雄黄兰

3. 郁金香（*Tulipa×gesneriana*）（图 14-3）

【别名】洋荷花、草麝香、郁香、荷兰花

【科属】百合科、郁金香属

【形态特征】鳞茎扁圆锥形，内有肉质鳞片 2 ～ 5 枚，外披淡黄至棕褐色皮膜。茎叶光滑，披白粉。叶 3 ～ 5 枚，带状披针形至卵状披针形，全缘并呈波状，基部 2 ～ 3 片叶较大，呈阔卵形，其余生于茎上，长披针形，较小。花单生茎顶，大型，直立杯状，花被片 6，离生，白天开放，傍晚或阴雨天闭合。花色有白色、黄色、橙色、红色、紫色及复色，有重瓣种，长为 5 ～ 7 cm，宽为 2 ～ 4 cm，花期为 4—5 月。

【生态习性】日中性植物，对日照长短要求不严，喜光，略耐半阴；极耐寒，不耐干旱也不耐水湿；喜富含腐殖质的比较肥沃且排水通气良好的沙质壤土，在黏重土壤上生长不良。

【观赏用途】郁金香是著名的球根花卉，花形优美，花色丰富，是重要的盆栽花卉和切花材料。在园林中，常丛植或片植布置于花坛、花境及各类园林小品中。

4. 花毛茛（*Ranunculus asiaticus*）（图 14-4）

【别名】芹菜花、波斯毛茛、陆莲花

【科属】毛茛科、毛茛属

【形态特征】多年生球根草本花卉，块根纺锤形，株高为 20 ～ 50 cm；茎单生，或少数分枝；基生叶轮廓为阔卵形，具长柄，为三出复叶；茎生叶小，近无柄，羽状细裂，花单生或数朵聚生于茎顶，花径为 5 ～ 10 cm，花色有红色、黄色、白色、橙色及紫色等，重瓣或半重瓣，花期为 4—5 月。

【生态习性】喜阳光充足、温暖湿润的生长环境，耐半阴，稍耐寒。宜栽种在富含腐殖质、湿润而排水良好的砂质壤土中，也能在浅水中生长。

【观赏用途】花毛茛花色丰富，花形丰满，状类牡丹，俗称"洋牡丹"。常用于春季花坛，也可布置于花境，或带植于路旁、片植于林下，也适于庭院、假山等处配植。

知识拓展：其他常见的球根花卉

图 14-3　郁金香

图 14-4　花毛茛

5. 葱兰（*Zephyranthes candida*）（图 14-5）

【别名】葱莲、玉帘、韭菜莲、白花菖蒲莲、肝风草

【科属】石蒜科、葱莲属

【形态特征】多年生草本花卉。鳞茎卵形，具有明显的颈部。叶狭线形，肥厚，亮绿色，长为 20～30 cm，宽为 2～4 mm。花单生于花茎顶端，下有带褐红色的佛焰苞状总苞，总苞片顶端 2 裂；花梗长约为 1 cm；花白色，外面常带淡红色；几无花被管，花被片 6，顶端钝或具短尖头；雄蕊 6，长约为花被的 1/2；花柱细长，柱头不明显 3 裂。蒴果近球形，花期为 8—10 月。

【生态习性】喜光照充足，稍耐阴；喜温暖、湿润的气候，较耐寒；喜肥沃、略黏且排水良好土壤，较耐干旱瘠薄。

【观赏用途】葱兰株形矮小，清新秀气，适合花坛、花境配植，也可以作为地被布置于路边、林缘和草地，还可以作为小型盆栽用于居室绿化。

6. 美人蕉（*Canna indica*）（图 14-6）

【别名】红艳蕉、小花美人蕉、小芭蕉

【科属】美人蕉科、美人蕉属

【形态特征】多年生宿根草本花卉，株高可达 100～150 cm。根茎肥大；地上茎绿色。叶互生，叶片宽大，先端渐尖，基部渐狭。总状花序自茎顶抽出；花单生或孪生于苞片内；萼片披针形；花冠管稍短于花萼，裂片披针形；具有四枚瓣化雄蕊；花色有乳白、鲜黄、橙黄、橘红、粉红、大红、紫红、复色斑点等，花期为 5—11 月。

【生态习性】喜阳光充足、通风良好的环境；喜高温炎热，不耐寒，遇霜立即枯萎。喜肥沃、湿润的深厚土壤；在原产地无休眠性。

【观赏用途】美人蕉花大色艳，枝叶繁茂，花期长，开花时正值炎热、少花的季节，所以，在园林中应用极为普遍。宜作花境背景或花坛中心栽植，也可以丛植在草坪中或房前屋后。

图 14-5 葱莲

图 14-6 美人蕉

7. 其他常见的球根花卉

其他常见的球根花卉简介见表 14-1。

表 14-1 常见的球根花卉简介

序号	中文名	学名	科属	生态习性	花期
1	百合	*Lilium brownii* var. *viridulum*	百合科百合属	喜凉爽，较耐寒，喜干燥，怕水涝	5—6 月
2	麝香百合	*Lilium longiflorum*	百合科百合属	较耐阴，喜夏季凉爽湿润气候，喜排水良好的微酸性土壤	6—7 月
3	卷丹	*Lilium tigrinum*	百合科百合属	喜凉爽潮湿，忌干旱、忌酷暑	7—8 月
4	风信子	*Hyacinthus orientalis*	风信子科风信子属	喜冬季温暖、湿润、夏季凉爽稍干燥。喜排水良好的砂壤土	3—4 月
5	葡萄风信子	*Muscari botryoides*	百合科蓝壶花属	喜冷凉，耐寒，不耐热，喜光，忌积水；喜排水良好的土壤	3—5 月
6	马蹄莲	*Zantedeschia aethiopica*	天南星科马蹄莲属	喜温暖、湿润和阳光充足，喜湿润，不耐寒和干旱	5—6 月
7	黄花马蹄莲	*Zantedeschia elliottiana*	天南星科马蹄莲属	喜温暖、湿润和阳光充足，喜湿润，不耐寒和干旱	5—6 月
8	银星马蹄莲	*Zantedeschia albomaculata*	天南星科马蹄莲属	喜温暖、湿润和阳光充足，喜湿润，不耐寒和干旱	7—8 月
9	小苍兰	*freesia hybrida*	鸢尾科香雪兰属	喜温暖、阳光充足，忌强光，忌高温	2—5 月
10	韭莲	*Zephyranthes grandiflora*	石蒜科葱兰属	喜温暖、湿润、阳光充足，亦耐半阴，也耐干旱，耐高温	6—9 月
11	石蒜	*Lycoris radiata*	石蒜科石蒜属	适应性强，较耐寒，喜阴，喜湿润	8—9 月
12	百子莲	*Agapanthus africanus*	石蒜科百子莲属	喜温暖、湿润和阳光充足，忌积水	7—9 月
13	仙客来	*Cyclamen persicum*	报春花科仙客来属	喜温暖，怕炎热，较耐寒	11 月—翌年 4 月
14	大丽花	*Dahlia pinnata*	菊科大丽花属	喜半阴，喜凉爽，不耐干旱，不耐涝	6—12 月
15	菊芋	*Helianthus tuberosus*	菊科向日葵属	喜光，喜温暖、干燥，抗旱，耐寒，不耐炎热	8—9 月
16	五彩芋	*Caladium bicolor*	天南星科五彩芋属	喜高温、高湿和半阴环境，不耐低温和霜雪，要求土壤疏松、肥沃和排水良好	3—4 月
17	球根秋海棠	*Begonia×tuberhybrida*	秋海棠科秋海棠属	喜温暖、湿润的半阴环境，不耐寒，忌高温，怕积水和强光	5—11 月
18	晚香玉	*Polianthes tuberosa*	石蒜科晚香玉属	喜温暖、湿润、阳光充足，喜肥沃、潮湿但不积水的土壤	7—11 月
19	番红花	*Crocus sativus*	鸢尾科番红花属	喜冷凉、湿润和半阴环境，较耐寒	10—11 月
20	大岩桐	*Sinningia speciosa*	苦苣苔科大岩桐属	喜温暖、湿润、半阴，忌强光直射，不耐寒	3—8 月
21	铃兰	*Convallaria majalis*	百合科铃兰属	喜半阴、凉爽湿润的环境，耐寒、忌炎热	5—6 月

序号	中文名	学名	科属	生态习性	花期
22	嘉兰	*Gloriosa superba*	百合科嘉兰属	喜温暖、湿润气候及排水良好，保水力强的肥沃土壤	6—8月
23	虎眼万年青	*Ornithogalum caudatum*	百合科虎眼万年青属	耐半阴、忌阳光直射；耐寒、喜湿润环境	7—8月
24	网球花	*Scadoxus multiflorus*	石蒜科网球花属	喜温暖、湿润及半阴环境，较耐旱，不耐寒	5—7月

※ 技能实训

【实训一】小苍兰种植及管理技术

一、实训目的

学会小苍兰种植及管理技术。

二、材料工具

小苍兰、营养土、小刀、花盆、肥料。

三、方法步骤

（一）种植前的准备工作

1. 种球准备

种球消毒可用50%甲基硫菌灵可湿性粉剂500～800倍液杀菌剂浸种球茎1～2 h，捞起阴干即可。定植前，种球应先给予13 ℃～17 ℃的低温处理2～3周。

2. 土壤准备

（1）施基肥。用充分发酵的有机肥和过磷酸钙等作基肥，每100 m² 施加家畜粪750 kg、饼肥12.5 kg和过磷酸钙5 kg，均匀撒在土表后用手扶拖拉机浅耕，使土肥混合均匀，隔几天再翻耕一次，连翻三次。

（2）调节土壤pH值。pH值以6～6.5为宜。偏碱性土壤，可施用有机肥进行调节；偏酸性土壤，于植球前1个月施适量的生石灰与土壤掺和均匀。

（3）土壤消毒。每平方米可用五氯硝基苯6～10 g，溴甲烷50～70 g处理。施药后，翻耙平整，隔5～7 d即可播种，也可用高温消毒法。7月月初深翻土壤后灌透水，在地面上覆盖塑料薄膜并压实，利用伏天设施内45 ℃以上的高温处理一个多月，可起到预防病虫害的作用。

（4）种植床的准备。完成以上工作后，将地整平，做成高10 cm、宽1～1.2 m 的高床备用。干旱地区高可为5 cm左右；若土壤湿度大，不易排水的地区，宜加高至20～25 cm。

（二）定植

定植密度因品种、球茎大小、栽培季节而有一定差别。一般种植株行距为8 cm×（10～14）cm，种植密度为80～110株。覆土厚度一般为球茎大小的2倍，切忌太厚，植后土表常覆盖一层薄薄的草炭土或松针、稻草、锯木屑等，以保持土壤湿润。

（三）养护管理

（1）浇水。栽植后马上浇一次透水，直至出芽前都保持土壤湿润。出苗后，在气温较高的情况下，要适当控制水分以防徒长，一般是每周浇一次透水。现蕾后要逐步减少浇水量，尽量保持土表干燥，以利于降低空气湿度，预防病害。

（2）施肥。从定植到抽生 2 片叶时，通常只浇水不施肥。地上部分抽生 3 片叶时要开始追肥，一般每 7～10 d 追肥一次。营养生长期间以追施无机氮肥为主，进入花芽分化阶段则以追施磷肥为主，还可用 0.1%～0.3% 的磷酸二氢钾溶液作叶面施肥，可提高切花品质。进入开花期，应停止追肥。花后再追施 1～2 次，促进球茎发育。

（3）支撑。小苍兰花枝较软，花序曲折生长，花多时易使花枝下垂、倒伏。在植株 3～4 叶期，可开始设立支架张网，在距离地面 25 cm 左右设第 1 层网，随植株生长再设第 2 层网。一般张网的网格用 10 cm×10 cm 或 10 cm×15 cm 的方格。

● **拓展知识** ◎

小苍兰

小苍兰原产南非地中海式气候地区，那里夏季高温干燥、冬季温和多雨。小苍兰适应了这种气候，秋季至翌年春季生长发育，至夏季形成球根休眠。

1816 年，小苍兰被引入英国；1878 年后，欧洲开始大量育种；1945 年，荷兰、美国等国家培育出了植株高大、花朵硕大的 4 倍体品种。随后丹麦培育出了播种繁殖的品种。现在，荷兰是世界小苍兰育种中心。

【实训二】百合鳞茎的采收与贮藏

一、实训目的

学会百合采收与贮藏技术。

二、材料工具

百合、锄头、瓷盆、草炭。

三、方法步骤

（一）采收

百合一般在秋冬季茎秆枯萎后经过一段低温时期到立冬前后采收。

（1）鳞茎采挖。采挖时先清理掉百合枯叶，按顺序逐穴刨挖，刨挖时先用锄头浅挖，看到种球后在距离种球稍远处下锄，将种球全部挖出，注意不要损伤种球，新挖掘的种球不可在日光下吹晒，以防鳞片失水变色。

（2）预冷。百合鳞茎挖出后，要均匀地铺在地上摊晾，堆层高度以 2～3 个鳞茎为宜，避免中间发热。注意摊晾时间不宜过长，防止鳞片变色。

（3）选球。预冷后应及时选球，用于贮藏的种球应选择色白、个大、新鲜、球形圆整、鳞片肥大、不带根须、无松动散瓣、无棕色焦瓣的果球。在操作过程中应轻拿轻放，避免碰伤果球。

（二）贮藏

（1）消毒。贮藏用的容器应先用 0.5% 的漂白粉溶液消毒，晒干后使用。贮藏室在贮藏前几天也要用福尔马林与高锰酸钾混合熏蒸 24 h。

（2）层积贮藏。使用筛除杂质的草炭作层积材料，先在容器底部铺一层约 20 cm 的草炭，然后按一层鳞茎一层草炭的顺序进行摆放，顶部用草炭封顶，避免种球暴露在空气中。贮藏后每隔 20 ～ 30 d 抽查 1 次。当草炭过湿时，应及时更换。贮藏期间保持 6 ℃以下低温，一般可贮藏至翌年 3 月。

（3）硅窗薄膜袋贮藏。将百合鳞茎用 0.03 ～ 0.04 mm 厚的硅窗薄膜密封包装，每袋 4 ～ 5 kg，再放入筐中或置于贮藏架上，贮藏期间的库温控制在 5 ℃～ 6 ℃，相对湿度保持在 90% ～ 95%。采用该方法百合保藏时间长，质量损失较小，外观和品质均较好。

● 拓展知识 ◎

百合的价值

（1）食用价值。百合富含蛋白质、脂肪、还原糖及钙、磷、铁、维生素 B、维生素 C 等营养素，鳞茎肉质细腻软糯、洁白如玉、风味别致，可蒸、煮、炸、炒，可做面食，也可做羹、做粥，有很高的滋补保健作用。

（2）药用价值。百合鳞茎和花都可入药治病。鳞叶有润肺止咳、清心安神、益智健脑、补中益气、镇静助眠、滋补强壮、理脾健胃、清热解毒、止血解表、提高免疫力、升高白细胞、美容养颜等多种药用功效。

（3）观赏价值。观赏百合种类品种丰富，是名贵的鲜切花。常见的切花百合有亚洲百合、东方百合、麝香百合的杂种系列，适合在庭院中观赏的还有卷丹等。

（4）经济价值。鲜花含芳香油，可作香料。

※ 复习思考题 🔥 ——————————————————————————

一、判断题

1. 球根花卉的地下部变态膨大，具有繁殖功能。（   ）

2. 起源于地中海式气候区的球茎大多适于春植。（   ）

3. 大多数球根花卉喜欢充足的阳光。（   ）

4. 唐菖蒲是一种喜温暖、不耐寒的球根花卉。（   ）

5. 所有的球根花卉都不耐水湿。（   ）

二、填空题

1. 按地下部分的器官形态，球根花卉可分为_____、_____、_____、_____、_____。

2．常见的球根花卉有_____、_____、_____、_____、_____、_____等。

3．球根花卉主要采用_____，也可采用_____。

4．球根花卉均具有变态营养器官，这些变态器官可分为鳞茎类如_____、球茎类如_____、块茎类如_____、根茎类如_____和块根类如_____。

三、简答题

1．试述球根花卉的特点。

2．试述球根花卉的生态习性。

3．试述球根花卉的栽培管理要点。

单元十五

水生花卉栽培

【单元导入】

水生花卉是营造园林水体景观的重要元素。正确选择、合理搭配水生植物，对水体景观功能的发挥具有举足轻重的作用。水生花卉的生态习性怎样？它们的繁殖有什么特点？应如何进行栽培管理？让我们带着这些问题，进入本单元的学习。

【相关知识】

一、水生花卉的生态习性

水生花卉是指常年生活在水中，或在其生命周期内有一段时间生活在水中的花卉植物。根据水生花卉的生长特点又可分为挺水类、浮水类、漂浮类和沉水类四大类。在园林中，有时把生长于水边湿地的湿生花卉也归到水生花卉的范畴。不同种类的花卉对环境的要求也不同。

（一）温度

许多水生花卉的花期在夏秋季节，对水温要求较高，为 18 ℃～24 ℃。但不同种类对温度的适应性有很大差异，如某些耐寒的睡莲品种可以在西伯利亚露地生长，而原产于南美洲亚马孙河流域的王莲生长适温达 40 ℃。

（二）光照

水生花卉大多喜光，通常在全光条件下才能正常生长，如荷花、睡莲、千屈菜等；也有喜半阴的，要求 60%～ 80% 蔽荫度，如果光线太强，会出现不同程度的灼伤，如菖蒲等。因此，种植水生花卉时，要注意光照强度对其的影响。

（三）水位

水生花卉离不开水，但不同种类对水的深度要求不同。同一种类其不同的生长期对水的深度要求也有所不同，如荷花在春季初栽时，水位应低，以 5 ～ 10 cm 为宜，便于藕种发芽、萌动；荷花生长中期和盛花期，需水量最大，以 20 ～ 40 cm 为宜；秋季生长末期，又以 10 ～ 20 cm 为适。所以，水生花卉在园林中的应用要重点注意对水的需求。

（四）土壤

除漂浮类根系不入水底土壤外，其他水生植物喜富含有机质的黏性土壤。

二、水生花卉的繁殖

大多数水生花卉为多年生植物，繁殖的主要方式是分生繁殖，但很多种类也适合播种繁殖。

（一）播种繁殖

水生花卉一般在水中播种。具体方法是将种子播种于有培养土的盆中，盖以沙或土，然后将盆浸入水中，浸入水的过程应逐步进行，由浅到深。刚开始时仅使盆土湿润即可，之后可使水面高出盆沿。水温应保持在 18 ℃～ 24 ℃，王莲等原产热带者需保持在 24 ℃～ 32 ℃。大多数水生花卉的种子干燥后即丧失发芽力，需在种子成熟后立即播种或贮藏于水中或湿处。少数水生花卉种子可在干燥条件下保持较长的寿命，如荷花、香蒲、水生鸢尾等。

（二）分生繁殖

大多数水生花卉植株成丛或具有地下根茎，可直接分株或将根茎切成数段进行栽植。分根茎时注意每段必须带顶芽及尾根，否则难以成株。分栽时期一般在春秋季节，有些不耐寒的品种可在春末夏初进行。有些水生花卉属球根类，如慈姑、紫芋等，可用分球繁殖。

三、水生花卉的栽培要点

（一）放土

栽培水生花卉的水域应具有有机质丰富的肥沃塘泥，如果采用缸栽或水底无土，可放水稻土等富含有机质的黏性土作为底土，在底土表层铺盖一层粗砂，以防止灌水时水体淤泥泛起。

（二）施基肥

由于水生花卉一旦定植，追肥比较困难，因此，需要在栽植前施足基肥。已栽植过水生花卉的池塘一般已有腐殖质的沉积，观其肥沃程度确定是否施肥，新开挖的池塘必须在栽植前加入塘泥并施入大量的有机肥料。

（三）越冬

半耐寒性水生花卉，如荷花等可缸植，放入水池特定位置观赏，秋冬取出，放置于不结冰处即可，也可直接栽于池中，冰冻之前提高水位，使植株周围尤其是根部附近不能结冰，少量栽植时可人工挖掘贮存。耐寒性水生花卉，如千屈菜、水葱、芡实、香蒲等，一般不需要特殊保护，对休眠期水位没有特别要求。

四、常见的水生花卉

1. 睡莲（*Nymphaea tetragona*）（图 15-1）
【别名】水浮莲、子午莲
【科属】睡莲科、睡莲属
【形态特征】浮叶型宿根草本。根状茎粗短，横生于淤泥中。叶丛生，卵圆形，全缘，具细长叶柄，浮于水面；叶面深绿色，有光泽。花单生于细长的花梗顶端，浮于或高于水面，花瓣多数，花色有红色、粉红色、白色、黄色、蓝色等，白天开放，夜间闭合。聚合果球形，种子多数，椭圆形，黑色，花期为 5—7 月，果期为 9—10 月。
【生态习性】阳性，喜阳光充足和通风良好的环境，在庇荫处长势较弱，不易开花。喜温暖、湿润气候，也耐寒。对土壤要求不严，但是喜欢富含有机质的黏土；植株正常生长的水深为 20 ～ 40 cm。
【观赏用途】睡莲叶浮于水面，圆润青翠，花色丰富，绚丽多彩，为花叶俱美的水生观赏植物，适宜于布置水景园或盆栽观赏，也可剪取花枝来插花。
2. 荷花（*Nymphaea tetragona*）（图 15-2）
【别名】水芙蓉、莲花
【科属】莲科、莲属

【形态特征】多年生挺水型草本花卉。地下茎（藕）肥大，横生于淤泥中，节上生有不定根，并抽叶开花。藕与叶柄、花梗均具有多个孔道。叶大，盾状圆形，全缘，叶脉明显隆起；叶柄圆柱形，密布倒生刚刺。花单生，花色有红色、粉红色、白色、黄色等，具有清香；雄蕊多数，雌蕊离生，隐藏于膨大的倒圆锥形花托内，花期为6—8月，果期为9—10月。

【生态习性】阳性，喜光，不耐荫；喜热，耐高温，在强光照下生长发育快，开花早；喜水深不超过1 m的静水，当水深达1.5 m时不能开花。

知识拓展：其他
常见的水生花卉

【观赏用途】荷花叶大形美，花大色丽，清香远溢，赏心悦目，为我国十大名花之一，是我国应用最广泛的水生花卉。广泛用于水池、湖面的景观布置，常在水体的浅水处作片状栽植；也可以布置于小庭院、阳台或用于插花美化居室。其地下茎（藕）可作蔬菜食用。

图 15-1　睡莲

图 15-2　荷花

3. 水烛（*Typha angustifolia*）（图 15-3）

【别名】水蜡烛、狭叶香蒲

【科属】香蒲科、香蒲属

【形态特征】水生或沼生草本植物。根状茎乳黄色、灰黄色。地上茎直立，粗壮，高可达3 m。叶片上部扁平，中部以下腹面微凹，背面向下逐渐隆起呈凸形，叶鞘抱茎。雄花序轴具褐色扁柔毛，单出，叶状苞片，花后脱落；雌花通常比叶片宽，花后脱落；花药长距圆形，花粉粉单体，近球形、卵形或三角形，花丝短，细弱，雌花具小苞片，子房纺锤形，具褐色斑点，子房柄纤细，不孕雌花子房倒圆锥形，不育柱头短尖；白色丝状毛着生于子房柄基部，小坚果长椭圆形，具褐色斑点，纵裂，种子为深褐色，6—9月开花结果。

【生态习性】喜阳光充足和通风良好的环境，喜温暖、湿润气候，耐寒性较弱。对土壤要求不严，对环境污染具有一定的抗性。

【观赏用途】水烛为多年生挺水植物，叶形挺拔，花序似烛，观赏性独特。生长势强，病虫害少，适宜于浅水区及沼泽地种植。叶子与花序都是花艺常用的良好素材。

4. 芦苇（*Phragmites australis*）（图 15-4）

【科属】禾本科、芦苇属

【形态特征】多年水生或湿生的高大禾草，根状茎十分发达。秆直立，高为 1～3 m，节下披蜡粉；叶鞘下部者长于其节间，叶舌边缘密生短纤毛，易脱落，叶片披针状线形，无毛。圆锥花序大型，分枝稠密，小穗无毛，花期在夏秋季。

【生态习性】芦苇适应性强，喜光，喜温暖，耐寒性好；喜湿润，多分布于浅水区及沼泽地，但也有一定的耐旱力。喜肥沃、湿润的壤土和砂质壤土。

【观赏用途】芦苇株形高大而茂密、花序硕大而质朴，自然分布于浅水区及岸边湿地，极富天然野趣。其常被种植在湖滨、池畔、河边等自然水域，容易形成非常壮观的芦苇荡风景。

图 15-3　水烛　　　　　　　　　　　图 15-4　芦苇

5. 黄菖蒲（*Iris pseudacorus*）（图 15-5）

【别名】黄花鸢尾、水生鸢尾、黄鸢尾、水烛

【科属】鸢尾科、鸢尾属

【形态特征】植株高大，根茎短粗，直径可达 2.5 cm。基生叶灰绿色，宽剑形，长为 60～100 cm，中脉明显，茎生叶比基生叶短而窄。花茎粗壮，上部分枝，稍高出于叶。苞片 3～4 枚，膜质，绿色，披针形；花形大，垂瓣上部长椭圆形，基部近等宽，具褐色斑纹或无，旗瓣淡黄色，花径为 8 cm。蒴果长形，内有种子多数，种子褐色，有棱角，花期为 5—6 月。

【生态习性】较喜光，耐半阴；喜温暖，耐寒性强；喜水湿环境，但也耐旱；喜肥沃疏松、富含有机质的砂质壤土及轻黏土。

【观赏用途】黄菖蒲叶色翠绿，叶形狭长，花色明黄，具有一种清雅朴素的美感。可在水中作挺水植物栽培，也可在水边旱地种植，是装点水景的优良素材。其在园林中，还可以与水边建筑、假山点石配合，软化硬质景观。

6. 南美天胡荽（*Hydrocotyle verticillata*）（图 15-6）

【别名】香菇草、铜钱草

【科属】伞形科、天胡荽属

【形态特征】多年生挺水或湿生观赏花卉。植株具有蔓生性，株高为 5 ～ 15 cm，节上常生根。叶片圆盾形，亮绿色，边缘波状，叶柄长互生，具长柄，叶脉 15 ～ 20 条放射状。伞形花序，小花白色，两性。果为分果，花期为 6—8 月。

【生态习性】适应性强，喜光照充足的环境。喜温暖，耐炎热，怕寒冷，生长适宜温度为 18 ℃～ 30 ℃，越冬温度不宜低于 5 ℃。喜湿润，对土壤要求不严。

【观赏用途】南美天胡荽根茎繁殖力强，很容易形成群落景观，常用于公园、绿地、庭院水景绿化，多植于浅水外或湿地。其株形小巧，叶形圆润，色泽翠绿，可作为盆栽观赏。

南美天胡荽适应能力很强，既适应水生环境，又适应陆地生存；根茎容易繁殖，挤占环境空间的能力突出，表现出较强的入侵性，在应用时要防止其逸生。

图 15-5 黄菖蒲

图 15-6 南美天胡荽

7. 其他常见的水生花卉

其他常见水生花卉的简介见表 15-1。

表 15-1 常见的水生花卉

序号	中文名	学名	科属	生态习性	花期
1	水生美人蕉	*Canna glauca*	美人蕉科美人蕉属	生性强健，适应性强，喜光，怕强风	4—10 月
2	千屈菜	*Lythrum salicaria*	千屈菜科千屈菜属	喜强光，耐寒性强，喜水湿	6—9 月
3	水葱	*Scirpus validus*	莎草科藨草属	喜温暖，喜阳，耐低温	6—9 月
4	溪荪	*Iris sanguinea*	鸢尾科鸢尾属	喜光，较耐阴，喜温凉气候，耐寒性强	5—6 月
5	雨久花	*Monochoria korsakowii*	雨久花科雨久花属	喜光，稍耐阴，喜温暖，不耐寒	7—8 月
6	莼菜	*Brasenia schreberi*	睡莲科莼菜属	喜温暖，喜水质清洁，土壤肥沃，不耐高温及低温	5—6 月
7	香蒲	*Typha orientalis*	香蒲科香蒲属	喜高温、多湿气候，耐水湿	5—8 月
8	水仙	*Narcissus tazetta var.chinensis*	石蒜科水仙属	喜光，喜水，喜肥，耐半阴，不耐寒	1—2 月
9	黄水仙	*Narcissus pseudonarcissus*	石蒜科水仙属	喜冬季湿润、夏季干热的生长环境；对光照的反应不敏感	3—4 月

序号	中文名	学名	科属	生态习性	花期
10	花叶芦竹	*Arundo donax* cv.*Versicolor*	禾本科芦竹属	喜光，喜温，耐水湿，也较耐寒，不耐干旱和强光，喜肥沃、疏松和排水良好的微酸性砂质土壤	9—12 月
11	旱伞草	*Cyperus involucratus*	莎草科莎草属	喜温暖、阴湿及通风良好的环境，耐半阴，不耐寒	8—11 月
12	水鳖	*Hydrocharis dubia*	水鳖科水鳖属	喜温暖、湿润及阳光充足环境	8—10 月
13	泽泻	*Alisma plantago-aquatica*	泽泻科泽泻属	喜温暖、湿润及阳光充足环境	5—10 月
14	石菖蒲	*Acorus tatarinowii*	天南星科菖蒲属	喜冷凉、湿润气候，阴湿环境，耐寒，忌干旱	2—6 月
15	皇冠草	*Echinodorus grisebachii*	泽泻科肋果慈姑属	喜疏阴环境，喜温暖，怕低温，在 22 ℃～30 ℃的温度范围内生长良好	6—9 月
16	王莲	*Victoria amazonica*	睡莲科王莲属	喜高温，不耐寒，以土质肥沃略带黏性为好	7—9 月
17	欧洲慈姑	*Sagittaria sagittifolia*	泽泻科慈姑属	喜温暖环境，越冬温度不宜低于 5 ℃	7—9 月
18	聚草	*Myriophyllum spicatum*	小二仙草科狐尾藻属	耐低温，不耐旱	6 月
19	菖蒲	*Acorus calamus*	天南星科菖蒲属	喜冷凉、湿润气候，阴湿环境，耐寒，忌干旱	6—9 月
20	玉蝉花	*Iris ensata*	鸢尾科鸢尾属	喜湿润，耐寒，喜肥沃土壤	6—7 月
21	花菖蒲	*Iris ensata* var. *hortensis*	鸢尾科鸢尾属	喜湿润，耐寒，喜肥沃的酸性土壤，忌石灰质土壤	6—7 月
22	荇菜	*Nymphoides peltatum*	龙胆科荇菜属	比较适合长于多腐殖质的微酸性至中性的底泥和富营养的水域	5—10 月

※ 技能实训

【实训一】水仙雕刻和水培技术

一、实训目的

学会水仙雕刻及水培技术。

二、材料工具

水仙种球、雕刻刀、水养盘等。

三、方法步骤

（一）水仙雕刻（图 15-7）

（1）刻前准备。挑选合适的水仙球，雕刻前将球根泥土洗净、清除枯根及杂质，并剥除鳞茎球上的外皮，以免鳞片或根部受到污染，在水养时霉烂。根据材料形态，确定造型方案。

（2）粗雕。一手持稳球根，另一手用雕刻刀从芽端弯向离根盘的 0.6 ～ 1 cm 处下刀，划开弧平线，逐步往球茎内部层层剥削撕掉表面鳞片至叶芽体露出。再将水仙花球叶芽体之间的鳞肉削挑刻除，使得芽体之间留有空隙，以便对芽苞叶片及花梗的雕刻操作。

（3）细刻。根据造型需要，剥除相应的芽苞叶片，用传统的雕刻刀具或斜口刀结合圆夹两用刀，以不损伤花苞为基本要求对各芽体外露的芽苞叶片削除。

（4）刮梗。根据造型要求，确定刮除花梗表皮的多少及方向。使用斜口刀或双刃夹形三角刀由梗端顺势刮掉表皮或球茎处，需要注意的是，不能损伤太多花梗，以免造成断枝或哑花。母鳞雕刻好后，就要对侧鳞茎根据造型所需进行雕刻，方法以简洁易刻为主。

（5）伤葶。根据造型要求，刻伤花葶梗基部，也称"阉花"，这是整个造型最主要的控制技术，对花葶梗基部刺伤深浅或挖刮伤程度是抑制花葶向上生长高低的调节技术。但要注意不要刺伤过度，以免出现"哑花"或"断枝"。

（6）精修。水仙球雕刻完毕后，将所有切伤口修削整齐清理干净，防止霉烂，保持美观。

挑选种球　　　　　　　剥除外皮　　　　　　　切鳞片

露出叶芽　　　　　　　雕刻完成

图 15-7　水仙雕刻

（二）水仙水培

（1）清洗黏液。将种球雕刻面朝下，让切口朝下浸泡在水里，伤口会慢慢流出黏液，视情况每 6 ～ 8 h 换水清洗，至切口无黏液，这个程序需要 20 ～ 30 h。

（2）愈伤。用干净药用棉花片或吸水性强的棉布或纸巾盖住种球切口、鳞茎盘和根部，然后把根部浸泡在清水里或棉花垂入清水中吸水保湿，以保持它的水分和温湿度，前期要避免阳光的强照，以免让切口晒黄受损，且需经常喷水或换清水保持其干净和湿度。

（3）水养。过 3 ～ 4 d，待切口渐愈，新根长出，叶片逐渐转绿，可移放到阳光充足的地方以促进光合作用，使叶片健绿不徒长，有利于固定造型；最好能每日换水并常喷洒叶片，必须保证水质干净，还可以加点盐水补充养分，有利于健康生长，效果才会更好。

● 拓展知识 ◎

水仙雕刻塑形的原理

水仙（*Narcissus tazetta* var. *chinensis*）是我国十大传统名花之一，在我国已有一千多年栽培历史，其叶姿秀美、花色雅致、花香浓郁，素有"凌波仙子"的美称。在自然条件下，水仙的叶片和花葶向上生长，雕刻时种球一侧受损伤，在愈合过程中，受伤一侧停止向上生长，未受伤的部位正常生长，通过雕刻，水仙叶片或花葶朝着受伤的一侧或一面弯曲，可以达到矮化和定向生长的目的。

【实训二】睡莲的栽培管理

一、实训目的

学会睡莲栽培管理技术。

二、材料工具

睡莲，口径为 40～50 cm、高为 30～35 cm 的瓷缸，豆饼肥，碎瓦片，喷壶，鹅卵石。

三、方法步骤

（1）种苗准备。用于种植的睡莲种苗（根状茎），种植前分成若干丛，去掉枯黄叶、病虫叶，每丛带根和叶，清洗干净并剪除老根，用杀菌剂浸泡消毒处理。难成活的和不合格的种苗应及时淘汰。彻底清除叶片背面和叶柄的卵块，以防止螺类传入。

（2）栽植（图15-8）。先在瓷缸底放入几块碎瓦片堵住排水孔，倒入两勺腐熟的豆饼肥，用淤泥填满，依据睡莲种苗大小开种植穴，保持芽点向上，将根部捋顺后垂直压进泥土不浮起即可，同时使得叶片基部和淤泥表面相平，不可压得太深，用水洒透盆里的泥土，若出现泥土凹陷，再补充淤泥。

<table>
<tr><td>盆底放置碎瓦片</td><td>施入豆饼肥</td><td>放入淤泥</td><td>放睡莲植株</td></tr>
</table>

图15-8 栽植

（3）水位管理。将栽种后的睡莲淤泥表面放入少量鹅卵石后搬入池塘中，缓慢放入深水中，以叶片恰好漂浮在水面为准，在幼苗种植初期，水位应控制在以水面不浸没植株叶片为宜，20～30 d 后植株达到旺盛生长阶段，可将水位控制在适宜深度，一般以 40～60 cm 为宜。

（4）施肥。在生长旺季、植株生长不良或叶片黄瘦又无病斑时，应追肥促壮，每 667 m^2 追施 30～50 kg 复合肥（N-P_2O_5-K_2O 含量 12-12-17），每 15～20 d 追肥 1 次；或每次每株施肥 20 g，将肥料包好后压入土中；也可结合喷施农药时加入 KH_2PO_4 达到叶面施肥的效果，促进开花，增强植株抗性。

（5）清洁水体。定期清除凋谢的花朵、枯黄及病虫为害的叶片，及时拔除杂草，保持植株清新美观。

（6）补苗修剪。种植后约 20 d 后进行检查，对已死亡的植株进行补种，中后期植株密度过大，叶片相互交叉重叠，可将叶片适当修剪。

● 拓展知识 ◎

睡莲的用途

睡莲（*Nymphaea tetragona*）也称子午莲，多年生水生浮叶植物，素有"水生植物皇后"之称。睡莲花色丰富，观赏期长，适应性和抗逆性较强，用途较为广泛。睡莲的根、茎和叶对水中富营养物和有害物质（铅、汞和苯酚等）具有较强的吸附能力，是园林水景、水体净化中不可或缺的重要植物，也适于庭院、屋顶等处筑池种睡莲养鱼。由于睡莲的根状茎富含淀粉，常被食用或酿酒；其叶柄、花柄均可采食；其花瓣香气浓郁，且含有多糖和黄酮类物质，具有降血糖、抗氧化等功效，可直接泡水饮用，也可制成干花泡茶或保健品等。

※ 复习思考题

一、判断题

1. 水生花卉是指常年生活在水中，或在其生命周期内有一段时间生活在水中的花卉植物。（　　）

2. 水底土壤含氧量低，栽培水生花卉宜选用通透性好的砂性土。（　　）

3. 水生植物种植时，叶片必须露出水面。（　　）

4. 不同的生长发育阶段，水生花卉对水深的要求也不一样。（　　）

5. 水生花卉的种子与球茎应保存于水里。（　　）

二、填空题

1. 根据水生花卉的生长特点可分为挺水类如_____、_____；浮水类如_____、_____；漂浮类如_____、_____；以及沉水类如_____、_____四大类。

2. 常见的水生花卉有_____、_____、_____、_____、_____、_____等。

3. 大多数水生花卉为多年生植物，繁殖的主要方式是_____，但很多种类也适合_____。

三、简答题

1．试述水生花卉的生态习性。

2．试述水生花卉的繁殖方式。

3．水生花卉露地越冬应注意哪些问题？

单元十六

木本花卉栽培

【单元导入】

前面几个单元，我们分别学习了一二年生花卉、宿根花卉、球根花卉与水生花卉的栽培，上述这些花卉都是草本，本单元我们将学习木本花卉的栽培。木本花卉有哪些类型？有什么特点？应如何繁殖与栽培？让我们带着这些问题，进入本单元的学习。

【相关知识】

一、木本花卉的类型与特点

（一）木本花卉的类型

具有木质茎的花卉，叫作木本花卉。木本花卉按生长习性可分为乔木类花卉、灌木类花卉、藤木类花卉；按冬季叶幕状态可分为落叶木本花卉和常绿木本花卉。综合起来，木本花卉可分为以下6类：

（1）落叶乔木类花卉：冬季落叶的乔木类花卉，如玉兰、梅花、垂丝海棠等。

（2）落叶灌木类花卉：冬季落叶的灌木类花卉，如迎春、小檗、紫荆等。

（3）落叶藤木类花卉：冬季落叶的藤木类花卉，如凌霄、紫藤、铁线莲等。

（4）常绿乔木类花卉：冬季叶幕完整的乔木类花卉，如深山含笑、桂花、菜豆树等。

（5）常绿灌木类花卉：冬季叶幕完整的灌木类花卉，如含笑、金丝桃、茉莉花等。

（6）常绿藤木类花卉：冬季叶幕完整的灌木类花卉，如常春藤、络石、薜荔等。

（二）木本花卉的特点

（1）生命周期长。木本花卉是多年生植物，个体生命周期较长，一般为几年至几十年，大多数木本花卉从种子萌发到第一次开花需要很长时间，这一时期在树木学上被称为幼年期。植物成年后，在适宜的环境条件下，每年都能开花、结果，如果栽培管理得当，可以持续较长时间。进入衰老期后，植株的开花量和品质下降，直至最终死亡。

（2）繁殖方式多样。木本花卉的繁殖涵盖了播种、扦插、压条、分株、嫁接等常规育苗法及组织培养等。因多数木本植物播种繁殖苗有一段较长的幼年期，且因有性繁殖导致的后代性状分离，故观花观果类木本花卉繁殖大多以扦插、嫁接等营养繁殖为主。

（3）栽培管理较复杂。木本花卉为多年生，栽培时不仅要重视当年的生长与观赏，还要考虑栽培措施对翌年的影响。木本花卉的根系与地上部、枝叶生长与开花结果存在着较复杂的相关性，栽培管理上要注意协调好地上部与地下部、营养生长与生殖生长之间的平衡关系。多数木本植物具有较复杂的树体结构，管理上要重视整形、修剪等生产环节。

二、木本花卉的栽培管理

（一）育苗

（1）播种。木本花卉砧木苗的培育多采用播种。播种期常以春季、秋季为主，有些种类也可采种后即播。

（2）扦插。木本花卉的扦插主要是枝插。硬枝扦插大多在早春萌芽前进行，绿枝扦插以初夏为宜，此时田间温度适中、阴雨天多、大气湿度大，适宜插条生根。

（3）分株。丛生灌木类木本花卉常采用分株繁殖，时间以早春或秋季为主。

（4）压条。春夏季对月季、杜鹃等可进行空中压条繁殖。贴梗海棠、夹竹桃等，常在秋季采用堆土压条法繁殖。

（5）嫁接。观花观果类常用嫁接育苗。嫁接是营养繁殖的一种，有利于将开花结果的年限，且能够保证品种的优良性状。

（二）栽植

木本花卉生命周期长，栽植时要考虑多年生长后的营养面积与发展空间；根系入土深，对深层土质要求高，应选择疏松、肥沃、排水良好的地段种植。在江南地区，落叶木本栽植以秋季落叶后为主，常绿木本栽植以春季萌芽前为主。

微课：金豆绿篱
建植技术

（三）肥水管理

木本花卉要重视基肥，基肥一般以有机肥为主，秋季施入。追肥应根据树种、树

135

龄、树体生长发育状况及土壤条件而定。育苗和幼树期间应以氮肥为主，且要强调薄肥勤施；观花观果类成年树要加强磷钾的施用。木本花卉根系深，土壤积水危害大，要加强排水。在干旱季节，要适时灌溉，必要时要覆草保湿。

（四）整形修剪

整形修剪是木本花卉周年管理的重要环节。球形树冠的，在生长季要经常剪去突出树冠的枝条。花果类常采用自然式树冠，要注意维护与调整树体结构，利用疏枝、摘心、疏花、疏果等措施控制好枝叶生长、开花、结果三者之间的关系。常见的整形修剪方法包括短剪、疏剪、刻伤、变向等。

（五）花果管理

花果管理包括促花保果与疏花疏果两个方面。可通过控梢、控水、修剪等措施促进花芽分化。观花类可通过疏去过多花枝与花蕾，保证花期营养，提高开花质量；花后及时短剪花枝，避免结果造成的营养损耗，以利于翌年开花。观果类可通过疏花疏果，适度控梢，满足果实发育的需要，实现当年观果价值，同时维持健壮树势，以利于来年结果。

三、常见的木本花卉

1. 紫叶李（*Prunus cerasifera* cv.Atropurpurea）（图 16-1）

【别名】红叶李

【科属】蔷薇科、李属

【形态特征】灌木或小乔木；多分枝，枝条细长，有时有棘刺。叶片椭圆形、卵形或倒卵形，先端急尖，边缘有圆钝锯齿，叶色暗红；花1朵，稀2朵；花瓣白色，长圆形或匙形，边缘波状。核果近球形或椭圆形，黄色、红色或黑色，微披蜡粉，具有浅侧沟，粘核；花期在4月，果期在8月。

【生态习性】喜光，喜温暖、湿润气候，有一定的抗寒力。对土壤适应性强，喜肥沃、湿润、排水良好的黏质壤土。

【观赏用途】紫叶李叶紫红色，为著名观叶树种。在园林中孤植群植皆宜，可栽植于建筑物前、园路旁或草坪角隅处。

● 小贴士 ◎

紫叶李的叶色

紫叶李的叶色与光照关系密切，在光照充足的环境里，叶色鲜艳；光照不足时，叶色偏绿而暗淡，在种植时应选择光照充足的位置进行栽植。

2. 牡丹（*Paeonia suffruticosa*）（图 16-2）

【别名】木芍药、百雨金、洛阳花、富贵花

【科属】毛茛科、芍药属

【形态特征】落叶灌木，分枝短而粗。叶通常为二回三出复叶，无毛，背面淡绿色，有时具白粉；侧生小叶狭卵形或长圆状卵形，不等 2 裂至 3 浅裂或不裂，近无柄。花单生枝顶，花瓣 5 或为重瓣，玫瑰色、红紫色、粉红色至白色。蓇葖长圆形，密生黄褐色硬毛。花期为 5 月，果期为 6 月。

【生态习性】喜光，耐半阴，忌烈日直射；喜温暖，耐寒，怕热；耐干旱，忌积水。适宜在疏松肥沃、排水良好的中性砂壤土中生长。耐弱碱，酸性或黏重土壤中生长不良。

【观赏用途】牡丹是我国传统名花，形象雍容华贵，色彩绚丽，芬芳怡人，素有"国色天香"之美誉。在园林绿化中，既可作为独赏树孤植于庭院一角，也可对植于门庭两侧、丛植于石旁林缘，还可片植为牡丹专类园。牡丹株型不大，也适合盆栽，可用于家居美化。

图 16-1　紫叶李

图 16-2　牡丹

3. 一品红（*Euphorbia pulcherrima*）（图 16-3）

【别名】圣诞花

【科属】大戟科、大戟属

【形态特征】常绿灌木，茎叶含白色乳汁。茎光滑，嫩枝绿色，老枝深褐色。单叶互生，卵状椭圆形，全缘或波状浅裂，有时呈提琴形，顶部叶片较窄，披针形；叶面有毛，叶质较薄，脉纹明显；顶端靠近花序的叶片呈苞片状，开花时为红色，是主要观赏部位。杯状花序聚伞状排列，顶生；总苞淡绿色，边缘有齿及 1～2 枚大而黄色腺体的。自然花期在 12 月—翌年 2 月。

【生态习性】喜阳光充足、温暖的环境，不耐寒；喜欢肥沃、湿润、排水良好的土壤。

【观赏用途】一品红花色鲜艳，花期长，开花正值圣诞、元旦，是冬春重要的盆花与切花材料。常用于布置花坛、会场或装饰会议室、会客厅等。

4. 紫藤（*Wisteria sinensis*）（图 16-4）

【别名】藤萝、朱藤、招藤

【科属】豆科、紫藤属

【形态特征】落叶藤本。茎右旋，枝较粗壮，嫩枝披白色柔毛。奇数羽状复叶，托叶线形，早落；小叶 3～6 对。总状花序，花序轴披白色柔毛；苞片披针形，早落；花萼杯状，密被细绢毛；花冠紫色，花开后反折。荚果倒披针形，悬垂枝上不脱落；花期为 4—5 月，果期为 5—8 月。

【生态习性】对气候和土壤的适应性强，较耐寒，能耐水湿及瘠薄土壤，喜光，较耐阴。以土层深厚、排水良好、向阳避风的地方栽培最适宜。

【观赏用途】紫藤是我国的传统庭园棚架植物，春天开花时满架皆紫，十分优美；夏日里浓荫蔽日，架下清凉宜人。紫藤也常被制作成花木盆景，形色俱佳。

图 16-3　一品红　　　　　　　　　　图 16-4　紫藤

5. 八仙花（*Hydrangea macrophylla*）（图 16-5）

【别名】绣球、粉团花、草绣球、紫绣球、紫阳花

【科属】虎耳草科、八仙花属

【形态特征】落叶灌木，小枝粗壮，皮孔明显；叶对生，纸质或近革质，长为 6～15 cm，宽为 4～11.5 cm，先端骤尖，具短尖头，基部钝圆或阔楔形，边缘于基部以上具粗齿；花大型，由许多不孕花组成顶生伞房花序，花色多变，初时白色，渐转蓝色或粉红色；蒴果未成熟，长陀螺状。花期为 6—8 月。

【生态习性】喜温暖、湿润和半阴环境。土壤以疏松、肥沃和排水良好的砂质壤土为好；土壤 pH 值的变化可引起八仙花的花色改变。

【观赏用途】八仙花花大色美，园林中可配置于稀疏的树荫下及林荫道旁。可在建筑物入口处对植或沿建筑物列植或丛植于庭院一角，也适于植为花篱、花境。因对阳光要求不高，故很适宜栽植于阳光较差的小面积庭院中。

6. 叶子花（*Bougainvillea spectabilis*）（图 16-6）

【别名】三角梅、九重葛、毛宝巾

【科属】紫茉莉科、叶子花属

【形态特征】茎粗壮，枝下垂，无毛或疏生柔毛；叶片纸质，卵形或卵状披针形；

花顶生枝端的 3 个苞片内，花梗与苞片中脉贴生；苞片叶状，颜色有紫色、红色、粉色、浅蓝色、白色等，花柱侧生，线形，边缘扩展成薄片状，柱头尖；花盘基部合生呈环状，上部撕裂状。花期在冬春间。

【生态习性】性喜光，光照不足会影响其开花；喜温暖、湿润环境，适宜生长温度为 20 ℃～30 ℃。对土壤要求不严，但在肥沃、疏松、排水好的砂质壤土能旺盛生长。耐瘠薄，耐干旱，耐盐碱，忌积水。

知识拓展：其他常见的木本花卉

【观赏用途】叶子花苞片大而美丽，鲜艳似花。在气候温暖的地方，可栽种在庭院中。在我国较适宜盆栽，夏秋季开花繁茂。

图 16-5　八仙花

图 16-6　叶子花

7. 其他常见的木本花卉

其他常见木本花卉的简介见表 16-1。

表 16-1　常见的木本花卉

序号	中文名	学名	科属	生态习性	花期
1	紫薇	*Lagerstroemia indica*	千屈菜科紫薇属	喜暖湿，喜光，略耐阴，喜肥，耐干旱，忌涝，抗寒	6—9月
2	山茶	*Camellia japonica*	山茶科山茶属	喜温暖、湿润和半阴环境，怕高温，忌烈日，喜微酸性土壤	3—4月
3	茶梅	*Camellia sasanqua*	山茶科山茶属	喜阴湿，怕高温，忌烈日，较耐寒，喜微酸性土壤	11月—翌年3月
4	杜鹃花	*Rhododendron simsii*	杜鹃花科杜鹃花属	喜凉爽、湿润、通风的半阴环境，既怕酷热又怕严寒，忌烈日暴晒	3—4月
5	木槿	*Hibiscus syriacus*	锦葵科木槿属	喜光、喜温暖，稍耐阴，耐热又耐寒，好水湿又耐旱	6—9月
6	木芙蓉	*Hibiscus mutabilis*	锦葵科木槿属	喜光，稍耐阴；喜温暖、湿润气候，不耐寒。喜肥沃、湿润且排水良好的砂质壤土	9—10月
7	栀子花	*Gardenia jasminoides*	茜草科栀子属	喜温暖，忌强光照射，喜疏松、肥沃、排水良好的轻黏酸性土壤	5—6月
8	茉莉花	*Jasminum sambac*	木犀科素馨属	喜温暖、湿润、半阴环境，畏寒，畏旱，不耐霜冻，湿涝和碱土	5—8月
9	桂花	*Osmanthus fragrans*	木犀科木犀属	喜温暖、湿润，抗逆性强，既耐高温又较耐寒，喜光也耐阴	9—10月

序号	中文名	学名	科属	生态习性	花期
10	夹竹桃	*Nerium oleander*	夹竹桃科夹竹桃属	喜光，稍耐阴；喜温暖、湿润气候，不耐寒，耐干旱、瘠薄	5—10月
11	紫玉兰	*Yulania liliiflora*	木兰科木兰属	喜光，喜温暖，不耐严寒，不耐盐碱、不耐水湿	3—4月
12	含笑	*Michelia figo*	木兰科含笑属	喜肥，喜半阴，忌强烈阳光直射，不耐干燥瘠薄，怕积水	4—6月
13	石榴	*Punica granatum*	石榴科石榴属	喜温暖，耐旱，耐寒，耐瘠薄，不耐涝和荫蔽	5—6月
14	绣线菊	*Spiraea salicifolia*	蔷薇科绣线菊属	喜光也稍耐阴，抗寒，抗旱，喜温暖、湿润的气候和深厚肥沃的土壤	6—8月
15	棣棠花	*Kerria japonica*	蔷薇科棣棠花属	喜温暖、湿润气候，耐寒性较弱；喜光，较耐阴；对土壤要求不严	3—5月
16	梅花	*Prunus mume*	蔷薇科杏属	喜温暖，喜光照，耐瘠薄，耐寒，怕积水	2—3月
17	山樱花	*Prunus serrulata*	蔷薇科李属	喜光，喜微酸土壤，不耐盐碱，耐寒，忌积水，不抗旱，不耐涝也不抗风	3—4月
18	桃	*Prunus persica*	蔷薇科李属	喜光，耐旱；畏涝，耐寒，不耐碱土，喜疏松土壤	3—4月
19	郁李	*Prunus japonica*	蔷薇科李属	喜阳光充足、温暖、湿润环境，耐水湿	3—4月
20	迎春	*Jasminum nudiflorum*	木犀科素馨属	喜光，稍耐阴，耐寒，耐旱，耐碱，怕涝	2—3月
21	月季	*Rosa chinensis*	蔷薇科蔷薇属	喜欢阳光，忌荫蔽；喜肥沃疏松的酸性土	3—11月
22	玫瑰	*Rosa rugosa*	蔷薇科蔷薇属	喜阳光充足，耐寒、耐旱，喜排水良好、疏松肥沃的壤土或轻壤土	3—4月
23	铁线莲	*Clematis florida*	毛茛科铁线莲属	较耐寒，耐旱，忌积水；喜肥沃、排水良好的碱性壤土	6—9月
24	扶桑	*Hibiscus rosa-sinensis*	锦葵科木槿属	喜光，不耐阴；喜温暖，不耐寒；喜湿润，宜通风，对土壤要求不严	全年
25	米兰	*Aglaia odorata*	楝科米仔兰属	喜光，耐半阴；喜温暖，不耐严寒；喜湿润，宜排水良好的酸性土壤	5—12月

※ 技能实训 🔥

【实训一】紫薇成年树冬季修剪技术

一、实训目的

学会紫薇成年树冬季修剪技术。

二、材料工具

紫薇、修枝剪、手锯等。

三、方法步骤

（一）树体观察

修剪前，应先仔细观察树体，分析树姿、树势及枝条生长与分布情况，心中形成修剪方案。

（二）骨干枝调整

如果树体结构存在缺陷的，首先要调整骨干枝或大型枝序，视实际情况，疏剪扰乱树形的大枝，或者缩剪（缩剪是指剪去多年生枝的一部分）到骨干枝及枝序下部，促发隐芽重新造型。

一些枝序经多年生长后，发枝部位上移，也可以在枝序下部缩剪，或用下方新枝取代。

（三）疏剪（图16-7）

将枝条从基部剪去的修剪方法叫作疏剪。首先要疏去的是枯枝与病虫枝，然后疏剪交叉枝、重叠枝、密生枝等，疏剪密生枝时，要疏纤弱小枝，留生长健壮的枝条。紫薇树干基部容易产生萌蘖，可在冬季修剪时疏去。

（四）短剪（图16-7）

剪去一年生枝的一部分叫作短剪。对疏剪后留下来的一年生枝，留基部 5～10 cm 进行短剪。

（五）疏剪干基萌蘖

疏剪　　　　　　　　　　　　　　短剪

图 16-7　疏剪与短剪

● **拓展知识** ◎

紫薇的环保功能

紫薇是芳香花卉。对氟化氢、氯化氢、氯气等抗性较强，对二氧化硫等有较强的吸收能力，吸滞粉尘能力较强。开花时产生的挥发性油类具有显著的杀菌作用，可在5分钟内杀死白喉菌和痢疾菌等原生菌，对结核菌、大肠杆菌生长繁殖具有明显的抑制作用。因此，非常适合用于城市绿化和工业区种植。

【实训二】月季露地栽培

一、实训目的

学会月季露地栽培管理技术。

二、材料工具

月季植株、铁锹、豆饼肥及复合肥、修枝剪、洒水壶等。

三、方法步骤

（一）栽植

选择通风性好、阳光充足、排水良好的中性或微酸性土壤。月季根系分布较浅，翻地深度视品种而异，一般控制在 30～40 cm，翻整时施入腐熟有机肥作为基肥，每 $667 m^2$ 可施厩肥等农家肥 5 000 kg。栽植季节以秋季或早春较好，密度视品种而定。栽后浇一次水，并适当遮荫，以利于成活。

（二）修剪

（1）休眠期修剪。休眠期修剪主要解决树形问题，故又称为定形修剪。月季树形多样，主干的数量、高度及骨干枝配备都不同，骨干枝配备总的要求是均匀而有效地分割生长空间，数量合理、延伸方向得当。在骨干枝修剪的基础上，剪去过密的枝条，留下的一年生枝可留 3～4 个芽短剪。

（2）生长期修剪。月季每次花后都要修剪一次，随时疏去衰弱枝、病虫枝及发枝部位或延伸方向不好的枝条。春季第一次花后，对生长中庸的枝条留 3～4 个芽；强旺枝宜轻剪，留芽 5 个或更短；细弱枝疏去或留 1～2 个芽短剪。第二次花后，只在残花下第二片叶的上面下剪，保留第二片叶的腋芽，促其萌发。秋季开花后，每个枝条留 3～4 个芽剪。

（3）肥水管理。月季喜肥，在施足基肥的基础上，生长季要重视追肥。宜薄肥勤施，每隔 1～2 周施一次薄肥。或者结合花后修剪，进行追肥。月季喜湿润而且较耐旱，浇水可跟施肥结合起来。月季根系分布狭小，浇水不宜远离干基。

● **拓展知识** ◎

花中皇后——月季花邮票

月季原产于中国鄂、湘、川、滇、粤等省，十八世纪，中国月季经印度传入欧洲，当地人于1867年培育出杂交茶香月季，很快就风行全世界，被誉为"花中皇后"，作为幸福、美好、和平、友谊的象征，深受人们喜爱。欧洲各国育成的数千个现代月季品种，绝大多数有中国月季的基因。

1984年4月20日，邮电部为了展示中国丰富的植物资源，发行了志号为 T.93 的特种邮票《月季花》。全套邮票共6枚，分别描绘了"上海之春""浦江朝霞""珍珠""黑旋风""战地黄花""青凤"6个月季品种。

一、判断题

1. 木本花卉都是多年生植物。（　　）

2. 木本花卉都是观花或观果类花卉。（　　）

3. 园林上，观花类木本花卉的繁殖以无性繁殖为主。（　　）

4. 一般来说，木本花卉比草本花卉耐寒。（　　）

5. 木本花卉的整形以球形等规则式为主。（　　）

二、填空题

1. 木本花卉按生长习性可分为_____、_____、_____；按冬季叶幕状态可分为_____和_____。

2. 落叶乔木类花卉是指冬季落叶的乔木类花卉，如_____、_____、_____等。

3. 落叶灌木类花卉是指冬季落叶的灌木类花卉，如_____、_____、_____等。

4. 落叶藤木类花卉是指冬季落叶的藤木类花卉，如_____、_____、_____等。

5. 常绿乔木类花卉是指冬季叶幕完整的乔木类花卉，如_____、_____、_____等。

6. 常绿灌木类花卉是指冬季叶幕完整的灌木类花卉，如_____、_____、_____等。

7. 常绿藤木类花卉是指冬季叶幕完整的灌木类花卉，如_____、_____、_____等。

三、简答题

1. 试述木本花卉的特点。

2. 试述木本花卉的繁殖方法。

3. 试述木本花卉的栽培管理要点。

模块四 花卉设施栽培

知识目标

1. 掌握花卉栽培设施的概念和类型；
2. 了解现代温室的基本结构和调控方法；
3. 掌握塑料大棚的类型和基本结构基本理论；
4. 熟悉遮阴棚的作用和类型。

能力目标

1. 能够进行现代温室的温度、光照和水分的调节；
2. 能够掌握塑料大棚的搭建方法和环境因子的测定方法；
3. 具有搭建遮阴棚的能力，能够对遮阴的程度进行调节。

素质目标

1. 具有服务"三农"的意识；
2. 具有辩证、客观思考、求真务实的精神。

花卉设施栽培指的是在露地不适合花卉植物生长的区域和季节，通过温室、大棚等设备有效地对设施内的光照、温度、空气湿度、土壤水分、营养等环境条件进行调控，以形成花卉生长发育所需的条件。其具有人为可控和高效集约的优点，可以实现花卉作物的周年生产，大幅提高单位面积土地的产量，同时提升了花卉产品的品质。

近年来，我国园艺作物生产方式多样化、经营集约化程度突出，设施园艺呈现出发展蓬勃的趋势。2017 年，中国园艺设施面积超过 370 hm²，占世界园艺设施总面积的 85% 以上，对农村农业经济发展及农民生活水平的提高作出巨大贡献。

常见的花卉栽培设施有温室、大棚、遮阴棚、风障等设施。

单元十七

遮阴棚

【单元导入】

在我国南方地区的炎热夏季时期，露地温度可达 40 ℃以上，过高的温度和太阳直射所引起的土壤水分蒸发，严重影响花卉的生长发育，为解决这一问题，成本低廉且效果显著的遮阴棚应运而生。

【相关知识】

一、遮阴棚的作用

遮阴棚在花卉生产上应用广泛，常用于花卉扦插及缓苗期养护，也可用于喜阴花卉的盆栽、越夏栽培等。遮阴棚的作用可以概括为以下 3 个部分：

（1）遮阴作用。不同颜色的遮阳网对于光辐射的吸收有不同的效果，黑色遮阳网相较于银色遮阳网而言，可使棚内太阳辐射强度大幅减弱。此外，遮阴棚内光照均匀，植物生长整齐一致。

（2）降温作用。在夏季高温、强光的时期，遮阴棚可以有效遮挡阳光直射，减少因强光直射带来的高温而造成植物萎蔫。遮阴棚在降温效果方面作用显著，露地温度在 48.6 ℃时，遮阴棚下温度可降低至 35 ℃～ 38 ℃。

（3）防暴雨冲击。在遮阴棚的庇护下，可避免雨水直接冲击造成的损失，同时改善土壤结构，土壤不易板结，通气性良好。

二、遮阴棚的类型

遮阴棚结构简单，由立柱、棚架及遮阴物组成，一般可分为永久性遮阴棚和临时性遮阴棚两类。

（1）永久性遮阴棚。永久性遮阴棚要求能够使用较长时间，立柱和棚架通常采用钢材、水泥柱等材料。遮阴物选用遮阳网、苇帘等。钢材直径为 3 ～ 5 cm，可插入混凝土基座之中进行固定，棚架高度根据实际需要采用 2 ～ 4 m 高的钢架或水泥柱。

（2）临时性遮阴棚。在每年夏季之前进行搭建，秋季拆除的遮阴棚称为临时性遮阴棚。结构和永久性遮阴棚类似，同样由立柱、棚架和遮阴物组成，立柱和棚架可采用木材、竹材和钢材等。遮阴棚整体呈东西走向，并在东西两端放置遮阴物，放置的遮阴物通常不直接接触地面而留出 30 cm 以上的缝隙以便通风。

三、遮阴棚的搭建

合理选址，选择地势较高，具有良好排水条件的地点。以西侧和南侧有高大树木遮荫为宜，高度大于 2.5 m，立柱之间保持间距，便于通行。

确定方位，利用指南针等工具，确定遮阴棚的朝向和方位，夯实立柱点，确保立柱高度一致，立柱栽好后，按南北向在立柱的顶端搭建拱架，将其固定在柱顶的钢筋圈上。最后再铺上遮阴材料，棚顶的遮阴材料有遮阳网、竹帘和苇帘等，若用竹帘等，待其覆盖后需涂抹清漆防腐。

※ 技能实训

【实训一】遮阴棚的搭建

一、实训目的

通过搭建遮阴棚，了解遮阴棚的基本结构，学会遮阴棚搭建的方法。

二、材料工具

立柱钢材、拱架钢材、遮阴网等。

三、方法步骤

（1）选址。选址地势较高，具有良好排水条件的土地，利用指南针等工具确定遮阴棚方位，在西、南两侧宜有乔木遮阴，北侧空旷。

（2）平整土地。在遮阴棚的搭建处，去除田地中石块、杂草等。

（3）遮阴棚搭建。按安立柱、搭拱架与拉杆、铺遮阴材料的步骤进行。

【实训二】遮阴棚下光照强度的观察

一、实训目的

学会光照强度观察记载的方法。

二、材料工具

遮阴棚、光照强度检测仪、遮阴物等。

三、方法步骤

选择天气晴朗、无云或少云的中午，在未覆盖遮阴网的遮阴棚下的中部和四个方位放置光照强度检测仪，对当前光照情况进行检测并记录，放置覆盖物（遮阴网、苇帘等）后再对当前光照强度进行检测并记录，对覆盖前后的光照强度数据进行比较分析。

※ 复习思考题

一、判断题

1. 遮阴棚只有临时设施。（　　）

2. 遮阴棚具有改变光质的作用。（　　）

3. 遮阴棚能够减少田间蒸散量，减弱暴雨冲击。（　　）

4. 黑色遮阴棚的透光率最高。（　　）

5. 遮阴棚常用于夏季花卉育苗，也可用于早秋叶菜栽培。（　　）

二、填空题

1. 遮阴棚结构简单，由_____、_____及_____组成，根据使用期限可分为_____和_____。

2. 永久性遮阴棚要求能够使用较长时间，立柱和棚架通常采用_____、_____等材料。

3. 在每年夏季之前进行_____，秋季_____的遮阴棚称为临时性遮阴棚。

4. 遮阴棚的功能有_____、_____、_____等。

5. 遮阴网的_____、_____等因素会影响遮光率。

三、简答题

1. 遮阴棚的作用有哪些？

2. 试述遮阴棚的结构和类型。

单元十八

塑料大棚

【单元导入】

20 世纪 50 年代，我国首次从日本引进塑料薄膜，用于搭建塑料大棚进行蔬菜早熟栽培；1960 年后，国产塑料工业兴起，低成本的聚氯乙烯薄膜（PVC）成为各种农业设施的透明覆盖材料。目前，我们通常把以竹、木、水泥或钢材等材料作为骨架，并在表面覆盖塑料薄膜的栽培设施称为塑料薄膜大棚，简称塑料大棚。塑料大棚有哪些类型？塑料大棚需要怎样的维护？让我们带着这些问题，进入本单元的学习。

【相关知识】

一、塑料大棚的类型

塑料大棚在花卉生产中应用十分广泛，涉及切花、盆花、花卉苗木的生产等各个方面。在花卉育苗、保护地栽培等方面发挥着重要的作用。

（一）根据棚边分类

根据棚边，塑料大棚可分为圆弧棚边和直立棚边。

（1）圆弧棚边塑料大棚。圆弧形的棚边对建造材料的要求较低，具有较强的抗风和承载能力，有利于塑料大棚内的保温，但因大棚两边较为低矮，不适合种植高大的花卉，降低了大棚内可用面积。

（2）直立棚边塑料大棚。直立棚边塑料大棚根据屋面形状又可分为屋脊形和拱圆形两种。在南方多雨地区较用屋脊形。屋脊形塑料大棚排水性能好、搭建方便，但对结构材料要求高、抗风承载能力较弱。

（二）根据连体大棚的数量分类

根据连体大棚的数量又可分为单栋塑料大棚和连栋塑料大棚（图18-1）。

（1）单栋塑料大棚。单栋塑料大棚是指只有一个棚顶，有完整的棚边和棚头结构的大棚。单栋塑料大棚的防积水、防积雪性能较好，造价较低，占地面积少，但保温保湿性能略低于连栋塑料大棚，且土地利用率低。

（2）连栋塑料大棚。连栋塑料大棚是指两个及以上的单栋大棚组成的塑料大棚，其跨度较大，大棚内空间大，因此，棚内温度和湿度变化幅度相对较为稳定，土地利用率较高，适合进行机械化、现代化生产管理。连栋塑料大棚对结构材料要求较高，设计施工要求严格，存在连栋之间容易积水、积雪、通风能力较差的问题。

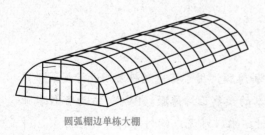
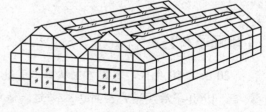

圆弧棚边单栋大棚　　　　　　　　　　直立棚边屋脊形连栋大棚

图18-1　连体大棚

二、塑料大棚基本结构

塑料大棚的基本结构主要由立柱、拱杆、拉杆、压杆和塑料薄膜共5个部分组成。

（一）立柱

立柱可以起到支撑整个塑料大棚，并稳固拱架的作用。立柱的材料主要有水泥、竹竿、钢架等。竹竿材料的大棚因其支撑能力较弱，通常需要数量较多，因此，立柱间距短，通常为 2～3 m，会影响大棚内光照水平，钢架或水泥支撑作为立柱的大棚所需立柱较少，甚至可以无立柱。

（二）拱杆

拱杆又称拱架，是指塑料大棚顶部支撑塑料薄膜部分的架构，通常称为拱形横向固定在两侧立柱或水泥基柱上。主要材料有竹竿、钢管、塑料管等。拱杆的间距依拱杆的材料、大棚的跨度与高度及当地大风、雨、雪的压力情况而定。

（三）拉杆

拉杆是平行于地面，将立柱连为一体的材料，拉杆和拱架将塑料大棚内立柱纵向、横向连接在一起，起到稳固的作用。其主要材料有竹竿、钢梁、钢管等。

（四）压杆

压杆是在塑料大棚塑料薄膜之上，起着固定、收紧薄膜作用的材料，其两端固定在地面或地下。压杆的主要材料有竹竿，在镀锌钢管组装大棚上多采用压膜线来固定薄膜，也可以采用尼龙绳固定。

（五）塑料薄膜

塑料薄膜是覆盖在塑料大棚顶端，将塑料大棚与外部环境分割开来的结构。目前采用的塑料薄膜通常是厚度在 0.1～0.12 mm 的聚氯乙烯（PVC）或聚乙烯，还有厚度极薄（0.08～0.1 mm）的乙烯－醋酸乙烯（EVA），薄膜的厚度越小，其透光率越高，越有利于作物进行光合作用。薄膜的主要功能是保持塑料大棚内的温度，同时减少外部不稳定环境因素对于设施内作物的影响。

三、塑料大棚内部环境因子调控

（一）光照调控

塑料大棚中的光照可以从以下几个方面调控。

1. 增强光照

（1）改善塑料大棚结构。塑料大棚内的光照强度明显低于自然光照强度，在塑料大棚内 1 m 高处的光照强度为棚外自然光照强度的 60%。可采用强度大、横断面积小的骨架材料，尽量建成无柱或少柱的设施，以减少骨架遮阳面积。

（2）选用透光性好的薄膜。选择塑料薄膜时要选用无滴膜。使用 PVC 和 PE 普通膜的设施及时清除膜上的露滴。同种材料新膜透光度远高于旧膜，无论新膜旧膜，均应定期清扫膜上的灰尘。

（3）铺设反光膜。在塑料大棚地面增设铝膜反光幕也可以改善光照条件。

（4）人工补光。在遇到阴雨天气光照不足时，可用白炽灯等进行人工补光。

2. 遮光处理

减弱大棚光照主要可以通过添加遮阳网的办法实现。高温季节也可在棚面喷水来实现降温减光。

（二）温度调控

塑料大棚保温、加温和降温调控方法如下。

微课：大棚的管理

1. 保温措施

（1）选用保温性好的材料。设施结构要符合保温设计，选用导热率小的棚膜，地面覆盖黑色地膜。

（2）多层覆盖。多层覆盖对减少贯流放热非常有效，如双层膜覆盖、挂保温幕、室内扣小拱棚等，可以单一或结合使用。

2. 加温措施

（1）炉火加温。炉火加温是棚室中最常采用的增温措施。塑料大棚需要临时加温时，常采用铁炉子燃煤加温。使用炉火加温要注意操作人员的安全，适当通风，一次操作时间不能太长，以免发生一氧化碳或二氧化硫中毒。

（2）电热线加温。电热线加温有空气加温和地加温两种形式。需要提高气温时，把电热线架设置在室内空间，通电即可。由于耗电量大，一般只适用于临时加温。

（3）水暖加温。若有发电厂等工厂余热，可埋设管道输入棚室，使热水或热气在管内循环流动散热，提高气温。此外，在较温暖的地区，可在寒流侵袭造成强降温时，燃烧酒精、柴油等能源进行短时间临时加温，效果也好。

3. 降温措施

（1）通风降温。通风是简单有效的降温方法。冬季和早春，通风一般在外界气温较高的中午进行，而且要控制放风口的大小和通风时间长短，以免温度急剧下降。此外，还应注意开启放风口的方向，应背风向放风，以免冷空气大量灌入，或冷风直吹花木。

（2）蒸发降温。在空气相对湿度较低时进行地面灌水或喷水，水分的蒸发会消耗大量热能，从而降低气温。

（三）湿度调控

在密闭的大棚内，白天相对湿度常达 80%～90%，夜间常达 98% 以上，这样的高湿环境不利于花卉的生长发育。因此，塑料大棚湿度调控主要是降低大气湿度，常用措施是掀膜通风和排风机除湿。

（1）通风换气。大棚通风有开棚门通风、揭围膜通风等。

（2）机械除湿。可用排风机、除湿机除湿。

（3）放置吸湿材料。可在大棚内放置生石灰、草木灰等吸湿材料除湿。

（4）地膜覆盖。地膜覆盖可以防止土壤水分的挥发，减少棚内大气水分的来源。

四、塑料大棚的维护

（一）定期检查

要定期检查塑料大棚的结构、压膜线、塑料薄膜、大门、通风口和塑料薄膜等部位。骨架等结构若松动应马上加固，压膜线老化或松弛要及时更换，塑料薄膜出现漏洞要及时补好，薄膜老化应进行更换。此外，需要注意的是，检查棚四周的排水通道是否有堵塞，定期进行疏通，防止大棚积水。

（二）清洗棚膜

塑料大棚的薄膜长期使用后易积灰，影响作物光合作用和大棚内温度，可用高压水枪进行清洗。

（三）修补

大棚的门缝、通风处和薄膜若出现破损应及时修补，避免扩大漏洞降低大棚保温效果。

※ 技能实训

【实训一】塑料大棚的搭建

一、实训目的

熟悉塑料大棚的基本结构，能够使用设计图运用工具搭建出一个塑料大棚。

二、材料工具

设计图、塑料大棚薄膜、骨架、立柱、拱架、压杆、压模线、铁丝、皮尺、剪刀和常用农具等材料。

三、方法步骤

（1）选择合适的建棚地。利用指南针等工具确定塑料大棚的走向和方位，按照设计图确定大棚的四边，放置定位桩并拉基准线。

（2）安置骨架、立柱、拱架和压杆等材料。按照设定好的位置和高度，安置骨架、立柱、拱架和压杆等材料，并确保各个部分准确衔接，缩小高低差。

（3）覆盖塑料薄膜。在覆盖之前，完成塑料薄膜的粘接，覆盖之后的塑料薄膜压好压模线，在四周预留 30 cm 左右空间，埋入土中进行固定。

（4）安装出入口。按照设定的规格，装入门框，要求安装严实，便于进入。

【实训二】塑料大棚温度、湿度与光照度的测定

一、实训目的

能够对塑料大棚内的温度、湿度和光照强度进行测定。

二、材料工具

塑料大棚、温度、湿度检测仪、光照强度检测仪和指南针。

三、方法步骤

（1）观测点的选取。选择 9 个监测点，其中 8 个监测点在塑料大棚内空间均匀分布，1 个监测点在塑料大棚外进行对照。

（2）仪器安放。每个监测点均放置温度检测仪、湿度检测仪和光照强度检测仪。在教师的指导下，正确放置各种观察仪器。

（3）观察记录。每隔 2 个小时对检测仪进行检查并记录温度、湿度和光照强度指标。根据所获数据分别制作塑料大棚内温度、湿度和光照强度的图表，并对数据进行分析。

※ 复习思考题

一、名词解释

1. 塑料大棚

2. 遮阳网

3. 单栋塑料大棚

4. 连栋塑料大棚

5. 贯流放热

二、填空题

1. 塑料大棚的类型根据棚边可分为_____和_____，直立棚边根据屋面形状又可分为_____和_____。

2. 连栋塑料大棚是指_____及以上的单栋大棚组成的塑料大棚，其跨度较大，大棚内空间大，因此，棚内温度和湿度变化幅度相对较为_____，土地利用率较高，适合进行_____、_____生产管理。

3. 塑料大棚的基本结构主要由_____、_____、_____、_____和

_____共 5 个部分组成。

4. 拱架是指塑料大棚顶部支撑塑料薄膜部分的架构。主要材料有_____、_____、_____等。

5. 塑料大棚内光照状况从以下方面调控：_____、_____和_____。

三、简答题

1. 塑料大棚保温措施有哪些？

2. 塑料大棚如何进行湿度调控？

单元十九

现代温室

【单元导入】

利用现代温室栽培花卉，具有露地栽培不可比拟的优势，发展现代温室花卉生产在世界范围内也已成为必然的趋势。通过本单元的学习，我们将明确现代温室的概念，深入了解现代温室的基本结构，掌握现代温室环境因子调节的方法。

【相关知识】

一、现代温室的概念

中国是世界上最早利用温室进行栽培的国家，早在 2 000 多年前就已经利用保护设施进行蔬菜栽培。近现代以来，温室的发展经历了日光温室阶段、玻璃温室阶段和现代温室阶段三个阶段。目前这三种类型的温室皆在生产中被广泛应用。

现代温室栽培是一种技术密集型的农业生产方式，集成了许多高新技术，现代温室与传统农业生产相比，受外界环境的影响程度较小，可以利用各类环境调控设备对温室内的条件进行控制，创造出植物生长所适宜的环境条件。对于农业工作者而言，现代温室可以提供全天候、全季节生产的环境条件，创造更大的经济效益，增加收入来源；对于消费者而言，温室内适宜条件下生产的产品，其品质更加优良，并且反季节的水果、蔬菜、花卉等园艺产品可以满足全年的需求。现代温室的应用主要表现在以下几个方面：

（1）作物生产。现代温室内的先进设备可以控制环境条件进行工厂化育苗，并进行高附加值的园艺作物生产。

（2）科研试验。现代温室在高等院校中较为常见，因其人工调节气候的功能，可开展各项科学研究和教学使用。

（3）农业观光休闲。可将现代温室设计成都市观光农业园区，通过新奇花卉、蔬菜和观赏或采食用的果树吸引人群，建造现代温室内的生态餐厅等。

● **拓展知识** ◎

荷兰的现代温室

荷兰是世界设施园艺最发达的国家之一，在温室设施方面发展情况处于领先地位。荷兰的温室花卉和球茎的生产具有规模化、专业化、集约化程度高的特点，其在世界贸易总额中的占比分别高达 50% 和 80%。

二、现代温室的基本结构

现代温室的主体由经过防锈处理的钢材构成，具备抗风、抗雪、抗雨能力强的特点。其表层可覆盖聚氯乙烯塑料薄膜、特制玻璃、硬质塑料等透明材料；内部配备各式栽培床及控温、通风、换气、遮阴、照明等环境控制设备。随着科技的进一步发展，现代温室将继续以节能、高效为核心，采用高新技术，形成实际意义的工厂化生产。现代温室的基本结构可分为骨架系统、覆盖系统和环境调控系统（图 19-1）。

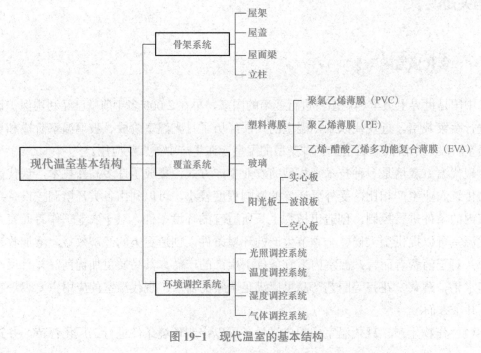

图 19-1　现代温室的基本结构

（一）骨架系统

现代温室的骨架系统是现代温室的结构基础。骨架系统由具有较强承重和抗压能力的钢管和钢材通过连接件构成。

现代温室的主要承重部分由屋盖、屋架组成。而屋架由屋面梁与立柱组成。屋面梁结构形式多样，如桁架式、组合梁式和门式等。其中，桁架式是目前温室结构中最为常见的形式之一。在不同的地区，现代温室的骨架系统有所差异，北方地区的冬季温度较低，常有降雪事件发生。因此，相较于南方地区需要规格和强度更高的骨架系统，避免雪害对现代温室的结构造成严重损害。

（二）覆盖系统

覆盖系统与骨架系统相结合，将温室大棚的内部空间与外部环境分隔。覆盖系统的材料要求具有足够的保温性、透光性和封闭性，同时，要求能够使用较长时间且易于维护。

目前，温室大棚常用的覆盖材料可分为塑料薄膜、玻璃、阳光板3大类。

1. 塑料薄膜

塑料薄膜可分为聚氯乙烯薄膜（PVC）、聚乙烯薄膜（PE）、乙烯-醋酸乙烯多功能复合薄膜（EVA）。

（1）聚氯乙烯（PVC）。PVC薄膜在中国北方应用广泛，PVC价格低廉，维护成本低，安装简单，与其配套的温室部件价格也较低，并且具有强度高、保温性强的优点，在温室花卉生产上普遍应用，但存在寿命短、不耐高低温差、高温条件下产生有毒气体的缺点。

（2）聚乙烯薄膜（PE）。PE薄膜其成本较低，具有不宜粘灰尘、透光性能强的优点，但存在弹性较弱、保温性差的缺点。

（3）乙烯-醋酸乙烯多功能复合薄膜（EVA）。EVA由多层材料复合形成，外表层以树脂为主，内层添加了保温和防雾滴剂，具有质量轻、使用寿命长、透明度高、防雾滴剂渗出率低等优点，应用前景广阔。

2. 玻璃

玻璃是由矿石原料制作而成的覆盖材料。玻璃的使用寿命在十年以上，耐老化性能较强、结构稳定，透光率可达90%以上，但是玻璃材料的密度较高，对温室骨架的承重性能要求高，且保温性能较差、易损坏、建造与维护的成本高。

3. 阳光板

阳光板又称聚碳酸酯板，属于硬质塑料覆盖材料，有实心板、波浪板、空心板等多种样式。它是目前塑料应用中最先进的聚合物之一，常用于大型多跨温室的顶部，具有质量轻、抗冲击强度高、隔热、阻燃、寿命长、防雾性能好、安装方便的优点。

上述覆盖材料各有利弊，在温室项目的初步设计中，应统筹考虑温室用途、外部环境、作物类型、建设投资等多种因素，科学选择最合适的覆盖材料。

（三）环境调控系统

现代温室的环境调控系统能够在温室内通过各种类型的传感器，监控室内环境状况，根据农产品生长需求和提前设定的参数，由智能系统发出指令，对相关的装置和设备进行适当的调控，从而达到影响室内环境因子目的。

（1）环境信息采集系统。环境信息采集系统由监控平台、各种传感器、摄像头、数据采集模块等组成。采集包括大棚光照强度、气温、大气湿度、气压、风、土壤温湿度等环境数据信息及视频信息等。

（2）环境因子调控系统。环境因子调控系统由控制器、自动控制软件、控制系统终端设备（电脑、手机等）等组成。依据软件设定的参数，对信息采集系统获取的数据作出判断与处理，实施对大棚温度、光照、湿度等环境因子的调控。

（3）信息实时发布系统。信息实时发布系统由显示屏等组成，用于实时显示环境测量值。

三、现代温室内部环境因子调控

（一）光照调控措施

温室内的光照控制设施由光照强度传感器、全自动遮阳网及人工补光设备组成。光照强度传感器可以实时监测温室内的光照强度，根据事先设定的光强参数，启动或终止增光或遮阳设备运行。

微课：智能温室
温光水气调节技术

1. 现代温室增光措施

（1）设施设计和布局。在设计之初选择合理的屋面倾斜角度和朝向，设定较宽的大棚前后间隔距离及采用高透光率的专用薄膜，以达到自身良好的透光性能，减少光照设备的使用成本。

（2）提高覆盖物透光性。定期清理覆盖物表面积雪、灰尘，减少遮阳物保持覆盖物表面清洁。及时清除薄膜内部水珠，避免水珠反射阳光以增加光照，保持膜面的紧致平整。

（3）铺设反光地膜。在设施内部墙体上铺设具备反光性能的薄膜，将设施内部立柱涂上反光涂层。

（4）人工补光。人工补光设备主要是补光灯，目前人工补光最常用的是荧光灯。其优点是发光效率高，寿命长，光谱集中在可见光区域；缺点是功率较小。此外，也有用白炽灯、卤钨灯或植物专用补光灯补光的。白炽灯和卤钨灯的成本较低，光谱属于红光和远红光谱（700～1 600 nm），可满足作物形态建成对于光的需求，但在光照的同时会产生大量热效应，因此，使用时为避免高温伤害需要进行移动灯光或用水过滤器将热量吸收。植物专用补光灯有高压钠灯和日光色镝灯等。其中，高压钠灯的光源更为明亮，而且红光比例高，利于光合作用；日光色镝灯的光谱更接近自然光照，有利于模拟真实日光，两者也可搭配使用。

2. 现代温室遮光措施

（1）启动内外遮阳网遮荫。安装在现代温室顶部的全自动遮阳网（分为内遮阳网与外遮阳网）具有降低光照强度及缩短光照时间的功能。监测到光照强度过高时，打开现代温室上方全自动遮阳网，减少自然光照辐射。

（2）加装侧方覆盖物。为减少自然光照，还可以在温室大棚的四周铺设遮阳网、阴障、苇帘等。

（二）温度调控措施

现代温室的温度调控设备包括锅炉、太阳能真空集热管、燃油暖风机、风机、湿帘、内外遮阳和喷雾降温系统等。

1. 现代温室保温和增温措施

（1）保温措施。通过加装覆盖物、降低覆盖材料自身散热、减少缝隙漏风的散热和减少地面散热实现保温（图19-2）。

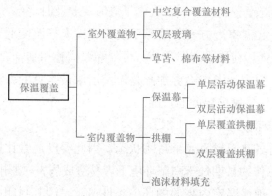

图 19-2　保温覆盖物

（2）人工增温。人工增温有热风加温、热水加温和土壤加温等方式。热风加温有使用成本低，所需的设备费用较低，操作简便、升温快等优点；但也存在预热时间长、室内温度分布不均匀需通风换气等缺点；热水加温采用 70 ℃左右的热水在管道内进行循环，加热效果缓和，停机后仍具有保温功能，但是需要铺设大量管道和散热器，因此成本较高；土壤加温通过在土壤中填入酿热物、预埋电热线或塑料管道的形式进行增温，因其产热效率较低、低温不易控制且不均匀等问题而在生产上应用较少。

2. 现代温室降温措施

降温措施有遮阳降温、屋面流水降温、通风换气和室内蒸发冷却降温等方式。

（1）遮阳降温。遮阳降温是通过开启遮阳网减少太阳辐射实现的降温。

（2）屋面流水降温。通过在大棚顶部和四周铺设水管，利用流水吸收太阳辐射并降低大棚顶部和周围的温度，可降低室温为 3 ℃～4 ℃。

（3）通风换气。通风换气是在温度顶部和四周开设天窗和侧窗，安装大型风机，引进空气对流而达到降温效果。

（4）室内蒸发冷却。室内蒸发冷却可分为湿垫吹风、喷雾降温。湿垫吹风是指在温室大棚进气部位铺设 10 cm 左右的纸垫窗或可短暂储水的材料，外部热空气通过湿垫时可先被冷却，其成本较低，但存在降温效果不均匀的缺点；喷雾降温是指在室内高处设置喷头，喷出浮游性的细雾吸收热量加上通风气流达到降温目的。

可根据室内外实际温度情况采用开启顶部大窗、风机强制通风、湿垫吹风和喷雾降温等方法，达到温度调控目的。必要时也可同时采取多种降温措施。

（三）现代温室大气湿度调控措施

大气湿度与植物的蒸腾作用、病害的发生等都有密切的关系，需要根据实际情况，对温室内的大气湿度进行调控。

1. 现代温室增湿措施

在夏季高温季节，温室内可能会出现湿度较低的情况，此时若不及时进行处理，易出现作物萎蔫，造成叶片气孔关闭，影响作物光合作用等。在温室内进行扦插、嫁接等操作时，也需要湿度较高的环境。大气干燥时，要及时增湿。

（1）喷雾加湿。在温室上方安装喷雾系统，环境大气湿度低于设定值时，开启喷雾系统，提高大气湿度。在夏季高温季节，可与降温措施相结合。

（2）湿帘加湿。湿帘加湿与喷雾加湿是温室增湿最常见的方法。通过在四周安装湿帘辅以风机达到增加环境内湿度的目的。

2. 现代温室降湿措施

现代温室内空间多处于封闭或半封闭状态，因此湿度通常比露地要高，平均相对湿度可达 80% 以上，作物长期处于高湿环境下容易造成病害，影响产量和品质。

（1）通风换气。现代温室内高湿的环境条件通常是因其封闭的环境造成的，为了避免湿度过高，现一般需要进行通风处理，条件允许的情况下可以开启风机进行强制通风，使用风机通风相较于自然通风而言效果更佳，同样情况下，相对湿度降幅可多达 20%。

（2）加温除湿。加温是有效的降湿措施之一，但温度不宜过高，以使保持植物叶片表面不结露即可。否则会影响作物的光合作用，同时导致呼吸作用亢进，不利于作物生长。

（3）覆盖地膜、合理灌溉。在土壤表面覆盖大面积的地膜，减少土壤中水分蒸发至空气中，可降低空气湿度 20% 左右。选用无滴长寿膜，铺设具有良好吸湿性的材料（稻草、麦秸等）也可有效降低空气湿度。使用滴灌、膜下灌溉也可达到降湿的目的。

（四）水肥一体化调控

水肥一体化技术是集灌溉和肥料于一体的农业新技术。水肥一体化是借助压力灌溉系统，通过可控管道将可溶性固体肥料或液体肥料配兑而成的肥液与灌溉水一起均匀、定时、定量地输送到作物根部，以满足作物对水分和养分的需求。

※ 技能实训

【实训一】现代温室的温度调控

一、实训目的

能够根据现代温室室内实际温度情况，对室内温度情况进行合理调节。

二、材料工具

中央控制台、温度控制相关设备（加热设备、通风设备、遮阳设备等）、温度传感器和温度显示器。

三、方法步骤

（1）设定温度参数。实地调查温室内种植花卉作物及其生长发育阶段，设定温度调控参数。

（2）检查设备状态。检查加热设备、通风设备、遮阳设备、温度传感器、中央控制台、温度显示器等运行是否正常。如果存在设备故障，联系教师或工作人员及时维修。

（3）记录调控结果。

【实训二】现代温室的光照强度调节

一、实训目的

能够根据现代温室室内实际光照情况，对室内光照情况进行合理调节。

二、材料工具

中央控制台、遮阳网、补光灯、光照传感器和光照强度显示器。

三、方法步骤

（1）设定光照参数。实地调查温室内花卉种类及其生长发育阶段，设定光照调控参数。

（2）检查设备状态。检查中央控制台，遮阳网、补光灯、光照传感器和光照强度显示器等运行是否正常。如果存在设备故障，联系教师或工作人员及时维修。

（3）记录调控结果。记录本次光照强度调控的方法过程与结果。

※ 复习思考题

一、名词解释

1. 设施栽培

2. 现代化温室

3. 温室效应

4. 工厂化育苗

5. 土壤酸化

二、填空题

1. 现代温室的主体由经过防锈处理的钢材构成，具备相应的_____、_____、_____能力。

2. 全世界设施栽培种植最多的是_____，占80%。

3. 现代温室的基本结构可分为_____、_____和_____。

4. 温室大棚常用的覆盖材料可分为_____、_____、_____3大类。

三、简答题

1. 现代温室的环境调控系统的概念包括哪些方面？

2. 现代温室内增强光照的措施有哪些？

模块五 花卉盆栽

知识目标

1. 理解盆栽花卉的概念，明确盆栽花卉的意义；
2. 了解上盆、翻盆、换盆与转盆的概念和应用；
3. 掌握花卉盆栽的基本理论；
4. 熟悉各种盆栽基质及其特性。

能力目标

1. 能够识别与配制花卉盆栽的常见栽培基质；
2. 能够进行上盆、翻盆、换盆与转盆的操作；
3. 能够对盆栽花卉进行水肥管理与整形修剪。

素质目标

1. 具有良好的团队合作与沟通意识；
2. 具有认真负责的工作作风；
3. 具有任劳任怨、勤恳务实的工作态度。

花卉盆栽又称花卉容器栽培，是指将花卉栽种在各种类型的花盆中，进行生产栽培的方式。

花卉盆栽可以灵活调整花卉生长的环境，满足植物生长发育对环境条件的要求；

还能够根据实际需要，灵活调整摆放位置，充分发挥花卉美化环境的作用。盆花栽培是我国花卉产业的主要组成部分。与地栽花卉相比，盆栽花卉由于根系生长局限于盆内，对肥水丰缺更为敏感，管理技术要求更高。

单元二十

花盆与基质

【单元导入】

"天地在盆中"，这是一位盆景工作者的感慨。花盆是花卉盆栽的基本元素之一。盆栽花卉有什么特点？花盆有哪些类型和特点？常见的栽培基质有哪些？这些栽培基质又有哪些特点？让我们带着这些问题，进入本单元的学习。

【相关知识】

一、盆栽花卉的特点与应用

盆栽花卉的种类很多，是花卉产业的重要组成成分。

（一）盆栽花卉的特点

（1）盆栽花卉方便搬动。盆栽花卉可以根据需要装饰室内外。

（2）流通便利。在目前的运输条件下，能快速在各个市场流通。

（3）栽培的技术要求高。盆栽花卉受到花盆及栽培基质的限制，栽培的技术要求更加严格、细致。

（二）盆栽花卉的应用

（1）室内应用。室内是盆栽花卉应用的一个主要场所。室内温度恒定，通风条件差，光照弱，适宜于耐寒性弱但耐荫性好的花卉种植。合理选择室内盆栽，能够起到美化环境、净化空气、改善室内温度、湿度等作用，有利于身心健康。

（2）室外应用。室外盆栽花卉主要有两个方面的应用：一是阳台、庭院等建筑物周边应用，这些地方的盆栽花卉与庭院地栽花卉、室内盆栽花卉相互补充，发挥绿化、美化居家及工作环境的积极作用；二是应用于节庆、婚庆、迎宾、开业、会展等场合的临时性装饰。

二、花盆的类型及其特点

花盆就是栽培容器，随着时代的发展变化，现在的花盆种类也变得相当丰富。

（一）根据花盆的材质划分（图 20-1）

（1）素烧盆。素烧盆又称瓦盆，用黏土烧制而成，有红色和灰色两种，排水孔在盆底的中间。此类盆外观粗糙，但是排水通气性良好，价格便宜，常作为生产盆。素烧盆的形状一般是圆筒形，盆口直径和盆高相等，盆的规格从 7 cm 到 40 cm 不等。有些素烧盆的盆边加厚，方便搬移。

（2）陶盆。陶盆是用陶泥烧制而成的，排水、透气性良好。陶盆中有一类紫砂盆，成本较高，常用作栽培高档的花卉。

（3）瓷盆。瓷盆是用白色的高岭土烧制的，上涂彩釉。瓷盆的外形美观，有圆形、方形、菱形等，但是通气性差，一般当作套盆或临时观赏用。

（4）木盆。木盆一般比较大，盆口直径通常大于 40 cm，以圆筒形为主。盆的两边有把手，方便搬移。木盆在北方应用较多。

（5）塑料盆。塑料盆是现在应用最为广泛的一类花盆。塑料盆的特点是质量轻，形状、色彩丰富。塑料盆的透气性较差，所以，相应的栽培基质要粗粒较多些。营养钵也是一种塑料盆，很薄，通常是黑色的。

（6）纸盆。纸盆一般用于育苗，一次性使用。

（7）植物纤维花盆。利用农产品废弃物生产的花盆，是可降解的花盆。此类花盆的透气性很好，成本低廉。

（8）水泥盆。水泥盆是用水泥制成的花盆，常用来培育树桩盆景毛坯。大型的水泥盆，也可以不凿排水孔，作为小型的荷花池。

（9）石膏盆。石膏盆是利用石膏制作成的花盆，外面会涂抹各类图案，多用作小型花卉的栽培。

（10）玻璃盆。玻璃盆透明，可以清晰地看到根系的形态。一般用于水培花卉，底下不留出水孔。

（11）其他花盆。除上述质地的花盆外，还有许多其他质地的花盆运用在各类花卉栽培中。如大理石盆，常用作水旱盆景的制作；筛子盆，利用各类筛子做花盆，使栽种的花卉更加透气。

纸花盆

塑料盆

素烧盆

陶盆

紫砂盆

瓷盆

水泥盆

石膏盆

彩图 20-1

图 20-1　各种材质的花盆

（二）根据花盆的用途划分（图 20-2）

（1）兰花盆。兰花盆的高度大于花盆的宽度，这类花盆主要用于栽种兰花，悬崖式盆景也常用兰花盆。

（2）水养盆。水养盆栽种水生植物，这类盆没有排水孔，可以用来栽种水仙花、铜钱草等。像风信子之类的花卉，也可采用专门的隘口的瓶子。

（3）盆景盆。盆景盆主要用于树木或山水盆景。这类盆往往是深度较浅，突出盆内的树木或山水。

兰花盆

盆景盆

彩图 20-2

图 20-2　各种用途的花盆

所谓懒人花盆，就是采用盆底蓄水的方法，减少浇水次数的花盆。这类花盆由蓄水层和栽种层两部分组成。下面是蓄水层，用吸水棉线或吸水棒连接上面的栽种层。蓄水层的顶端往往有溢水孔，防止水位过高。栽种层和蓄水层一般用一个筛网隔开，防止泥土掉落到蓄水层。有些花盆还安装了水位指示浮标，当一次浇水后，蓄水层的蓄水量增加，浮标就上升。随着花卉的生长，蓄水层的水量减少，浮标就下降。

三、常用的栽培基质及其特点

栽培基质是指花盆里用于代替土壤，起到固定植株、提供花卉养分等的固体物质。一般来说，盆栽花卉所需的基质都是多种材料混合配制而成的。

（一）栽培基质的类型

根据栽培基质的成分与来源，可分为无机基质、有机基质和混合基质。

（1）无机基质。无机基质是指简单的无机物作为栽培基质，一般很少含有营养。包括砂、陶粒、炉渣、浮石、岩棉、珍珠岩等，脲醛泡沫等也属于这一类。

（2）有机基质。有机基质是植物有机残体及其转化的产物，也包括某些人工合成的有机物质，如泥炭、树皮、锯木屑、秸秆、稻壳、蔗渣、苔藓、堆肥、沼渣等。

（3）混合基质。混合基质是指两种或两种以上材料混合而成的栽培基质。由于混合基质由结构性质不同的原料混合而成，可以扬长避短，在水、气、肥相互协调方面优于单一基质。

微课：粗颗粒基质盆栽金豆技术

无土栽培是指不使用土壤，在化学溶液或栽培基质中培养植物的技术。土壤没有了，土壤中的有机质也不存在了，植物就靠人为供给养分生长。无土栽培最早的是用水作为基质，后来发展到用固体的基质。固体基质种类很多，常见的有珍珠岩、泥炭、蛭石、沙、石砾、岩棉、锯木屑、稻壳、多孔陶粒、泡沫塑料等。像花鸟市场上看到的栽种在玻璃瓶中的富贵竹，里面装着水，这也是无土栽培的一种形式。

（二）常用栽培基质的特点

栽培基质种类繁多，常用的有泥炭、蛭石和珍珠岩（图20-3），还有树皮、锯木屑、菇渣、煤渣、稻壳、花生壳、沙、石砾、岩棉、膨胀陶粒、椰糠、鹿沼土、赤玉土等。

（1）泥炭。泥炭又称草炭。泥炭的密度小，但通透性较差。在使用的时候，常常需掺入蛭石、珍珠岩、沙子、煤渣等。泥炭要经常保持湿润状态，不要让其水分含量过低，否则泥炭容易干结，内部不容易浇湿。

（2）蛭石。蛭石是云母类硅质矿物，密度很小（0.09～0.16 g/cm³）、孔隙度大（达到 95%）。蛭石一般为中性至微碱性，也有些是碱性的（pH 值大于 9）。蛭石含有较多的钾、钙、镁等营养元素。蛭石的吸水能力很强，可以吸收自身体积 1～6 倍的水分。但是蛭石容易破碎，导致结构受到破坏，孔隙度降低。所以，蛭石重复使用 1～2 次以后，结构就会变差，需要重新更换。

（3）珍珠岩。珍珠岩密度很小（0.03～0.16 g/cm³）、孔隙度大（达到 93%，其中的空气容积为 53%，持水容积为 40%），pH 值为 7.0～7.5。珍珠岩含有一定的钾、钙、铁、锰，但是这些养分多数不能被花卉吸收利用。珍珠岩和蛭石一样容易破碎，在使用的时候要注意两点：第一点是密度小，浇水后，珍珠岩会上浮，为了减少上浮，有时候在珍珠岩上面铺设一层小石子；第二点是珍珠岩在干燥的时候，粉尘较大，容易引起咳嗽，所以使用前最好先喷湿。

泥炭　　　　　　　　蛭石　　　　　　　　珍珠岩

图 20-3　泥炭、蛭石、珍珠岩

（4）树皮。在木材加工场产生的树皮，常常作为栽培基质。树皮的密度一般为 0.4～0.53 g/cm³。在使用过程中，树皮的密度会不断提高，大约 1 年的时间，密度变大导致树皮结构变差。

● 小贴士 ◎

树皮基质的使用

树皮是一种栽培基质，植物种类不同，树皮的理化性质也不同，在利用时要引起重视。如铁皮石斛常用的树皮基质是松树皮（图 20-4），因为松树皮基质透气性好，有利于铁皮石斛生长；而杉木、樟科植物、木兰科植物的树皮就不适合铁皮石斛种植，因为杉木树皮容易板结，透气性差；樟科、木兰科植物的树皮富含芳香物质，对铁皮石斛生长不利。栽种铁皮石斛的时候，没

图 20-4　木屑、松树皮

有松树皮，可以采用板栗、锥栗、枪栗等壳斗科或者杜英科的树皮代替。树皮最好进行堆沤3个月以上再使用，堆沤能使有毒的酚类物质分解，本身的 C/N 值（碳氮比）降低，还能提高树皮的阳离子代换量。堆沤处理，也能杀死树皮中的病原菌、线虫和杂草种子等。

（5）木屑。木屑的大部分性质和树皮相同，使用前，最好堆沤三个月以上，达到降低 C/N 值，减少有害物的目的。栽种兰花的时候，也可以在基质中混入少许的锯木屑。注意利用是原木加工的木屑，复合板加工产生的木屑不要使用。

（6）菇渣。菇渣是培育蘑菇后的废弃物，一般不单独使用。菇渣的密度为 0.41 g/cm³，持水量为 60.8%，含氮 1.83%，含磷 0.84%，含钾 1.77%。菇渣中有较多的石灰，大多呈碱性反应，用作基质时应充分堆沤，使之接近中性。

（7）煤渣。煤渣是指煤焚烧后的残渣，蜂窝煤的煤渣也可以作为基质。煤渣的密度为 0.7 g/cm³，总孔隙度为 55.0%，持水空隙容积为 33.0%，pH 值为 6.8。新鲜的煤渣不带病菌，不容易产生病虫害，含有较多的微量元素，盆栽花卉的时候，可以与黄泥混合使用。

（8）稻壳。稻壳要经过高温炭化后再使用。炭化后的稻壳，没有病菌，密度为 0.5 g/cm³，总孔隙度为 82.5%，其中大空隙容积为 57.5%，小空隙容积为 25%。含氮 0.54%，含速效磷 66 mg/kg，含速效钾 0.66%，pH 值为 6.5。炭化后的稻壳，持水能力差，使用的时候，需要经常浇水。

（9）花生壳。花生壳密度较低，便于运输。干物质占到 90.3%，含钙 0.24%～0.27%，含磷 0.08%～0.09%。花生壳在使用前，需要发酵处理，一般露天放置，任其风吹雨淋自然发酵 1 年就充分腐熟了。充分腐熟的花生壳，可以单一地栽种兰花，也可以混合其他基质使用。

（10）膨胀陶粒。膨胀陶粒的密度为 1.0 g/cm³，坚硬，不容易破碎，pH 值为 4.9～9.0。陶粒有大小不同的颗粒，常用于水培盆花的植株固定。

（11）椰糠（图 20-5）。椰糠是由椰子壳晒干后，再粉碎压缩而成的。使用前，一般用水浸泡，冲洗 3～4 次再使用。一般不单独使用，往往与珍珠岩、泥炭等混合使用。

（12）鹿沼土。鹿沼土产于火山区，由下层火山土生成的，呈现火山沙的形式。pH 值为酸性，有很高的透气保水能力。鹿沼土可以单独使用，也可以与泥炭、腐叶土、赤玉土等混合使用。常用于各类盆景、兰花和杜鹃等花卉的栽种。

（13）赤玉土。赤玉土由火山灰堆积而成，是日本应用最广泛的一种栽培基质。赤玉土含钙、镁、锰等多种元素，可用于兰花、仙人掌类植物的栽种，通常与其他基质混合使用。

彩图 20-5

椰糠　　　　　　　鹿沼土　　　　　　赤玉土

图 20-5　椰糠、鹿沼土、赤玉土

垒土

垒土是以秸秆、棉花秆等农林废弃物为主要原料，制造的一种固化可塑成型活性纤维培养土。垒土能够直接代替盆栽的基质和花盆，人们可以直接把花卉栽种在垒土中。垒土质量轻，透气性强，适合在立体绿化、土壤修复、污水处理等方面的广泛利用。

※ 技能实训 ✍

【实训一】常见的栽培基质识别

一、实训目的

准确识别当地常见的栽培基质。

二、材料工具

常见栽培基质的实物及图片。

三、方法步骤

（1）学生观察。提供栽培基质的实物与图片，引导学生细致观察辨识。

（2）现场讲解。教师现场介绍各种栽培基质的特点与应用。

（3）辨识记录。学生仔细辨识各种栽培基质，完成记录表（表20-1）的填写。在学生辨识的过程中，教师在旁随时答疑解惑。

表20-1　常见栽培基质观察记录表

基质名称	外观特征	理化性质

【实训二】常见花盆的分类

一、实训目的

学会常见花盆的分类。

二、材料工具

各类花盆。

三、方法步骤

（1）根据材料分类。指导学生观察比较各种材质花盆，并进行分类。

（2）根据用途分类。指导学生仔细观察各种用途花盆的形态特征，并完成分类记录（表20-2）的填写。

表 20-2　常见花盆分类记录表

序号	花盆实物或照片	按材质分类	按用途分类

● **小贴士** ◎

自制水泥花盆

水泥花盆的形式多样，可以自己动手制作。制作方法也各具特色，可以进行如下操作：

（1）制作模型。取一个花盆，往里面装满湿沙子，用手压实。再倒扣在大理石板上，拿走花盆。

（2）制作盆侧。将水泥浆涂抹在沙堆的四周，根据需要涂抹相应的厚度。再撒些干燥的水泥，降低盆侧的含水量。

（3）制作盆底。用刮刀刮低沙模盆底的中间部分，再涂抹水泥浆，抹平。

（4）制作排水孔。趁水泥浆未干的时候，在盆底戳几个排水孔。

（5）脱盆。干燥后，将水泥盆翻过来，倒去沙子，再打磨光滑，就可以使用了。

【实训三】培养土的配制

一、实训目的

学会常见培养土的配制。

二、材料工具

植金石、树皮、树叶、峨眉营养土、珍珠岩、泥炭、蛭石、黄泥、煤渣、园土、腐叶土、河沙、喷壶、铁锹等。

三、方法步骤

（1）春兰栽培基质的配制。中号的植金石 3 份、树皮（松树皮）1 份、树叶 1 份、峨眉营养土 1 份。指按照体积配比，为降低粉尘，可先分别将植金石、树皮、树叶、峨眉营养土喷湿，再均匀混合。

（2）园艺通用培养土的配制。采用珍珠岩、泥炭、蛭石等按照不同体积的混合物。低成本的培养土，则用黄泥和煤渣接近 1 : 1 混合而成，这样的培养土可栽培多种花卉。

（3）酸性培养土的配制。按照黄泥 1 份、腐叶土 5 份、草炭 2 份、木屑 1 份、鸡粪 1 份的比例混合而成，适合栽培喜酸性的花卉。

● **小贴士** ◎

播种罗汉松的不同基质

台州科技职业学院在 2015 年 9 月 20 日，采用不同的基质播种罗汉松，有些是单一的基质，有些是混合的基质。采用单一的基质播种罗汉松的有珍珠岩、泥炭、蛭石、细沙、沙性的黄泥、水苔。采用混合的基质播种的罗汉松有珍珠岩：泥炭为 1：1；珍珠岩：蛭石为 1：1，珍珠岩：泥炭：蛭石为 1：1：1。结果采用单一泥炭作为基质的罗汉松，其长势要比其他的基质的罗汉松长势好。

※ 复习思考题

一、名词解释

1. 垒土

2. 花卉盆栽

3. 厩肥

4. 山泥

5. 控根容器

二、填空题

1. 栽种铁皮石斛常用的基质是_____。

2. 盆栽花卉的应用可分为_____与_____。

3. 根据质地来划分，花盆可分为_____、_____、_____、_____、_____、_____、_____、_____、_____等。

4. 常见的栽培的基质有_____、_____、_____、_____、_____、_____、_____、_____、_____、_____、_____、_____和_____等。

三、简答题

1. 盆栽花卉有哪些特点？

2. 试分析水养盆的特点。

单元二十一

上盆、翻盆、换盆与转盆

【单元导入】

当选择好花盆和花卉后，就要考虑如何栽种到花盆中，怎么栽种？栽种一段时间后，如何更换花盆？盆栽花卉管理过程中，又为什么要转盆？让我们带着这些问题，进入本单元的学习。

【相关知识】

一、上盆

上盆是指把花卉小苗栽种到花盆中。花卉小苗可以是来自地栽的小苗，也可以是容器育成的小苗。

（一）上盆的操作要点

（1）堵排水孔。用瓦片或石块、纱网之类，堵住排水孔，如果是放置在地面的盆栽花卉，用纱网比较好，可以防止蜗牛、蛞蝓、蚯蚓等从排水孔钻入花盆。

（2）铺疏水物质。在盆底放入粗大的石块或泥块，有利于排水和透气。

（3）加培养土。一般大的颗粒在下，小的颗粒在上。

（4）栽种。尽量使根系舒展，根系和泥土充分接触。调整泥土高度，最后使泥土装到花盆的八分满。

（5）浇水。通过洒水或浸盆法浇透水。

● 拓展知识 ◎

盆栽花卉的水口

盆栽花卉的时候，一般情况下，泥土不会装满，盆土表面距离盆沿口都有一定的距离。人们把盆土表面到盆沿口构成的空间，叫作水口。水口留多少是合理的呢？或者说盆土装多少是合适的？当水灌满水口时，刚好能将整盆泥土湿润，这样的水口是最合适的。

当环境湿度很大时，为了减少病虫害，栽种盆花时，减少水口，装土和盆沿口相平，甚至高出盆面，形成馒头形。

当环境湿度很低时，对于一些喜湿润的花卉，有时候把盆土装到花盆一半的高度，加大水口。这样浇水后，在盆内就形成高湿度的小环境。

（二）上盆的注意事项

（1）根据盆花大小选择花盆。具体说就是小苗用小盆，大苗用大盆。若小苗用大盆，盆土不容易干燥，时间一长，会发生烂根现象；若大苗用小盆，植株大，水分消耗快，很容易缺水，大苗的根系也不容易伸展开，长势变差。

（2）根据盆花习性选择花盆。喜湿的花卉，选用通气性差些的花盆，如栽种马蹄莲可选择塑料盆之类。深根性的花卉，可以选用直筒型的花盆，如栽种直立根的兰花，为了使根系舒展，需要直筒型的花盆。如果是盆栽水平状根系的兰花，可以选择盆身浅，盆口开阔的花盆；如果是名贵的异型根系的盆花栽种，还可以根据盆花特制花盆。

（3）新旧盆区别对待。新的塑料盆可以直接使用，新的瓦盆，吸水性强，需要先浸泡在水中，等到不再冒泡的时候，再拿出来使用。旧花盆容易滋生病虫害，所以要洗干净，晒干消毒后再使用为好。

二、翻盆

盆栽花卉生长一段时间后，由于盆土或花卉的原因需要重新栽种，栽种在原来的花盆或同样大小的新的花盆中，这就叫作翻盆。

（一）翻盆的原因

1. 盆土原因

（1）盆土通气性变差。由于经常浇水、微生物活动及根系挤压等因素，基质中大的颗粒破碎细化，盆土的团粒结构也受到破坏，造成土壤板结，通气性下降。尤其是本身黏质土较多的基质，干燥后土壤收缩龟裂，一浇水，水马上从盆底流出来，导致花盆中央的泥土还是干燥的。如果长期这样，盆土中央的根系吸收不到足够的水分会枯死。

（2）盆土养分降低。随着盆内植株的生长，由于根系的选择性吸收，盆土的营养成分会逐渐减少。另外，长期浇水、暴雨冲刷，也会导致盆中养分随水流失。

（3）盆土中的有害生物滋生。很多栽培基质结构疏松、富含有机质，容易招致金龟子等危害。一些放置较低的盆花，有时候会招引蚂蚁等在盆中做巢，影响盆花的根系的生长。

2. 盆花原因

（1）形成根垫。有些盆栽木本花卉，根系生长迅速。经过一段时间的盆栽，根系密集分布，在盆底不断盘曲而形成根垫。如果不及时翻盆，根垫将越来越厚，甚至将盆土带着根系顶出盆面。

（2）地上部长势衰退。盆栽花卉生长一段时间，因营养不足等因素，枝叶长势变差。需要及时翻盆，更换基质。

（二）翻盆的方法

（1）脱盆。多数盆花2～3年需要翻盆一次。一般在盆土稍微干燥的时候容易脱出完整的土球。有时候会遇到盆土和盆壁粘连在一起，难以脱出，这时候，可以把整个花盆泡在水中一段时间，或者往花盆中连续浇水，过1～2小时后再脱盆。常用镰刀，紧贴花盆内壁转一圈，有利于脱盆。

（2）清理根系。形成根垫的，要先割去根垫，再用专门的根钩或竹签，把根系梳理一番，剪去枯根、烂根。有些花卉保留少许的土球，更有利于翻盆成活。

（3）清理枝叶。首先剪去有病的枝叶，再根据根系修剪程度，结合造型需要，疏剪过多枝叶。

（4）重新上盆。盆底放些有机肥或缓释肥。把花卉栽种到花盆中央，一般情况下，根茎处距离盆沿口2～3 cm。有些观花类花卉，养分消耗大，需要每年翻盆。

三、换盆

盆栽花卉生长一段时间后，转入新的花盆栽种，这就叫换盆。育苗期间的换盆，应根据植物生长状态而定。而多年生花卉的换盆，一般选择在春季或秋冬季落叶期比较合适。

（一）换盆的作用

（1）协调盆花与花盆的体量比例。一般情况下，花卉植株长大，重新栽种在更大的花盆中。而花卉长势变差，根系萎缩，需要换成小些的花盆；有时候因观赏、展览的需要，往往更换到小些的花盆中，显得更好看。

微课：金豆换盆技术

（2）更换理化性状劣化的盆土。换盆跟换土相结合，改善根系生长环境。

（二）换盆的方法

一二年生的花卉小苗，从小苗栽种到开花，一般需要换盆2～3次。苗龄越大，换盆间隔时间越长。

（1）脱盆。尽量多带土球。对于塑料盆之类，可以轻轻捏盆壁，使得花盆和土球分离。陶盆之类，可以用竹签等辅助脱盆。如果遇到根系有问题的盆花，还要清理掉更多的泥土，剪掉腐烂有病的根。

（2）栽种。在盆底放些基肥或粗大疏水颗粒之后，将土球放在花盆中央，四周再添加比原来肥沃的泥土。换盆后，至少还有一段时间，根系才能挤满花盆。

（3）浇水养护。如果保持土球完整，可以直接正常管理，如果土球有些破损，需要放置在半阴处一周后再正常管理。

四、转盆

转盆，是指转动花盆的方向，让盆花受光均匀的操作。因为盆花的放置场所的光照强弱不均匀，容易产生偏冠现象，商品价值降低。这种现象在君子兰、山茶、仙客来、杜鹃、瓜叶菊上比较明显。为防止出现偏冠影响观赏，宜适时转盆。转盆的要点如下：

（1）标注花盆的方向。在花盆上标注好南北方向，可以在上面书写或插入小标签。

（2）定期转盆。看到枝叶有些偏离了，就转盆，不要等到严重倾斜了再转盆。

（3）转盆角度。一般转盆180°为好，这样便于操作。

※ 技能实训

【实训一】金豆小苗上盆（图 21-1）

一、实训目的

学会金豆小苗上盆技术。

二、材料工具

金豆小苗、花铲、花盆、泥土。

三、方法步骤

（1）选盆。根据金豆小苗的情况，选择适合大小的花盆，要求根系在盆内能够充分舒展。

（2）配制培养土。金豆对土壤的要求不高，可采用园艺通用型营养土，或者用黄泥、沙子、腐叶土按1：1：1比例混合就可以了。

（3）栽苗。在花盆底部放粗大的泥块或小石头，作为排水层。把配制好的培养土倒入花盆，厚度在2 cm左右，可加少许缓释肥，再添加2 cm厚度的培养土。放入金豆的幼苗，使其居中，通过少量多次添加培养土，使金豆的根系舒展。注意根茎要和土面相平，土面要低于盆沿口1 cm左右。

（4）浇水。浇水至有大量的水从排水孔流出为止。

（5）养护。放半阴处养护一周左右，等其缓苗后再露天正常养护。

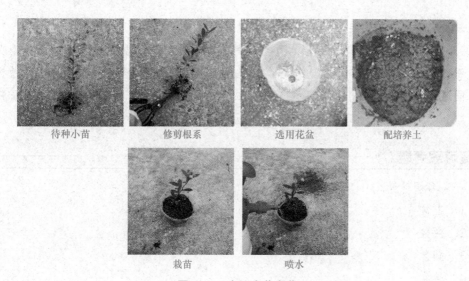

待种小苗　　　　修剪根系　　　　选用花盆　　　　配培养土

栽苗　　　　　　喷水

图 21-1　金豆小苗上盆

● 小贴士 ◎

上盆质量标准

（1）土壤准备。用于种苗的花盆或容器清洁，装土由排水孔、粗土、细土逐渐上升，表面平整，有积水余地，压紧。

（2）起苗要求。起苗前要湿润土壤，起出的小苗植株完整，不伤根系。

（3）种植要求。深度适宜，忌过深，不伤根茎，排列整齐、均匀，间距适当。

（4）浇水要求。用盆底吸水法，浇水要适当，不宜过湿，浇水后土面无裂缝、苗不倒、不歪斜、不露根。

【实训二】罗汉松翻盆与换盆

一、实训目的

学会罗汉松翻盆和换盆技术。

二、材料工具

盆栽罗汉松、新的花盆、盆栽基质、剪枝剪、竹签或根钩、洒水壶等。

三、方法步骤

翻盆与换盆的步骤大体相似。具体如下：

（1）脱盆与新盆选择。将待翻或待换盆花脱出原盆。翻盆的，要将原盆用清水冲洗干净。换盆的，要准备好合适的新盆，未使用过的新陶盆、素烧盆等要先泡水湿透。

（2）修剪。

①修剪根系。首先修剪根垫。再用竹签或根钩梳理根系，剪去烂根、病根、弱根、过长的根。

②修剪枝叶。首先剪去枯死枝、病虫枝，然后剪去交叉枝、重叠枝、逆向枝等影

响生长及观赏的枝条，再根据根系修剪情况，调整枝叶量。

（3）栽种。大致步骤是：出水孔垫瓦片或塑料网片→填盆底基质（视植株情况，填碎石、陶粒、粗砂等）→填培养土，盖住盆底基质→放植株，再填土（调整植株高度，同时要扶正，填实；留出沿口）→浇透水→阴凉处养护，养护一周后进入正常的管理。

※ 复习思考题

一、名词解释

1．上盆

2．换盆

3．翻盆

4．转盆

5．水口

二、填空题

1．上盆的时候，盆土一般装到_____。

2．上盆的时候，盆底铺粗大的石块或泥块，其作用是有利于_____和_____。

3．转盆的时候，一把转_____度为好。光线不均匀，容易产生偏冠的花卉有_____、_____、_____、_____、_____等。

4．梳理根系，常用的工具有_____及_____等。

三、简答题

1．翻盆的原因有哪些？

2．如何进行换盆？

3．试述上盆的操作要点。

单元二十二

盆栽花卉的水肥管理

【单元导入】

农谚说"有收无收在于水，多收少收在于肥"。可见水肥对于农业、植物的重要性。盆栽花卉的水肥管理和大田的水肥管理有什么不同呢？让我们带着这些问题，进入本单元的学习。

🌱 一、盆栽花卉水分管理

（一）盆栽花卉水分管理的若干概念

（1）找水。在花圃中寻找缺水的花盆进行浇水的方式叫作找水。一般在浇水后半小时进行，避免盆花过度失水。

（2）放水。结合追肥，对盆花加大浇水量的方式叫作放水。在傍晚施肥后，翌日早晨再浇水一次，这种方法，有些花农称为"回水"。

（3）勒水。对水分过多的盆花停止浇水，并且松土或脱出花盆散发水分的措施叫作勒水。连续阴雨天，或者平时浇水量过多的时候要勒水，

（4）扣水。用湿润的泥土上盆、换盆或翻盆，不再喷水，使盆花进行干旱锻炼。或者盆土发白后，继续保持土壤干旱，当接近植物干旱临界的时候再补水的方式叫作扣水。

（二）盆栽花卉水分管理原则

盆栽花卉水分管理总的原则："不干不浇，见干就浇。浇则浇透，间干间湿。"

微课：盆栽花卉的
水分管理

（1）不干不浇，见干就浇。这里的干，是指盆土表层的干燥程度介于干透和稍微干燥之间，需要反复实践才能掌握。

（2）浇则浇透，间干间湿。浇则浇透就是指把盆内的所有的基质都浇透。有些盆土板结，出现盆土和花盆内壁之间较大的空隙，往盆土表面一浇水，水很快从花盆内壁往下流出排水孔。这种情况是盆土内部没有湿透，就是常说的"拦腰水"，这种情况下，根系是吸收不到足够水分的。间干间湿是指盆土不能总是干的或湿的。干和湿的转化需要一定的间隔过程，要保持盆土的干湿交替。

（三）盆栽花卉水分管理

1. 影响水分管理的因素

不同的花卉、不同的生长阶段、不同的季节，盆花的浇水量都不同。

（1）花卉种类。昙花、蟹爪兰、仙人掌等多肉花卉，属于旱生花卉，盆土宜经常保持稍干状态，不能浇水太多、太勤快，否则容易导致烂根。龟背竹、广东万年青等湿生花卉，在生长季节，耗水量大，要多浇水，保持盆土偏湿。

（2）生育期。幼苗期对水分变化敏感，宜保持盆土偏湿状态，盆土干燥或过湿均不利于幼苗生长；营养生长期，植株需水量大，可适当多浇，但不能过度，否则容易导致徒长；生殖生长期，需水量相对较小，盆土可适当偏干。多年生花卉的休眠期是

年周期中需水量最小的阶段，不宜频繁或大量浇水；花芽分化期，盆土也宜适当干燥；而新梢嫩叶生长期，对缺水敏感，宜适当多浇，但也不能过度，否则会导致徒长，如苏铁在刚放叶时，要适当扣水，这样长出的叶片比较短小、好看。

（3）季节。春秋季，盆土保持湿润。如果遇到副热带高压控制的"秋老虎"高温天气，要加大浇水次数和浇水量。夏季高温、光照强烈，很容易导致盆土缺水。除夏天休眠的花卉外，其他盆花需要多浇水，每天早晚各浇水一次，对于浅盆的花卉，甚至中午再补水一次。冬季，植物代谢速率低，耗水量少，要少浇水。

（4）基质与盆土。陶粒、砖粒等颗粒状基质，由于水分蒸发、干燥速度快，要勤浇水。而菜园土等保水性强的盆土，浇水不宜过勤。

（5）其他因素。包括盆花摆放位置、花盆类型等。放在南面向阳处的，要比放在北面背阴处的盆花多浇水。素烧盆容易失水，要多浇水，瓷盆、塑料盆保湿性好，可减少浇水次数。

2. 判断盆土缺水（图22-1和图22-2）的方法

（1）看。一看盆土的颜色，盆土颜色随着含水量的不同而不同。含水量高，颜色就深。含水量低，盆土的颜色就浅，一般是白色的。二看盆花的姿态，盆花缺水的时候，会出现叶片下垂、卷曲等现象。

（2）按。缺水的盆土，用手去按的时候，会感觉坚硬、干燥；用手捏盆土，有粉末状的感觉。不缺水的盆土，用手去按的时候，会感觉松软、潮湿；用手捏盆土，有片状或团粒状的感觉。

（3）听。用手指或其他金属器皿，轻弹或轻敲花盆壁，缺水的花盆，会发出"卡、卡"的清脆声，不缺水的花盆，会发出"扑、扑"的沉闷浑浊的声音。

彩图 22-1

彩图 22-2

图 22-1　吊兰缺水状　　　　图 22-2　金豆缺水状

3. 浇水时间

浇水时间的确定与季节气候变化有关，总的要求是水温和土壤温度要接近。

夏季、晚春和早秋，温度较高，宜在早晨或傍晚浇水。而晚秋至早春，温度较低，宜在中午浇水。

芦荟夏季上盆扣水促根技术

芦荟是多肉植物，在炎热的夏季移栽上盆的时候。由于根系受到损伤，浇水不当，很容易造成烂根。一般先进行扣水促根，具体操作如下：

采用单一的沙子作为催根基质，调节沙子的水分，做到手捏成团，松开就散。用沙子盆栽芦荟，栽种深度和根茎相平。栽种后不要浇水。大概一周之后，新的根系会逐渐萌发。等到芦荟的新根长出较多，长到 1～2 cm 的长度时再脱盆，用一般的培养土栽种。这样盆栽的芦荟，成活率就大大提高了。

● 小贴士 ◎

盆花浇水十问

1. 盛夏如何减少盆土水分蒸发？

在盆土表面铺些木屑、谷壳、松针等，或在盆底填充沙子、草包、园艺地布等。

2. 刚修剪根系后栽种的盆花，如何浇水？

根系修剪较多的，要适当扣水，否则容易造成根系的剪口处腐烂。修剪较轻的，要浇足水，使根系和盆土紧密接触。多肉类花卉，栽种后不要马上浇水，要等根系稍微干燥后再浇水。

3. 盆土板结的盆花怎么浇水？

要先松土，再反复多次浇水，使土壤湿润膨胀。或者把花盆浸没在水中，让其吸足水。

4. 干燥过长时间的盆花如何浇水？

不要马上浇许多水，要先放在阴凉、潮湿的地方。先喷水，再浇少量的水，让盆花缓慢恢复。如果一次性浇许多水，会造成落叶、落花和落果。像六月雪那样，甚至造成枝干开裂。

5. 如何利用皮带管给盆花浇水？

要用手捏扁管子前端再浇水，或者安装莲蓬头浇水，要像下雨一样地浇水。避免直接往盆土中冲刷。也可以在盆面铺设一层风化石，既保湿又防溅。在夏天高温季节的时候，水管暴露在空气中，被太阳晒得烫手。浇水时候，要先放掉这部分的烫水，再浇花。

6. 喷水能代替浇水吗？

不能。喷水是保持盆花环境的湿润。浇水是让盆土湿润，让盆花的根系吸水。像兰花之类，需要较高的环境湿度。环境湿度大些，盆土可适当干燥些。

7. 自来水可以直接浇盆花吗？

在江南地区的自来水，其中的氯含量低，可以直接浇盆花。

8. 几天无人去现场管理盆花，如何浇水？

可以参考打吊瓶的方法，逐滴给盆花供水，也可把盆花放在一个盛水的容器中，让盆花从底部吸水。

9. 大雨或涝灾后，如何给盆花浇水？

要及时检查盆底的排水孔，可以用小竹签从排水孔往上捅，增加透气。甚至进行简单翻盆，把植株从花盆中脱出，把原来的基质打松散，再上盆。

10. 仙人球类用较深的花盆栽种，如何浇水？

像金琥之类的仙人球，用较深的花盆栽种，显得大气好看。但是，较深的花盆，盛装的泥土较多。浇水的时候，可以浇拦腰水，保持金琥的根系部分有水分就可以了，不必整盆泥土都浇透。

二、盆栽花卉肥料管理

（一）盆栽花卉的施肥原则

俗话说"水是命，肥是劲"，意思是肥料对盆花而言，很重要。盆花施肥遵循"基肥足，薄肥勤施"的原则。

1. 基肥足

所谓基肥，是指在栽种花卉之前施下的肥料，可以是有机肥，也可以是无机肥，放在花盆底部或者拌入盆土中。

施入基肥的时候，要注意肥料和盆花的根系不要直接接触，所以基肥一般放在花盆底部，再覆盖一层泥土，然后栽种盆花。

使用缓释肥作基肥的时候，最好将缓释肥放在盆土 2 cm 以下，因为在高温季节，盆面的缓释肥容易破碎，导致肥料养分集中释放，造成肥害。

2. 薄肥勤施

薄肥是指肥料浓度低或施肥量少。如果急于求成，随意增加施肥量和施肥浓度会造成肥害。勤施是指前后两次施肥的间隔时间短。

（二）盆栽花卉的施肥方法

（1）撒施。撒施是将肥料撒在盆土表面的一种施肥方法。施下的肥料在雨水或浇水过程中逐渐溶解进入盆土，为根系所吸收利用。撒施方法简单，但不适于具挥发性的肥料施用。

（2）浇施。浇施是将肥料按一定浓度配制成水溶液，浇入盆土。浇施易吸收，见效快，适合家庭养花，要注意控制好肥液浓度，同时避免肥液接触地上部的幼嫩部位。

（3）埋施。埋施是将肥料埋入盆土的一种施肥方法。埋施可减少挥发与土壤固定造成的肥料损失，但埋肥点要与根系保持一定的距离，一般是在花盆的边缘处，离根系太近容易烧伤根系。

（4）喷施。喷施也称叶面追肥，就是将肥料按一定浓度配制成水溶液，喷洒在花卉的叶面上，通过叶面吸收营养。喷施用肥量少，肥效发挥快，特别适用于缺素症的矫治。盆土高于盆面的盆景和根系不发达的花卉也适宜喷施。喷施要注意肥液的浓度、施用的时间。

（5）灌肥。灌肥是灌溉施肥的简称，它将灌溉与施肥结合起来，通过灌溉系统进行施肥。水肥一体化生产花卉苗木时，常将肥料溶入水中，通过滴灌等方法进行施肥。灌肥具有肥效快、节水省肥、降低生产成本的特点。从广义上看，肥料浇施也是灌肥的一种方式。

● 拓展知识 ◎

盆面施肥盒施肥

盆面施用豆饼肥、菜籽饼肥等有机肥时，常遭飞鸟或其他小动物取食。为避免损失，人们将肥料放在上下 2 面有小空洞的肥料盒中，摆放在盆面。随着浇水，施肥盒里的肥料会逐渐渗入盆土中，达到薄肥勤施的目的。

※ 技能实训 🔥 _____

【实训一】常见的盆栽花卉的肥料识别（表 22-1）

一、实训目的

学会肥料识别的方法，能够准确识别常见的盆栽花卉肥料。

二、材料工具

尿素、碳酸氢铵、过磷酸钙、氯化钾、硫酸钾、磷酸二氢钾、各种复合肥、豆饼肥、菜饼肥、各种缓释肥、各种叶面肥、草木灰、氢氧化钠、稀盐酸、氯化钡、硝酸银、烧杯、试管、玻棒、滴管等。

三、方法步骤

（1）外观。学生细致观察各种固体肥料的颗粒大小、形状、颜色，各种液体肥料的颜色、黏度等。

（2）气味。仔细分辨肥料挥发的气味。

（3）水溶性。取半角匙（约 1 g）肥料，倒入试管中，加水 10 ～ 15 mL，轻轻摇晃，室温低时可使用酒精灯加热，观察溶解情况。

（4）火焰反应。将肥料放在燃红的木炭上加热，观察其变化。

（5）化学反应。

①与碱反应。取半角匙（约 1 g）肥料，倒入试管中，加水 5 mL，再滴加氢氧化钠溶液，在试管口放湿润 pH 试纸，观察试纸变色情况。同时观察有无沉淀或溶解性的变化。

②与酸反应。取半角匙（约 1 g）肥料，倒入试管中，加水 5 mL，再滴加稀盐酸，观察有无气泡发生，同时观察溶解性有无变化。

③酸根离子检测。分别使用 $BaCl_2$、$AgNO_3$ 溶液检测 SO_4^{2-}、Cl^-。

表 22-1　常见的盆栽花卉的肥料识别

序号	肥料名	外观	气味	水溶性	火焰反应	化学反应
1						
2						
...						

【实训二】常见盆栽花卉的水肥管理技术

一、实训目的

学会常见盆栽花卉的水肥管理技术。

二、材料工具

盆栽瓜叶菊、红掌、君子兰等，洒水壶，复合肥、尿素、奥绿肥、豆饼肥、玉肥等。

三、方法步骤

教师指导常规栽培管理中水肥管理工作。

（1）盆花水分管理。在教师指导下，进行日常的浇水、找水、扣水、勒水。

（2）盆花施肥。根据植株生长状况，结合肥料性质，合理施肥。

四、作业

做好肥水管理工作记录，填入（表 22-2）中。

表 22-2　肥水管理工作记录表

日期	花卉的物候期（或发育阶段）	工作内容
×月×日		
...		

※ 复习思考题

一、名词解释

1. 浇水

2. 喷水

3. 找水

4. 放水

5. 勒水

6. 扣水

二、填空题

1. 影响盆花浇水量的因素有_____、_____、_____。

2. 在盆花花芽分化的时候，孕果期，休眠期，刚修剪根系栽种的花卉，播种刚出苗的时候，盆土要适当_____。

3. 一般来说，大叶的花卉比小叶的花卉要_____，草本花卉比木本花卉要

_____，放在南面的花卉比放在北面的花卉要_____，用泥盆栽种的比用塑料盆栽种的要_____

4．盆花施肥遵循"_____，_____"的原则。

三、简答题

1．试述盆栽花卉水分管理的原则，并解释其内容。

2．试分析盆花需要多施肥的情况。

3．试述常见的盆栽花卉的肥料种类及特点。

单元二十三

盆栽花卉的整形修剪

【单元导入】

盆栽花卉在生长过程中，需要不断整形修剪，最后才能呈现出美丽的姿态。那盆栽花卉如何整形修剪呢？让我们带着这些问题开始本单元的学习。

【相关知识】

一、盆栽花卉整形修剪的意义

整形修剪包括整形与修剪两个方面。整形是对花卉株型的营造与调整；修剪则是指对花卉的枝叶等器官进行剪截、疏除等处理的具体措施。整形、修剪是盆花生产与养护的重要一环，对调控花卉的生长发育、提高花卉的观赏价值都具有重要的意义。

（1）营造优美树形，提高盆花的观形效果。通过整形修剪，可以按照人的要求塑造花卉树形。如树木盆景，基本上都是通过修剪、蟠扎等造型手段，营造出各种赏心悦目的树冠形态。而疏于管理的植株，极易形成株型散乱、结构紊乱的丑态。有时候，即使是株形优美的盆花，若放任生长，也会因基部、内膛萌枝徒长破坏造型，必须通过修剪维护。

（2）增强通风透光，改善植株的抗性。随着盆花的生长，其下部或内膛容易出现黄叶、枯枝；长势旺盛的植株容易萌生徒长性枝条，造成内膛郁闭、弱枝枯死，诱发病虫害。通过修剪，疏去病叶枯枝，控制过旺长势，增强通风透光，有利于降低植株环境湿度，提高抗性，减少病虫害的发生。

（3）平衡生长结果，协调营养生长与开花结果的矛盾。对于观花观果类盆花，一方面，可以通过整形修剪，控制植株过旺的营养生长，促进花芽分化与开花结果。另一方面，可以通过疏花疏果，控制过度的生殖生长，维持树势的健壮，以保证下一季的开花结果。

二、盆栽花卉整形修剪的时期与方法

（一）盆栽花卉整形修剪的时期

盆栽花卉整形修剪的时期与盆花的种类、种植的方式有关。一二年生花卉生命周期只有一个生长季，主要工作是随时扶正植株（藤蔓类及时牵引枝蔓），及时剪除枯叶、黄叶、病叶等。多年生花卉一般可分为生长期修剪与休眠期修剪。

微课：连理金豆盆栽技术

（1）生长期修剪。从春季萌芽后至秋季落叶或停止生长，这一阶段进行的修剪叫作生长期修剪。

（2）休眠期修剪。自秋季落叶或秋季枝条停止生长至第二年春季萌芽，这一阶段的修剪叫作休眠期修剪。

（二）盆栽花卉整形修剪的方法

（1）摘心。摘心是生长期修剪的重要工作。摘除枝梢的顶芽，可以控制加长生长、增加分枝的数量，使得整个冠幅矮小，株丛紧凑。如盆栽一串红、瓜叶菊、四季秋海棠的栽培，都需要摘心。

（2）除芽。除掉过多的叶芽，减少生长点，可以控制枝叶密度。而疏除花芽，则可以控制开花的数量。

（3）除蕾。除蕾是在花蕾期，摘掉小的花蕾。使留下的花朵开得更大、更美丽。如菊花、芍药、大丽花盆栽的时候，都有除芽除蕾工作。

（4）摘叶。在生长季，及时摘除黄叶、病叶及功能衰退的老叶，有利于通风透光，减少病虫为害。有些观叶花卉如鸡爪槭等剪掉老叶，可促发新叶，更为美观。

（5）疏枝。将部分枝条从基部剪去。疏枝的对象包括枯死枝、病虫害枝、扰乱株型的枝条、密生枝、交叉枝、逆向生长枝等。通过疏枝，可以减少枝叶量，改善植株光照条件。

（6）短剪。短剪又称短截，是剪去一年生枝条的一部分。短剪可以促进侧枝萌生，促使株型紧凑、丰满。盆栽茉莉、米兰，因为其花芽在新枝条上，所以每次开花后就短截枝条，以求促发更多的新枝。

（7）拢冠。有些植株披散生长，株型不佳，可以通过搭架牵引等方法，将枝叶适当靠拢，这种方法叫作拢冠。

（8）拢花。有些花卉，在自然生长时花朵杂乱无章地散生，通过牵引等方法使花朵排列紧密而有序，这种方法叫作拢花。如仙客来等花卉，有时花朵分布显得凌乱，在花梗高出叶层时，将各根花梗调整到叶层的中间，使之井然有序。

盆花修剪的方法很多，除上述外，还有刻伤、弯枝等方法。

※ 技能实训

【实训一】茉莉花的修剪（图23-1）

一、实训目的

学会茉莉花的修剪技术。

二、材料工具

盆栽茉莉花、整枝剪、复合肥。

三、方法步骤

盆栽茉莉一般在谢花期修剪。

（1）疏剪过密枝条。首先疏去病枯枝，再疏剪密生枝及长势纤弱的枝条。

（2）短剪枝条。在疏剪的基础上，可以选择部分枝条保留基部 2～4 对叶片处剪断。

四、作业

课余时间观察茉莉花修剪之后的反应。

谢花后，修剪前　　　　　　　修剪后　　　　　　　剪后1个月

图 23-1　茉莉花的修剪

● 拓展知识 ◎

晒不死的茉莉

茉莉喜欢光照，所以留下"晒不死的茉莉"这句话。茉莉的开花季节在6—9月，7—8月的高温季节的花朵质量最好。茉莉不怕太阳暴晒，也有人称茉莉为火烧茉莉，意思为茉莉被大太阳晒，晒得火辣辣的，反而更有利于开花。有些盆栽茉莉，只长枝叶不开花。究其原因，是缺乏直射的光照。

【实训二】四季秋海棠的修剪

一、实训目的

学会盆栽四季秋海棠的修剪技术。

二、材料工具

盆栽四季秋海棠、剪刀、复合肥。

三、方法步骤

（1）花前修剪。

①摘心。在株高为 10 cm 左右，将顶端 2～3 cm 摘去。

②疏剪。疏去过密的枝叶。

（2）花后修剪。

①剪掉残花。花谢的时候，剪掉带残花的那一截。

②缩剪侧枝。花谢后，要及时缩剪过长或长势衰弱的侧枝。如果要维持较大的株型，就将侧枝留长些。如果要保持较小的株型，就将侧枝剪短些。剪成放射状的球形。

无论花前或花后的修剪，修剪后及时追施复合肥。

四、作业

课余时间观察四季秋海棠修剪之后的反应。

※ 复习思考题

一、名词解释

1. 摘心

2. 除蕾

3. 拢花

二、填空题

1. 根据对光照的适应，花农有_____茉莉的说法。茉莉开花的修剪程度要_____。

2. 盆栽一串红、瓜叶菊、四季秋海棠的时候，为了多发侧枝，需要_____。而鸡冠花、凤仙花等自然分枝力强的花卉，就不必_____。

三、简答题

1. 盆栽四季秋海棠如何修剪？

2. 简述盆栽花卉修剪的常用方法有哪些，并进行适当解释。

模块六 特殊类型的花卉栽培

知识目标

1. 明确特殊类型花卉栽培的意义；

2. 了解组合盆栽、鲜切花栽培、苔藓栽培、多肉栽培的特点与应用；

3. 掌握组合盆栽、鲜切花栽培、苔藓栽培、多肉栽培的基本理论；

4. 熟悉各种特殊类型花卉的栽培要点。

能力目标

1. 能够对花卉组合盆栽；

2. 能够进行鲜切花定植和栽种；

3. 能够进行苔藓识别和栽种繁殖；

4. 能够区分不同类型的多肉，能够进行多肉的培养。

素质目标

1. 具有良好的团队合作精神；

2. 具有细致严谨的工作作风；

3. 具有吃苦耐劳、踏实肯干的工作态度。

我国土地辽阔，地势起伏，气候各异，花卉种类资源丰富，素有"世界园林之母"的美称。随着对外开放，引种国外的花卉，加上自主选育开发的花卉，现在的花卉种类十分丰富。

栽培方式也从原来的露天栽种到各类设施栽种，能更大程度地满足花卉生长的需要。设施的发展也促进了栽培模式的创新，使得一些花卉的观赏时期与观赏方式发生重大的变化，出现了一些新的特殊的花卉类型。

本模块特殊类型的花卉栽培，包括花卉的组合盆栽、鲜切花的栽培、苔藓的栽培和多肉类花卉的栽培。

单元二十四

花卉组合盆栽

【单元导入】

采取多盆多株的方法呈现出来盆花，这就是花卉的组合盆栽。怎么挑选合适的花卉与花盆？栽种后应如何管理？让我们带着这些问题，进入本单元的学习。

【相关知识】

一、花卉组合盆栽的特点

花卉组合盆栽，就是将相同的花卉或不同的花卉，按照人们的艺术审美观点栽种在一个或多个容器中，表现出群体美的组合。

（一）花卉组合盆栽的特点

与单株单盆花卉栽培相比，花卉组合盆栽具有以下特点：

（1）观赏价值更高。组合盆栽可实现单盆花卉的优势互补，丰富盆花的景观元素，增加景观层次，观赏效果更好。

（2）艺术感更强。花卉组合盆栽属于艺术的范畴，再现了自然美和生活美。组合盆栽设计理念新颖，装饰艺术性强，小型作品可用于居室空间，大型作品可用于门窗及广场等。

（3）附加值更高。花卉组合盆栽，提高了整体的艺术性和观赏性，比盆景更瑰丽，比插花更耐久，从而能产生更大的经济效益。

（二）花卉组合盆栽的应用

（1）小型作品可用于桌面装饰、私密空间点缀。

（2）中型作品可代替普通规格的花卉租摆。

（3）大型作品可用于室内大厅、橱窗甚至开阔的广场装饰。

二、组合盆栽材料的选配

组合盆栽材料选配的时候，主要考虑容器和花卉两方面。

（一）容器的选配

要根据花卉生长习性来选择容器，植株低矮、喜湿的植物组合，如小型蕨类、苔藓、草胡椒等的组合，可用于瓶景或箱景；水生植物的组合，如石菖蒲、碗莲、南美天胡荽等组合，可选用不透水的玻璃盘器。容器的选配还应与表现的内容相适应，如果是表现水畔风光的，宜选择白色大理石浅盆；如果是表现水生植物生境的，可选用透明宽口且有一定高度的玻璃缸类；如果是表现乡村美景的，可选用陶盆或紫砂盆；如果要展示花团锦簇的西式风格，可选用釉面光洁的瓷盆等。

（二）花卉的选配

（1）生态要求相近。组合盆内的花卉对温度、光照、湿度、土壤等生态因子的要求基本一致。这样的组合盆栽管理容易，景观维持也更持久。

（2）形态协调、优势互补。组合盆栽强调的是整体美，要追求整体的和谐。选配的植物要能够优势互补，且能够相互掩饰缺陷。

（3）符合意境表达的需要。与盆景艺术相似，组合盆栽表现的是自然美景，也追求意境的表达。

三、花卉组合盆栽的制作

（一）花卉组合盆栽制作的常见方式

（1）单一品种花卉的组合盆栽。利用同一品种的花卉植株，在盆器内进行组合成景。这种方式造景，在色彩、质感、形态各方面都容易协调，但要注意高低配合、虚实相间，以避免单调。

（2）同种多花色花卉组合盆栽。把一种植物不同花色的品种进行组合，在形态、质感等方面有天然的调和感，但在色彩方面又避免了单调。例如，各种花色的大花马齿苋混播一盘，开花的时候，就会出现什锦的效果。

（3）形态习性相似的多种花卉组合盆栽。将几种生长习性相似的花卉进行组合，相互之间既有共性又有差异，容易实现多样与统一的平衡。

（4）形态习性不同的花卉组合盆栽。将几种形态习性有明显差异的植物进行组合，可以表现较为丰富的景观内容，如木本、草本与苔藓的组合，可以表现疏林草地景观；水生与湿生花卉的组合，可以表现滨水地带的自然风光等。

（二）花卉组合盆栽的制作

（1）布局设计。组合盆栽是一种空间艺术，在创作前要先进行布局设计，做到"意在笔先"，胸有成竹。

（2）景观材料选配。从设计要求出发，选配景观材料。景观材料主要是植物，也包括盆器及必要的石材、配件等。

微课：花卉组合盆栽

（3）基质的配植与装盆。基质配植应根据植物材料对根际环境的要求来选择，一般陆生植物适宜疏松、透气且有一定保水能力的基质。

（4）栽种植物。按布局要求栽种。一般先栽种形成主景的大型植物，然后栽种形成配景的植物，再栽种低矮的"地被"类，最后铺苔藓。若有驳岸与点石，在装填基质前，应先布好石材。

（5）点缀配件。为了表现景观或表达意境的需要，有时要在盆内适当位置点缀配件。

（6）清洁盆面。细致清理盆面杂物，保持盆面洁净。

※ 技能实训

【实训一】蝴蝶兰组合盆栽（图 24-1）

一、实训目的

学会用草本花卉进行组合盆栽。

二、材料工具

单一花色的蝴蝶兰、手套、小铲子、剪刀、洒水壶、组合盆栽的花盆。

三、方法步骤

（1）构思。根据植株的数量，组合花盆的大小，确定栽种方案。

（2）放蝴蝶兰。将一株蝴蝶兰靠花盆壁摆放，紧挨着放第二盆，再小心挤入第三盆。

（3）弯曲铁丝、调整花朵方向。顺着花梗，将铁丝弯曲。根据需要，可以弯曲成

90°以内的角度。然后调整花朵方向，将花朵贴着铁丝弯曲。

（4）固定花梗，调整铁丝。

①固定花梗：用小夹子或透明胶，将花梗固定在铁丝上。

②调整铁丝：将过长的铁丝前端剪断，使铁丝的前端短于花梗。

图 24-1　蝴蝶兰组合盆栽

【实训二】金豆组合盆栽（图 24-2）

一、实训目的

学会用木本的花卉进行组合盆栽。

二、材料工具

金豆、苔藓、小配件、小花铲、紫砂盆、基质、剪枝剪等。

三、方法步骤

（1）构思。根据盆栽材料，考虑既有直立的枝干，又有倾斜的枝条，小苗做陪衬。并且带花盆摆放花卉，试看效果，再做调整。

（2）栽种。先栽种主景植株；然后在主景附近配置一株中等高度的金豆，有一侧枝做临水式处理；再栽种更加低矮株型的植株；最后在盆面空旷处铺设苔藓。

（3）微调、装饰。对局部枝叶交叉等部位进行微调处理，剪掉枯枝断叶。苔藓铺装后的边界处理得更加精细，点缀一些小配件。

（4）浇水。栽种完应及时浇水，还要将植株叶片、花盆上的污泥冲洗干净。

选择金豆、花盆等　　　　　试摆效果　　　　　栽种主景植株

图 24-2　金豆组合盆栽

栽种第二株金豆　　　　点缀金豆小苗　　　　铺设苔藓　　　　放置小配件

图24-2　金豆组合盆栽（续）

※ 复习思考题

一、名词解释

1. 花卉组合盆栽

2. 瓶栽微景观

3. 草本花卉

4. 木本花卉

二、填空题

1. 常见的开红色花朵植物有_____、_____、_____、_____、_____、_____、_____。

2. 常见的开黄色花朵植物有_____、_____、_____、_____、_____、_____、_____和_____。

3. 常见的开蓝紫色花朵植物有_____、_____、_____、_____、_____、_____。

4. 常见的开白色花朵植物有_____、_____、_____、_____、_____。

5. 常见的开复色花朵植物有_____、_____、_____等。

三、简答题

1. 花卉组合盆栽有哪些特点？

2. 试分析花卉组合盆栽之时容器的选配。

3. 如何进行蝴蝶兰的组合盆栽？

鲜切花栽培

【单元导入】

俗话说"赠人玫瑰，手留余香"，这里的玫瑰基本上属于切花月季，切花月季是最常用的鲜切花之一。鲜切花是花店里常用的花卉。鲜切花有哪些特点？鲜切花栽培需要哪些设施设备？常见的鲜切花又是如何栽培的？让我们带着这些问题，进入本单元的学习。

【相关知识】

一、鲜切花的类型与特点

为了插花或花艺装饰的需要，从花卉植物上切取的新鲜的茎、叶、花、果实等材料，这就是鲜切花。一般可将鲜切花分为切花、切叶和切枝三大类。近年来又出现了以观果为主的切果类。

（一）鲜切花的类型

（1）切花。广义的切花包括切叶、切枝，此处取其狭义的概念，即应用于插花与花艺装饰，从植物上剪取的新鲜花枝。切花栽培种类繁多，其中切花月季、菊花、唐菖蒲、香石竹为世界四大鲜切花。另外常见的切花还有百合、非洲菊、洋桔梗、紫罗兰、丝石竹等。

（2）切叶。切叶是指从植物体上剪切下来用于花卉装饰的新鲜叶材。这类花材常作为插花或其他花卉装饰的配材，起填补空缺、烘托主体的作用。常见的切叶有蜘蛛抱蛋、肾蕨、八角金盘、鱼尾葵等。习惯上，富贵竹、朱蕉等观叶为主的带叶枝也归入切叶。

（3）切枝。切枝是指从植物体上剪切下来用于插花或花卉装饰的枝条。常见的切枝有银芽柳、红瑞木、龙桑、龙柳等。

（二）鲜切花的特点

（1）大众消费的热点。现在的鲜切花用途广泛，如婚丧事、开业庆典、节假日、生日祝福、运动会颁奖等。鲜切花和盆栽花卉相比，显得更加干净、轻巧，更容易被大众接受。

（2）保存时间短。鲜切花由于切断了和植株的联系，所以，一般的鲜切花的保存时间就比较短暂。鲜切花的保鲜期和外界的温度有关，一般温度低些，保存时间长些。

（3）规格统一要求高。鲜切花主要用于商用插花和各种花艺活动，要求观赏性好且规格一致。特别是随着人们环保意识的增强，对绿色无公害的鲜切花的需求越来越高。

二、鲜切花栽培的设施和设备

鲜切花栽培的方式有露地栽培和设施栽培两大类。露地栽培的季节性强，切花质量容易受到外界的气候条件的影响，质量难以保证；设施栽培投入成本高，但是切花的质量高、产量高，可实现全年的生产。

（一）切花栽培的设施

切花栽培需要各类设施，才能满足花卉对环境条件的要求，达到周年生产的要求。常见的切花栽培设施有以下几类：

（1）温室。温室包括日光温室和智能温室两大类。温室的作用是满足鲜切花生产的环境。温室的性能、结构形式、建造材料、生产成本都不同，一般根据切花生产的特点来建造温室。如生产蝴蝶兰的温室，在华东地区，冬季需要加温，夏季需要降温。最理想的办法是采用空调机来调节温度。

（2）塑料大棚。塑料大棚的造价比温室低，在南方应用颇多。既有单栋的塑料大棚，也有联栋的塑料大棚。为了提高温度，冬季可以采用塑料大棚里再盖塑料中棚，甚至再盖塑料小棚的方式。除普通的隧道形状塑料大棚外，现在也有奇特形状的，如球体形状的塑料大棚。

（3）遮阴棚。遮阴棚可以降低光照强度，对于喜阴的蕨类植物，需要在遮阴棚下栽种。

（4）库房。库房包括整理鲜切花的场地，存放化肥、农药、工具等园艺资材的场所，还包括储藏鲜切花的冷库。整理鲜切花的场地要求距离生产场所较近，通风良好，能够及时整理采收后的鲜切花。鲜切花栽培涉及的机具设备、花盆、基质等，要井井有条地放置在一起。冷库一般可分为贮藏间和缓冲间。贮藏间的气温设定在 0 ℃～5 ℃；缓冲间的温度设定在 10 ℃左右。冷库贮藏间的光线一般设置得较弱；缓冲间的光线则随着催延花期的需要而不同。

（二）切花栽培的环境调节设备

1. 温度调节设备

（1）升高温度的设备。升高温度的途径有热水、蒸汽、热风、电热，相应的升温设备有电热锅炉、蒸汽锅炉、热风炉等。此外，中低温的地热也是可利用的加温资源。

● **小贴士** ◎

地热资源

地热是指地球熔岩向外的自然热流，是来自地球内部的一种热能资源。地球内部是一个巨大的热库，如火山喷出的熔岩温度高达 1 200 ℃～1 300 ℃，天然温泉的温度大多在 60 ℃以上，有的甚至高达 100 ℃～140 ℃，这些来自地球内部的热量都可以转化为能源。当这种热量渗出地表时，就变成了地热资源。

我国把温度高于 150 ℃的称为高温地热，主要用于发电；低于此温度的称为中低温地热，通常直接用于采暖、工农业加温等。

（2）降低温度的设备。当温室的温度过高时，采用开天窗、侧窗、开启湿帘、打开内外遮阴网、打开风机等方法。

2．光照调节设备

（1）补光设备。补光系统由白炽灯、反光罩等组成，现在也有用有色光补光的。补光常用于两种情况：一是在阴雨天气和光照不足的生长季节，可在温室中开启补光灯，以促进光合作用；二是调节花期，补光可促进长日照植物开花，抑制短日照植物开花。

（2）减光设备。减光设备主要是遮阳设施。

3．土壤水分与大气湿度调节设备

（1）灌溉设备。鲜切花灌溉主要采用滴灌，育苗床及增加大气湿度时常用喷灌。

（2）增湿设备。增湿设备包括湿帘、喷灌系统等。

（3）降湿设备。降湿设备包括风机、天窗等。

4．通风设备

最常用的通风设备是风机。鲜切花生产中的通风很重要，通风不畅的情况下，植株容易得病。

※ **技能实训** 🌿 ──────────────────────────

【实训一】切花菊的栽培（图 25-1）

一、实训目的

学会切花菊的栽培。

二、材料工具

切花菊、锄头、肥料、农药、尼龙网、喷壶等。

三、方法步骤

1. 扦插种苗

（1）种苗选择。要选择健壮、无病虫害的母株。插穗采用母株的顶芽，插穗长度在 10 cm 左右，剔除有病斑虫眼的插穗。

（2）扦插。扦插的行株距一般在 10 cm 左右，将插穗的下端的 1～2 cm 插入土中。扦插后要及时遮阴、浇水。

2. 补光

扦插成活后，要及时补光。一般在晚上 10 点到凌晨 2 点开启灯光，等到植株高度长到 30 cm 左右时，停止补光。

3. 施肥

切花菊栽种成活后，要适当追肥。在停灯前，施氮肥为主，适当施用磷钾肥，促进植株营养生长。停灯后，施入磷钾肥为主，促进花芽分化和花蕾膨大。

4. 张网

张网是指在苗床四周每隔 2 m 插 1 根高 1.2 m 的竹竿，将网固定在竹竿上，使菊花苗在网格内均匀分布。张网可在扦插后至苗高 15 cm 时进行，以后随着菊苗生长，再不断提网，保持网上部分高度在 15 cm 左右。

5. 抹芽和疏蕾

植株的生长过程中，伴随着腋芽的生长，当腋芽 2 cm 的长度时，要及时抹除。抹除过早，腋芽小，不容易操作。过晚，腋芽基部木质化加重，抹除的时候，伤口过大，不容易愈合，而且容易损伤主干。当植株顶端的花蕾有绿豆大小时，要及时抹除侧花蕾，使顶蕾开花更大些。

6. 病虫害防治

菊花常见病虫害有蜗牛、蚜虫、灰霉病、茎腐病等，要及时防治。

7. 采收

一般在花径为 5～10 cm 的时候采收。采收选择在清晨或傍晚，清晨采收的时候，要等到露水干后进行，防止植株叶片、花蕾含水量过高，诱发病菌感染。

彩图 25-1

扦插苗床　　　　扦插后半个月　　　　扦插后2个月

图 25-1　切花菊的栽培

抹芽和疏蕾前　　　　　　　抹芽疏蕾后　　　　　　　蚜虫为害

采收期

图 25-1　切花菊的栽培（续）

【实训二】切花鹤望兰的栽培

一、实训目的

学会切花鹤望兰的栽培技术。

二、材料工具

鹤望兰、锄头、肥料、农药、尼龙网、喷壶等。

三、方法步骤

（1）分株育苗。选择健壮的母株。在母株四周挖掘土球，尽量少伤害根系。挖出后，将鹤望兰母株分成若干丛，每丛至少带 3 株鹤望兰。

微课：天堂鸟栽培管理

（2）定植。挖好栽种穴，在底部放少许豆饼肥，再用土覆盖住。把鹤望兰放入栽种穴，让根系充分舒展。倒入栽种土，并用小木棒捣实，让根系和泥土充分接触，再浇透水。

（3）田间管理。切花鹤望兰的田间管理包括施肥、灌水、除草、病虫害防治等。

（4）采收。当鹤望兰开花的时候，及时采收。

※ 复习思考题

一、名词解释

1. 鲜切花

2. 鲜切花栽培技术

3. 切花

4. 切叶植物

5. 切枝花卉

二、填空题

1. 切花菊采收的时间，一天当中，一般选择在_____或_____。

2. 切花鹤望兰，一般采用_____的方法繁殖。

3. 常见的切枝花卉有_____、_____、_____、_____。

4. 常见的切叶花卉有_____、_____、_____、_____。

三、简答题

1. 鲜切花有哪些特点？

2. 常见的切花栽培有哪些设施？

3. 试述切花菊的栽培技术。

单元二十六

苔藓栽培

【单元导入】

"白日不到处，青春恰自来。苔花如米小，也学牡丹开。"这首诗说出了苔藓对光照的要求、苔藓的形态特征，那么，苔藓繁殖有哪些特点？如何繁殖管理？如何栽种应用？让我们带着这些问题，进入本单元的学习。

【相关知识】

一、苔藓的特点与观赏应用

苔藓植物是一类结构比较简单的多细胞绿色植物，是高等植物中最原始的陆生类群。虽然具有初步适应陆生环境的能力和特点，但是还很不完善，必须生活在比较潮湿的地方，它们是植物从水生到陆生过渡的代表类型。

（一）苔藓的特点

1. 形态特征

植物体矮小，最大的也只有数十厘米，没有维管束组织和真根，只有假根。在苔藓植物中，较低级的种类为扁平的叶状体，较高级的种类已有类似茎、叶的分化。有性生殖器官是多细胞的精子器和颈卵器；受精卵在母体内发育成多细胞的胚。

2. 生活习性

苔藓喜阴湿，多生活在阴暗潮湿的地表、林中树皮和朽木上；少数生于水中或岩石上。

3. 生活史

苔藓植物属于高等植物，其生活史有明显的世代交替。与蕨类植物、种子植物不同的是，苔藓植物在生活史中配子体占优势而孢子体不发达，平常所见到的苔藓植物是它的配子体，具有叶绿体，能够进行光合作用；而孢子体不甚明显，不能独立生活，寄生在配子体上，由配子体供给营养。

（二）苔藓的观赏应用

苔藓植物株型矮小，具有独特的色泽、细致的质感，越冬能力很强，易于栽培，生长快，不易受病虫害侵扰。利用苔藓植物的特色，并结合其他园林技术，能够创造出一种古意盎然、幽静深远的自然景观。

1. 苔藓专类园

在一定范围内集中以苔藓为主题植物材料，结合水景、山石、树木等造园要素而建立的园区。苔藓专类园以群体效果取胜，创造适用于各种苔藓植物的生态条件，充分展现苔藓翠绿的色彩美、细致秀丽的形态美和野趣盎然的意境美，将自然生态中的各种苔藓景观浓缩集于一园。苔藓在日本的园林中应用较多，日本京都西郊的大型苔藓公园已成为当地的一大旅游景点。人们精心挑选山石、树木，造成园林景象，在树木和岩石之上及两者之间种上苔藓，给游人一种恬静、清新的感觉。

2. 苔藓微景观

苔藓微景观是用苔藓植物和蕨类植物等生长环境相近的植物，搭配各种造景小玩偶，运用美学的构图原则组合种植在一起的新型桌面盆栽。以小见大、模拟自然环境是苔藓微景观的一大特点。适用于制作微景观的藓类植物有金发藓、小金发藓、万年藓、曲尾藓、树藓、波叶仙鹤藓、北方美姿藓、真藓、角齿藓等。

3. 盆景装饰

盆景中选用苔藓植物铺面，能够避免基质暴露，形成绿草如茵的草地景观。用苔藓植物对山石盆景或树桩盆景进行点缀性装饰，既能使盆景显得古朴典雅、清纯宁静、自然和谐，又有利于盆景的养护和植物的生长。

4. 园林配置组景

我国园林基本上是自然山水园林，大体上是通过树丛、花卉、草皮与山石、建筑小品等的自然结合表现园林意境。苔藓植物就其整体而言，生态适应性广泛，在林荫下、树基、树干、岩石表面、建筑物的背阴面等其他植物不宜生存的生境中能够良好生长，从而提高整体的景观效应。作为地被植物或局部点缀，起到烘托、丰富景观的作用。将苔藓植物布置在建筑物的阴面作基础种植，可协调建筑物与周围的自然环境。

苔藓植物有 23 000 余种，遍布世界各地，我国有 2 800 多种。通常根据植物体形态结构的不同可分为苔纲和藓纲。

微课：苔藓的识别

（一）苔纲

苔纲多生于阴湿的土壤表面、岩石和树干上。有的种类可以飘浮于水面，或完全沉生于水中。

地钱是地钱属中常见的植物，喜生于阴湿地，故常见于林内、井边、沟边、墙角等处。配子体为绿色扁平分叉的叶状体，平铺于地面。上表面有菱形网络，每个网格的中央有一白色小点。下表面有许多单细胞假根和由单层细胞构成的紫褐色鳞片。

（二）藓纲

藓的种类繁多，个体也多，分布遍及全球。配子体为有茎叶分化的茎叶体，常为辐射对称，假根由单列细胞组成，叶常具中肋。孢子体的结构较苔类复杂，孢蒴有蒴轴，多具蒴齿。原丝体阶段发达。常见种类有葫芦藓、立碗藓、金发藓等。

1. 粗枝青藓（*Brachythecium helminthocladum*）（图 26-1）

青藓科青藓属。粗枝青藓分布于安徽、山东、台湾各省。植物体中等大小，黄绿色，茎干匍匐，茎叶干燥的时候扁平，潮湿的时候伸展。

2. 凤尾藓（*Fissidens bryoides*）（图 26-2）

凤尾藓科凤尾藓属。凤尾藓分布于北半球及南美洲。生于荫蔽环境中的石上或土上。植物体细小，茎通常不分枝，连叶高为 1.5 ～ 5.6 mm，长为 1.3 ～ 2.4 mm，腋生透明结节不明显，中轴稍分化。

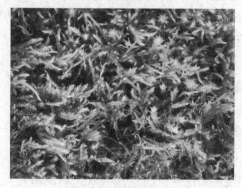

图 26-1　粗枝青藓

图 26-2　凤尾藓

3. 柳叶藓（*Amblystegium serpens*）（图 26-3）

柳叶藓科柳叶藓属。柳叶藓分布于新疆等地区，常生于潮湿的土壤或隐蔽的树根或岩石上。植物体密集，薄层状丛生，深绿色或黄绿色，茎匍匐，叶稀疏着生，不规则分枝。

4. 薄壁卷柏藓（*Racopilum cuspidigerum*）（图 26-4）

卷柏藓科卷柏藓属。薄壁卷柏藓分布于东南沿海和西南地区，常生于阴湿的树干、树基和具土的岩面。植物体扁平，黄绿色或浅绿色，无光泽，疏松交织成片。

图 26-3　柳叶藓　　　　　　　　　　图 26-4　薄壁卷柏藓

5. 尖叶匍灯藓（*Plagiomnium cuspidatum*）（图 26-5）

提灯藓科匍灯藓属。尖叶匍灯藓植物体内疏松丛生，多呈鲜绿色，叶多集中生于上端，下部疏生小分枝，小枝斜伸或弯曲，茎匍匐生叶。叶干时会皱缩，潮湿时伸展开。

6. 东亚砂藓（*Racomitrium japonicum*）（图 26-6）

紫萼藓科砂藓属。分布于我国安徽、福建、浙江、上海、云南、贵州、吉林等地，在低海拔地区的岩石表面或砂质土上。植物体较硬，比较粗壮，干时为黄绿色，湿时为鲜绿色，常成片丛生，茎干直立，多少有些分枝。叶干燥时，覆瓦状排列，湿润时伸展。

图 26-5　尖叶匍灯藓　　　　　　　　图 26-6　东亚砂藓

7. 桧叶白发藓（*Leucobryum juniperoideum*）（图 26-7）

白发藓科白发藓属。分布于我国南北各省，多生于阔叶林内树干和石壁上。植物体密集丛生，茎干单一或分枝。叶群集，干时紧贴，湿时直立展出或略弯曲。植物体为浅绿色。

8. 细叶小羽藓（*Haplocladium microphyllum* subsp.*capillatum*）（图 26-8）

羽藓科小羽藓属。细叶小羽藓分布于我国江苏、安徽、浙江、湖北、四川、云南等地，一般多生于阴湿的土坡上、树干基部或墙脚废弃的砖瓦上。植物体型较小，植株纤细，绿色或黄绿色，匍匐茎长为 3～8 cm，具有不规则一回或二回羽状分枝。

图 26-7　桧叶白发藓

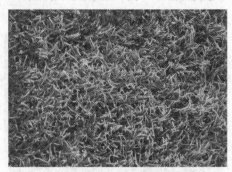

图 26-8　细叶小羽藓

9. 大灰藓（*Hypnum plumaeforme*）（图 26-9）

灰藓科灰藓属。大灰藓广泛分布于中国南北各省，一般多见于山地，都市中也能见到。植物体型较大，喜好日照良好而且湿润的土壤或岩石薄土等处。茎贴地面匍匐蔓延生长，生长迅速，容易管理，可做苔藓球，要注意光线不足会变色。

图 26-9　大灰藓

三、苔藓的栽培养护

苔藓是植物界中地位较原始的高等植物，它们在植物界中扮演着"水陆两栖"的角色。它们一般适合生长在阴湿环境，不易受病虫害侵扰，栽培养护较为简单。

（一）苔藓的繁殖

苔藓植物可用分株、分芽或孢子繁殖，大量生产一般用分株繁殖或分芽繁殖法。

1. 分株繁殖

长江流域及以南广大地区，大都在 5—9 月进行。这时，气温高，雨天多，空气湿度大，植株的生理功能非常旺盛，适宜绝大多数藓类生长发育，是分株繁殖的最佳时期。苔藓喜欢在偏酸性土壤上生长，分株繁殖基质，可用黄泥、河沙和腐叶土等量混合，再经过严格高温消毒。分株繁殖的具体方法是，将分离出的母体多株或成团栽植在基质中，保持高湿环境，大约一周后成活。之后其自身可以自然繁殖生长。

2. 分芽繁殖

苔藓营养生长和生殖生长期，叶、枝间潜伏着许多不定芽苞。这些不定芽，在吸收母体营养的同时，自身也在不断地生长，发育出不定根，成为一株完整的小植株。如果将其切离母体，进行单独栽植，成活后继续生长，便是一株独立的植株。因此，可在苔藓生长的旺盛季节，挑选生长健壮的不定芽，进行分芽繁殖，便可获得新株。

（二）栽植

苔藓的栽植有以下 3 种方法：一是穴栽，即五六株栽一穴，间隔一定距离种植在平整的地面上或石缝间；二是片植，即将苔藓一片片铺设在预先平整好的土地上，稍做镇压，适当淋水，使之与土壤紧密相连；三是断茎栽培，即将苔藓切成细段，均匀地散布在平整好的土地上，再覆上一层细土。

（三）苔藓的养护

1. 水分管理

苔藓植物缺乏根系，体内水分不易贮存且流失快，因此，苔藓植物更适应潮湿环境。在水分极为缺乏的干旱环境中，土生苔藓植物表现出极强的耐旱性，其体内含水量在干旱环境中迅速降低；雨季来临后，可迅速吸收水分恢复正常的生理代谢。

在日常的水分管理方面，不仅对土壤湿度有要求，还需要较高的空气湿度。养护期间需要勤浇水，喷洒水。正常情况下每天都要喷水三四次。浇水要控制好水量，基质湿润就行，不能积水。

● **拓展知识** ◎

变水植物

苔藓大多属于变水植物。所谓变水植物，一般是指耐旱型植物。就是当土壤和空气潮湿时可以直接吸水，空气干燥时，植物体内水分迅速蒸腾散失，全株呈风干状态，但原生质并未淤固，而是处于休眠状态。有的种类能忍受风干数年之久，一旦获得水分，立即恢复积极的生命活动。

2. 温度控制

苔藓植物对环境温度变化具有较强的适应性，但良好生长需要温暖的环境，养护期间最好能维持 20 ℃～ 28 ℃的温度环境。入冬期间温度宜控制在 15 ℃左右，夏季温度超过 30 ℃的时候需要加强通风。

3. 光照控制

苔藓喜阴暗环境，对光照的需求量很少。苔藓植物光合色素含量在弱光环境下相对更高，也具有更高的光合速率。盆栽养护时，

微课：苔藓养护
步骤

需要将苔藓放在室内，间隔四五天晒一会儿散射光照即可。

4. 通风

养护苔藓还要注意通风环境，最好是弱风。既不能长时间处在封闭环境下，又不能让它吹大风，否则都会阻碍生长。

6. 除草

苔藓植株低矮，刚栽植时竞争力低，其他高等植物容易侵入，因此，刚栽植时除草很重要。当其密布土壤后，杂草就几乎不能侵入了。

※ 技能实训

【实训一】常见苔藓的识别

一、实训目的

学会识别常见的各类苔藓。

二、材料工具

各类苔藓、镊子、白纸、照相机等。

三、方法步骤

（1）识别准备。提供苔藓植物标本与图片，引导学生细致观察。

（2）答疑讲解。教师对学生观察过程中的疑问进行解答，然后介绍现场各种苔藓的识别要点与观赏应用。

（3）辨识记录。学生仔细辨识各种苔藓，完成苔藓植物观察记录表（表26-1）的填写。

（4）复习巩固。引导学生课余时间反复训练，达到准确辨识常见苔藓的目的，同时，掌握各苔藓的形态特征、环境要求与观赏用途。

表 26-1　苔藓植物观察记录表

序号	名称	科	属	识别要点	观赏用途
1					
...					

【实训二】常见苔藓的栽植

一、实训目的

学会常见苔藓的栽植技术。

二、材料工具

各类苔藓、镊子、育苗盘、栽种的基质。

三、方法步骤

1. 种植床准备（图26-10）

（1）铺设排水层。在花盆的底部铺设一层绿豆大小的赤玉土。厚度为 1～2 cm。

（2）铺设栽种层。在赤玉土上铺设肥疏松的泥炭土和沙子的混合物，再耙平整。

2．栽种（图 26-11）

苔藓的栽种有多种方式。第一种，把苔藓铺满育苗盘表面，不留空隙，这种方式能短期内形成良好的景观效果；第二种，把苔藓分成边长为 1～2 cm 的正方形小块，均匀铺设在盆土表面；第三种，将苔藓分成 2～3 mm 大的一束束，像插秧一样，用镊子栽种在苗盘表面；第四种，用剪刀把苔藓剪成粉碎，撒在盆土表面，注意不要相互重叠。

3．盖土（图 26-12）

把沙子或小粒的赤玉土薄薄地盖住苔藓。

4．喷水、保湿

喷透水，让水从排水孔大量流出来。为了保湿，可以在上面覆盖纸巾。

栽种后，移到庇荫处养护。平时保持较高的湿度，一般在 60 d 内可长出新芽。

铺排水层

铺栽种层

图 26-10　铺基质

图 26-11　苔藓种植的三种方式

盖土

喷水保湿

庇荫养护

图 26-12　盖土、喷水保湿与庇荫养护

【实训三】苔藓微景观的制作（图 26-13）

一、实训目的

学会苔藓微景观的制作技术。

二、材料工具

各类苔藓、罗汉松等小植物，细绳、罗汉松小苗，镊子，玻璃瓶，栽种的基质：陶粒、鹿沼土、麦饭石、破砖粒，水苔、餐巾纸、枯草，腐叶土、黄泥、沙子，装饰沙，动物等小配件，喷雾器。

三、方法步骤

（1）铺设隔水层：在玻璃瓶的底部用陶粒（或者鹿沼土、麦饭石、破砖粒）等铺设一层，厚度为 1～2 cm。

（2）铺设挡土层：在隔水层上面铺设干水苔或枯草，大概 1 cm 的厚度，尽量平整。

（3）铺设培养土：在挡土层上面铺设腐叶土，黄泥、沙子等的混合物，再耙平整，准备用来栽种苔藓等植物。

（4）栽种苔藓、小植物。按照事先的构思，先栽种罗汉松等小型的植物，再铺设苔藓，苔藓要先剔除杂物再栽种。

（5）点缀配件。根据主题需要，可在苔藓上铺设小路或放置小配件。

（6）喷水。将苔藓和植物喷湿，但是控制水分，做到细水多喷，使盆土湿润而不让太多的水流到隔水层。

（7）放在通风、半阴处养护欣赏。

彩图 26-13

图 26-13　苔藓微景观的制作

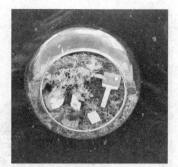

图 26-13　苔藓微景观的制作（续）

※ 复习思考题

一、名词解释

1. 苔藓专类园

2. 苔藓微景观

二、填空题

1. 苔藓植物没有_____和_____，只有_____。

2. 苔藓植物在生活史中_____占优势而_____不发达。

3. 适于制作微景观的藓类植物有_____、_____、_____、_____等。

4. 苔藓植物可用_____、_____或_____繁殖。

三、简答题

1. 如何苔藓的养护？

2. 试述苔藓的观赏应用。

模块七 花卉应用

1. 理解花卉应用的范围，明确花卉应用的前景、意义；
2. 了解花坛、花境、室内和庭院绿化的主要特点、类型和异同；
3. 掌握花坛、花境、室内及庭院绿化中不同植物材料的栽植、养护；
4. 熟悉不同花卉应用方式的适用范围及原则。

能力目标

1. 能够对各种不同的花卉植物材料进行基础栽植、养护；
2. 能够对各种不同的花卉植物材料进行灵活应用，按需搭配；
3. 能够对花坛、花境、室内及庭院绿化进行基础配置、设计。

素质目标

1. 具有良好的团队合作精神；
2. 具有独特的美学理念、设计视角、审美风格；
3. 具有细致严谨、吃苦耐劳、综合考量的工作作风。

随着社会发展和人类文明程度的提高，绿地景观已逐渐成为评价一个城市文明程度、综合素质及园林水平的重要标志。在城市建设中，道路、建筑及之外的空地、林地、坡地等都需要利用花草树木等观赏植物，通过设计搭配创造出花团锦簇、绿草如茵的景观，来满足人们对于文化娱乐、体育活动、环境保护、绿色生态等多方面的需求。

　　花卉的应用是一门综合艺术，它能够充分表现出大自然的天然美和人类匠心的艺术美；同时，它又是一门专业技术，必须熟练掌握花卉的性状，并通过各种手法表现才能让其达到最完美的呈现。花卉在城市中最常见的应用方式有花坛、花台、花境等，以及在室内、庭院绿化装饰中的表达，以丰富的色彩变化和形态组合出各色不同的景观风貌，这里，就让我们一起走进花卉的世界，了解异同，灵活应用。

单元二十七

花坛

【单元导入】

　　花坛是在一定范围的畦地上，按照整形式或半整形式的图案栽植观赏植物以表现花卉群体美的园林设施。通常是在具有几何形轮廓的植床内，种植各种不同色彩的花卉，运用花卉的群体效果来表现图案纹样或观赏时花绚丽景观的花卉应用形式，以突出色彩或华丽的纹样来表达装饰效果。

　　那么，花坛有哪些主要类型和特点？其中的花卉植物需要如何栽培和养护？让我们带着这些问题，进入本单元的学习。

【相关知识】

一、花坛的主要类型与特点

　　花坛是在植床内对观赏花卉规则式种植的配置方式，富有装饰性，在园林布局中常作为主景，能够在短期内创造出绚丽而富有生机的景观，给人以强大的视觉冲击力和感染力，在城市绿化中有着重要的作用，能起到美化环境、基础装饰、组织交通、渲染气氛、标志宣传等作用。

（一）主要类型

花坛依据表现形式、空间形式及植物材料等不同，可分为不同的类型，各种类型之间或交叉或归属或包含。

微课：花坛

1. 按表现主体分

以表现主体不同进行分类是对花坛最基本的分类方法，可分为花丛花坛（盛花花坛）、模纹花坛、主题花坛、立体花坛、混合花坛和造景花坛。

（1）花丛花坛。花丛花坛是指主要表现花卉盛开时群体呈现的绚丽色彩与优美外貌的花坛。

（2）模纹花坛。模纹花坛是指主要表现由观叶或花叶兼美的植物组合精致复杂的图案的花坛。模纹花坛以植物组成的装饰纹样或空间造型为表现主体，而植物只是作为构成图案或色块的元素而加以应用。

（3）主题花坛。主题花坛是用观花或观叶植物组成的具有明确主题思想的图案及意象的花坛。按其表达的主题内容可分为文字花坛、肖像花坛、象征性图案花坛等。

（4）立体花坛。立体花坛以枝叶细密、耐修剪的植物为主，种植于有一定结构的造型骨架上从而形成的立体造型装饰，如卡通形象、花篮或建筑等。近年来，立体花坛和主题花坛一起常出现在各种节日庆典时的街道布置上。

（5）混合花坛。混合花坛由两种或两种以上类型的花坛组合而成，如盛花花坛 + 模纹花坛，平面花坛 + 立体花坛。

（6）造景花坛。造景花坛借鉴园林营造山水、建筑等景观的手法，运用以上花坛形式和花丛、花境、立体绿化等相结合，布置出模拟自然山水或人文景点的综合花卉景观，如山水长城、江南园林、三峡大坝等景观，一般布置于较大的空间，多用于节日庆典，如天安门广场的国庆花坛。

2. 按空间形式分

按空间形式，可分为平面花坛、高设花坛、斜面花坛及立体花坛。

（1）平面花坛。平面花坛的表面与地面平行，主要观赏花坛的平面效果。其包括沉床花坛或稍高出地面的平面花坛。

（2）高设花坛。由于功能或景观的需要，在高出地面的台座上种植花卉而形成的花坛。高设花坛也称花台。

（3）斜面花坛。用倾斜平面的形式来展现花卉景观的一类花坛。斜面花坛多设置在斜坡、阶梯上，有时也会在花卉展览会中出现。

（4）立体花坛。立体花坛不同于前几类表现的平面图案与纹样，是以表现三维立体造型为主体来表现。

3. 按植物材料分

按植物材料，可分为一二年生草花花坛、球根花坛、水生花坛、专类花坛等。

（1）一二年生草花花坛。一二年生草花花坛是以一二年生花卉为主要植物材料的花坛。常见的一二年生花坛材料有万寿菊、一串红、鸡冠花、长春花等。

（2）球根花坛。球根花坛是以球根花卉为主要植物材料的花坛。常见的球根花坛材料有郁金香、风信子、水仙花等。

（3）水生花坛。水生花坛是以水生花卉为主要植物材料的花坛。常见的水生花坛材料有睡莲、碗莲、萍蓬草等。

（4）专类花坛。是指用以展示同种花卉的众多品种的观赏特色的花坛。如菊花类及仙人掌类的专题展示等。

4．按布局方式分

按布局方式，可分为单体花坛、组群花坛和移动花坛。

（1）单体花坛。单体花坛是相对孤立而缺少陪衬的花坛，为单独存在的局部构图之主体。

（2）组群花坛。组群花坛是由多组单体花坛所组成的大型花坛。

（3）移动花坛。移动花坛由可搬移且能自由组合的若干个单体花坛组成。可灵活应用于铺装地面和装饰室内，是现在较为流行的一类花坛。

5．按观赏季节分

按观赏季节，可分为春季花坛、夏季花坛、秋季花坛和冬季花坛。

（二）特点

1．规则式种植设计

花坛具有一定几何形状的种植床，多用于规则式园林构图中。从平面构图上看，花坛的外形轮廓为规则的几何图形或几何图形的组合；从立面构图上看，同一纹样内的植物高度一致。

2．表现群体景观

花坛主要表现花卉群体组成的平面图案、纹样、立体造型或华丽的色块效果，不追求凸显单一个体花卉的色彩美和形态美。

3．植物材料以草本花卉为主

构成花坛的植物材料主要是草本花卉，如一二年生花卉、球根花卉和宿根花卉，而木本花卉则较少。

4．无季相变化

花坛主要用时令性的草本花卉为材料，为保证花坛的景观效果，花卉材料需随季节更换。气候温暖地区也可用终年具有观赏价值且生长缓慢、耐修剪的多年生草本观叶植物或木本观叶植物。

知识拓展：花台的配置形式与特点

二、花坛植物的栽培与养护

花坛用草花宜选择株形整齐、开花齐整而花期长、花色鲜明、能耐干燥、抗病虫害和矮生性的品种。常用的有金鱼草、雏菊、金盏菊、翠菊、鸡冠花、石竹、矮牵牛、一串红、万寿菊、三色堇、百日草等。

建设花坛时须按照绿化布局所指定的位置，先翻整土地，将其中砖块杂物过筛剔除，土质贫瘠的要调换新土并加施基肥，然后按设计要求进行平整放样。栽植花卉时，圆形花坛由中央向四周栽植，单面花坛由后向前栽植，要求株行距对齐；模纹花坛应先栽图案、字形，如果植株有高低，应以矮株为准，对较高植株可种深些，力求平整，株行距以叶片伸展相互连接不露出地面为宜，栽后立即浇水以促成活。

俗话说"三分栽、七分养"，若养护不当，则容易出现草地退化、树木死亡，甚至杂草丛生，因此，花坛和花台维护要实行科学化、规范化的养护管理。平时要及时浇水，中耕除草，剪残花、去黄叶，发现缺株及时补栽，其中模纹花坛应经常修剪、整形，不让原本图案出现杂乱，遇到病虫害发生应及时喷药等。

养护的主要内容包括浇水、施肥、修剪、除草、绿地清洁卫生、病虫害防治、防涝防旱等。衡量标准主要有绿篱生长旺盛，修剪整齐、合理，无死株、断档，无病虫害症状；草坪生长旺盛、保持青绿、平整、无杂草，高度控制在 10 cm 左右，无裸露地面，无成片枯黄，发黄率控制在 1% 以内；花坛、花台内植物生长健壮，花大艳丽，整齐有序，定植花木花期一致，开花整齐、均匀，及时换花，整体观赏效果好等。

※ 技能实训 🌱

【实训一】平面花坛花卉的栽植

一、实训目的

掌握平面花坛植物的种植方法，达到平面花坛内草花种植的基本要求，能进行平面花坛草花的种植与养护。

二、材料工具

锄头、簸箕、肥料、皮尺、绳子、木桩、花卉苗、洒水壶等。

三、方法步骤

（一）栽植前准备

1. 整地

花坛在栽种前首先要整地，一般需要将土壤翻挖 25 ～ 40 cm，对土壤进行除草、翻晒，清除土壤中的碎石及其他杂物，并对土壤进行消毒处理。花坛有底层要铺上有机肥料或复合肥做基肥，然后盖上一层细的原土，花坛内土面低于花坛口 4 cm 左右，连续多次种植草花的，要更换花坛土壤的土层。通常，花坛地面中心应高于四周成倾斜面，若一面观赏的花坛应前低后高一面倾斜，花池的效果坡度一般为 7% ～ 9%，花钵坡度为 40% ～ 45%。

2．施工放线

整好花坛苗床后，用皮尺、绳子、木桩等工具将花坛勾画出图案，计算出所需用的各种草花的数量，为种植花坛做好准备。

（二）栽植（必须严格按设计图案／图纸进行）

（1）栽植时间。栽种草花一般选择在阴天或下午最佳，夏季气温高，时间可选择在上午十点前或下午四点后，尽量栽植一些刚开花的。

（2）花苗准备。定植的草花根据花坛需要将颜色、高度、大小选择好，起苗与放苗时注意防止品种及颜色混杂。地栽草花应在移植前2天浇透水，以便起苗时多带土。

（3）种植顺序。栽种时先栽中心部位，然后四周，坡式花坛应由上向下种植；图案花坛应先种植图案的轮廓线，剩余部位随后再补充。

（4）种植密度。栽植时矮的浅栽，高的深栽，株行距尽量对齐，可根据植株大小定为 15～25 cm，以草花有一定生长空间且不露太多土面为宜。

（5）移植深度。移植时尽量轻拿轻放，勿将草花原土球弄散，以防伤根，移植深度应以新土覆盖原土球 2～3 cm 为宜，要求种后无裸露的根部，覆土平整。

（6）栽后浇水。栽好后浇 2～3 次水，一定要浇透，还要将垃圾打扫干净。

（三）日常养护

花坛栽好后，根据天气情况每 3～5 d 浇一次水，尽量不要浇在花朵上，以免烂花，多清洗花的叶片，及时除杂草、剪残花、去黄叶，枯萎的草花要及时更换，同时每 20～30 d 追加一次肥料，可结合浇水撒颗粒肥；可喷适量药预防病虫，每 15～20 d 一次。夏季，应特别注意各项管理工作应在上午十点前或下午四点后进行，以避开高温时间。

【实训二】立体花坛羽衣甘蓝的栽植

一、实训目的

掌握立体花坛内草花种植的基本要求，能进行立体花坛羽衣甘蓝的种植与养护。

二、材料工具

锄头、簸箕、肥料、皮尺、绳子、木桩、羽衣甘蓝苗、洒水壶等。

图片：羽衣甘蓝

三、栽植步骤

1．育苗移栽

春季栽培，育苗一般在每年1月上旬至2月下旬于日光温室内进行，播种后温度保持在 20 ℃～25 ℃。苗期少浇水，适当中耕松土，防止幼苗徒长。播种后 25 d 幼苗 2～3 片叶时分苗，幼苗 5～6 片叶时定植。夏秋季露地栽培 6 月上旬至下旬育苗，气温较高时应在育苗床上搭遮阴棚防雨，注意排水。

2．定植

羽衣甘蓝喜肥沃，在瘠薄土地能生长，但产品品质差，易老化。要获得优质产品宜选择腐殖质丰富、疏松肥沃的砂壤土或壤土。当幼苗5～6片叶时定植。定植前施足优质腐熟基肥，每亩为2 500 kg，并施用30 kg复合肥，做宽为100～120 cm的小高畦，株行距为30 cm×50 cm。

3. 花坛管理

定植后7～8 d浇1次缓苗水，到生长旺盛的前期和中期重点追肥，结合浇水每亩施氮、磷、钾复合肥25 kg；同时注意中耕除草，顺便摘掉下部老叶、黄叶，注意防治菜青虫、蚜虫和黑斑病。

● 拓展知识 ◎

盆栽羽衣甘蓝养护注意事项

（1）光照。羽衣甘蓝喜阳，平时养护时要多晒太阳，光照越足，羽衣甘蓝的株型才能完美，不徒长。

（2）温度。羽衣甘蓝喜凉，耐寒性极强，气温低，能够防止植株早熟抽薹，还能让植株的叶色更加好看，而且只有经过低温处理的羽衣甘蓝才能结球良好。

（3）浇水。羽衣甘蓝特别耐旱，需等土壤接近干透时再浇透水，浇水时要避免将水淋在叶心里，以免植株烂叶。

（4）施肥。羽衣甘蓝特别喜肥，在每次移栽换盆时，都要在盆底混入缓释肥做底肥，生长期经常追肥，薄肥勤施，可以用氮磷钾均衡的液肥。

※ 复习思考题

一、名词解释

1. 花坛

2. 模纹花坛

3. 专类花坛

4. 单体花坛

5. 组群花坛

二、填空题

1. 花坛用草花宜选择_____、_____而_____、_____、能耐干燥、抗病虫害和_____的品种。

2. 栽植花卉时，圆形花坛由_____向_____栽植，单面花坛_____栽植，要求_____；模纹花坛应先栽_____、_____，如果植株有高低，应以_____为准。

3. 花坛按观赏季节分，可分为_____、_____、_____和_____。

4. 按空间形式分，可分为_____、_____、_____及_____。

三、简答题

试述花坛的特点。

花境

【单元导入】

花境是近年来在我国园林中逐渐受到重视并备受人们青睐的一种花卉应用形式。那么，什么是花境？它有哪些主要类型和特点？造景时应如何选择、配置植物材料？日常栽培和养护需要注意些什么，发展前景怎样？让我们带着这些问题，进入本单元的学习。

【相关知识】

一、花境的概念与起源发展

花境是模拟自然界各种野生花木交错生长的情景，经过艺术处理设计而成的形状各异、规模不一的自然式花带。利用露地宿根花卉、球根花卉、一二年生花卉及灌木等，以带状自然式栽种，多栽植在树丛、绿篱、栏杆、绿地边缘、道路两旁及建筑物前，表现自然风景中林缘野生花卉自然分散生长的一种植物造景方式。

花境源于欧洲，是模拟自然界中林地边缘地带多种野生花卉交错生长状态的一种自然式配置方式，其构图形式介于规则式与自然式之间。随着时代变迁和文化交流，花境的形式和内容也在变化和拓宽，但是其基本形式和种植方式仍被保留下来。在西方发达国家，花境得到广泛应用，在城市建设及生态园林建设中发挥着重要作用。

20 世纪 70 年代后期，花境传入中国，但发展缓慢，迄今尚处于起步阶段。随着时代发展，人们崇尚绿色、环保的理念不断加强，花境这一趋近自然生态景观的表现形式也逐步走进了大众的视野。目前，在上海、广州等南方城市应用较多，多采用以宿根花卉为主的混合花境；北方城市如北京有一些应用，多集中在公园，如国家植物园等。

二、花境的主要类型与特点

花境主要表现的是自然风景中花卉的生长状态，在公园、休闲广场、居住小区等绿地配置不同类型的花境，能极大地丰富视觉效果，满足景观多样性的同时也保证了物种的多样性。

（一）主要类型

花境的形式非常丰富，可根据观赏角度、植物材料及配置位置等分成不同的类型，每个类型都有自身鲜明的特点。

1. 按观赏角度分

（1）单面观赏花境。单面观赏花境多靠近道路设置，常以建筑物、矮墙、树丛、绿篱为背景，植物材料整体上前低后高，供一面观赏，是传统的花境形式。

（2）双面观赏花境。双面观赏花境多设置在分车绿化带中央或树丛间，一般中间高两边低，高矮错落，变化有序。

（3）独立花境。独立花境观赏效果最佳，配植在人群比较集中的区域最为适宜，如园路交叉口、草坪上等，既活泼又自然，艳丽的花色还可以绚染环境气氛，与花台相比，"活泼有余，庄重不足"。

2. 按植物材料分

（1）宿根花卉花境。宿根花卉花境是指整个花境全部由可露地过冬、越夏的适应性较强的耐寒、耐热宿根花卉组成，其种类繁多、色彩丰富、适应性强、养护简单，一次种植，可以连续多年开花，栽培容易、维护成本低。

（2）灌木花境。灌木花境是指由各种灌木组成的花境。一旦种下可保持数年，但是由于其体量较大，不像草本花卉那样容易移植，因而，在种植之前要考虑好位置和环境因素。与其他类型的花境相比，具有稳定性强、养护管理简便且费用低等特点。其具有很多独特的观赏特性：常绿灌木可以一年四季保持景观效果；落叶灌木春夏开花，秋季结果，可以展示不同的季相美；变色灌木更能体现季节的变化。

（3）一二年生草花花境。一二年生草花花境种类繁多，从播种到开花所需的时间短，花期集中、观赏效果佳，但花卉寿命短，在花境应用中需按季节更换或年年播种。

（4）专类植物花境。专类植物花境是由同一类花卉为主配置的花境。由于选用的是同一种或同一类花卉，相互之间具有较多共性，易达成调和统一的效果。为避免单调，专类植物花境应选择具有丰富品种或变种的植物，如由叶形、色彩及株形等不同的蕨类植物组成的花境，由芳香植物组成的花境等。

（5）混合花境。混合花境是指花境中除花卉外，还有花灌木或草坪，是景观最为丰富的一类花境，也是园林中最常见的花境类型。一般是以常绿乔木和灌木为基本结构，结合多年生花卉及一二年生花卉组成的一个植物群落。

3. 按配置位置分

（1）路缘花境。路缘花境通常设置在道路一侧或两侧，多为单面观赏花境，具有一定的背景，适用于公园游路两侧、公共道路旁边等，供行人观赏。植物材料可根据地形及环境选择，多以宿根花卉为主，适当配以小灌木和一二年生草花等，具有较好的景观效果。

（2）林缘花境。林缘花境是指位于树林边缘，以乔木或灌木为背景，以草坪为前景，边缘多为自然曲线的混合花境。在立面高度上成为从高大乔灌木到低矮草坪的一种过渡地带，丰富了植物的层次感，适用于公园、风景区应用。植物材料选择广泛，以宿根花卉为主，品种丰富，具有自然野趣，展示植物组合的群体美。

（3）隔离带花境。隔离带花境是设置在道路或公园隔离带中的花境，既起到分隔行人的作用，又增加了景观。植物材料主要采用观赏草和彩叶植物等，不仅观赏期长，而且养护管理简便。为使整个花境看起来明亮、活泼，可适当配置色彩丰富的一年生草本花卉。在应用时，如果等距离栽植一些标志性植物或多次重复某种植物及色彩，则可以形成视觉上的节奏感和韵律感。通常用低矮的木围栏或石条等做饰边，不仅边缘清晰而且易于管理。

（4）岛式花境。岛式花境是指设置在交通环岛或草坪中央的花境。可四面观赏，通常在花境中间种植高大浓密的植物作为视觉焦点，同时，也成为周边较低植物的背景，视线上起到一定阻隔作用，以免当观赏者视线穿过花境时被分散注意力。植物材料可选择以管理粗放的宿根花卉为主，中间可选用比较高大且株形优美的乔木或灌木，也可以种植高大浓密的观赏草等；边缘部分可用低矮的花卉或地被植物镶边。此类花境最好具有一定的体量，否则很难达到群体效果。

（二）特点

（1）种类丰富、季相明显。这是花境最突出的一个特点。花境植物材料以宿根花卉为主，包括球根花卉、一二年生花卉、灌木等，植物种类丰富。有的花境选用的植物多达几十种，多样性的植物混合组成花境能做到一年中三季有花、四季有景，呈现出一个动态的季相变化。

（2）立面丰富、景观多样。花境中配植多种花卉，运用园林美学等造型艺术手法，模拟野生林地边缘植物自然生长状态，通过各种组合配置，可起到丰富植物景观的层次结构，增加植物物候景观变化等作用，创造出丰富美观的立面景观，使花境具有季相分明、色彩缤纷的多样性植物群落景观。

（3）带状种植、表现自然。花境的种植床边缘是连续不断的平行直线或是有几何轨迹可循的曲线，是沿长轴方向演进的带状连续构图，各种花卉高低错落排列、层次丰富，既表现了植物个体生长的自然美，又展示出植物自然组合的群体美。

三、花境植物的选择与配置

植物是花境中最重要也是最基本的要素，无论何种形式的花境，它都是当仁不让的主角，其应用好坏直接决定了花境布置得是否成功。

（一）花境植物的选择

花境可以选用的植物非常广泛，每类植物都有其特性和特点，配置时要充分考虑各种植物之间是否美观协调，要充分考虑生态适应性类似，特别是对温度、土壤要求基本一致，以乡土植物为主；抗性强、低养护，有利于病虫害防控；按景观特点选配植物，株型搭配宜错落有致，色彩丰富；花期具有连续性和季相变化，生长期内次第开放；观赏期较长、景观价值高等。

1. 宿根花卉

宿根花卉品种繁多，株形、高度、花期差别很大，花朵色彩丰富，多数宿根花卉品种对环境要求不严，养护管理较为粗放；而且一次种植可以多年观赏，既方便又经济。宿根花卉是花境中应用最为广泛的一类植物材料，可以用于单纯的宿根花境，更多的是用于混合式花境，无论与何种植物相配都很适宜，因此，宿根花卉是花境应用中的主角。

2. 球根花卉

球根花卉色彩鲜艳、株形雅致，特别是在早春开花的品种，其他植物还在萧条之中或萌芽阶段，它们就像报春使者带来春天的讯息和美丽的惊喜。单纯的球根花境在春季灿烂无比，但其他季节则基本无景观可言。因此，球根花卉适合与夏秋开花的宿根花卉及其他植物组成混合花境，花期上相互弥补，令花境保持较长的观赏效果。

3. 一二年生草本花卉

一二年生草花因其丰富的品种和艳丽的花色为设计者提供了更多的选择，可用于草花花境。但由于其株高和株形不够丰富，因此，常常与宿根花卉或观赏草等配置在一起。一二年生草花可以弥补宿根花卉在花期上的空白阶段，以及观赏草在春夏两季的色彩不足，这样的组合相得益彰。

4. 灌木

灌木生长时间长，年复一年能够成为稳定的景观。由于灌木种类繁多，习性各异，株形叶色丰富，选择范围十分广泛，因此可以组成别具风格的景观。各种灌木组成的花境从春到秋，甚至在冬季都具有鲜明的季相特征和观赏效果。在混合花境中，灌木更是从高大乔木到草本花卉之间的重要过渡植物，其稳定的结构可以令混合花境保持多年。

（二）花境植物的配置

植物的合理配置是花境设计中的重点和难点。它既是一门科学，又是一门艺术，不仅要考虑植物的生态条件，还要兼顾观赏性；既要考虑植物的自身美，又要顾及植物之间的组合美及植物与周边环境的协调美；同时，还不能忽视具体栽植地点的各种条件。对花境植物进行配置，必须在充分了解各种植物的形态特征与生活习性的基础上，着重考虑以下几点。

1. 总体布局

一个好的花境在设计时就需要统筹考虑，总体布局。不应平铺直叙，而应富有节奏和变化，可通过色彩或植物的重复出现来达到这一效果。特别是对于路缘花境、隔离带花境等形式，通过一些标志性植物进行等距离的重复种植，可以产生一种节奏韵律，令人感到视觉上的愉悦。花境中不同植物的组团应该有所变化，每个品种的组团在数量和规模上要有所不同，避免看起来一般大小，那样花境整体看起来会显得呆板、僵硬，失去了自然组合的美妙感。

除此之外，在配置时还应总体考虑植物的生长速度，只有选择那些生活习性相近的植物进行组合才会出现最佳效果。

2. 种植形式

花境中的植物一般以组团的形式种植，即每个品种种植成一个团块，品种之间可以看出明显的轮廓界限，但是不应有过大的间隙，整个花境由多个品种的组团结合在一起，形成一个整体。在组团中，小型和中型的植株适宜3、5株组合成丛状种植，奇数植物的组合往往比偶数的组合更容易形成良好效果；而植株高大、丰满的种类则可单独种植，以形成焦点和对比。整个花境中植物应高矮有序，相互陪衬，尽量显示植物自然组合的群落美。在种植一些高大的植物时要经过认真考虑，因为它们的位置通常会影响整个花境的轮廓。

另外，单面观赏的花境，种植在后面的植物应该较高，前面的较矮，以避免相互遮挡而影响观赏效果。在岛式花境中，较高植物要放在中间，低矮的放在四周，起伏有序。当然，这也不是恒定不变的，偶尔也可将松散状的较高植物种植在中前部，这样可以令花境看起来更加错落有致，层次更加丰富。同时要注意整个花境看上去要有平衡感，即植物的色彩、质感及组团大小等配置在一起的协调性与均衡性，避免局部过于夸张突出，破坏整体的观赏效果。

3. 色彩设计

对于任何一个花境来说，色彩都不可或缺，甚至可以说色彩在花境中是吸引人们视线的第一要素。它可以决定一个花境的基调，因此必须充分了解色彩的特点，才能在花境设计和应用上运用自如。如冷色系与暖色系的应用可以从视觉上影响人们的心理感受。暖色系引人注目，有向前和接近感，令人目光久留；而冷色系易使人产生后退及距离感，让空间显得开阔。

从视觉效果来看，通常以暖色系作为背景时会令前面的物体显得比实际体积要小；而冷色系则会产生距离感，作为背景可以突出前面的物体。将较浅色调的植物种在前面，较深色调的种在后面，可以增加景深感，令人感到空间宽敞，这种方式在面积较小的空间进行植物配置时比较适用。

4. 株形配置

不同形状的植物搭配在一起，相互对比和衬托，不仅可以显示植物品种的多样性，而且可以起到很好的景观效果。例如，球形植物有一种包容性，能给人满足感；

花序长而直立的植物则会成为视觉的焦点，二者种植在一起能够给人留下深刻的印象。另外，要注意植物搭配的高度、大小，做到错落有致，增强反衬的效果。

在设计时的一个技巧是在花境的前部用匍匐状的植物将种成块状的植物连接起来，使花境形成一个整体，看起来更加丰满和完美。有些宿根花卉在不同的季节会改变形状。例如，西伯利亚鸢尾盛花期呈球状，但是在花谢后则变为圆锥形；荷包牡丹和东方罂粟在春季与初夏时节花朵及叶片生长茂盛呈丛状，但是到盛夏休眠时其地上部分几乎全部枯萎，为了保持花境的景观则可用其他植物来填补它们的空档。

5. 花期搭配

即使是最有经验的设计师，要保证花境在一年四季都繁花似锦也十分困难。因此，最重要的是保持景观的连续性，即开花的植物应分散在整个花境中，避免局部花期过于集中，使整个花境看起来不均衡，影响观赏效果。花期的连续性取决于种植地的气候及土壤类型等条件，同一品种的植物在不同环境条件下花期也会有所改变，因此，应详细了解各种植物在种植地花境下的准确花期，这样在进行配置时才会更加完美。

宿根花卉和球根花卉虽然在花期上没有一二年生草花长，但是它们可以数年开花而无须更换。在配置时，可以将常绿的地被植物与宿根花卉和球根花卉种在一处，这样，当宿根花卉和球根花卉的花期过后，地被植物能够弥补空缺。如果事先未考虑到这点，其空白处也可用根系较浅的一年生草花弥补，收到较好的效果。

综上所述，花境成功的关键在于植物的选择配置，一个理想的花境要达到"虽由人作，宛自天成"的效果，只有全面考虑以上各个要素，才能最大限度地呈现出自然美、艺术美和人工美的完美结合。

四、花境植物的栽植与养护

（一）花境植物的栽植

花境植物栽植前应根据设计图纸认真核对花卉草木的种类、规格、数量及位置等。顺序一般是从后部高大的植物开始，然后依次栽植前面低矮的植物。对于岛式花境和两面观景的花境等，应从中心部位开始栽植，以免影响周边植物的栽植效果；坡地则应该从上往下栽植。对于混合式花境应该先栽植大型的植株，如乔木、灌木等，定好骨架后再依次栽植宿根花卉、观赏草、球根花卉及一二年生草花等。

1. 背景植物栽植

背景植物中常用的是绿篱和攀缘植物。绿篱在栽植前也要整地并施加底肥，然后按照设计要求放线、挖种植沟。根据不同植物种类确定栽植深度，一般为30～50 cm。如果背景植物与花境之间有一定距离，那么无论是先种植背景植物还是花境植物都不会影响到另一方。如果花境植物与背景植物紧相邻，那么应该先种植背景植物，再种植花境植物，以免影响前方植物的种植。

为了让墙面上的攀缘植物达到理想的效果，可以用不显眼的材料，如绳索、木条等拉成网格使植物铺满墙面，形成良好的背景。另外，花境中的攀缘植物，应该在植物移栽前将支架设置好，而且支架要稳固、结实，避免大风或雨水冲刷而倒塌。

2. 乔灌木栽植

一般来说，花境中所用的乔灌木不多，规格往往也不大，乔灌木移植最好在其休眠期进行，具体时间还要根据树种而定。对于多数乔灌木来说，应尽量在树木未发芽前栽种。栽植时，应根据根系或土球的大小先挖好种植穴，种植带土球苗木时必须先将穴底土壤踩实，然后将带土球苗木放置穴中，之后，分层填土，踩实即可。填土时应先填入土壤上层的"熟土"，并尽量靠近根系，然后填入深层土。

乔灌木栽植时要进行适当的修剪。一般分为两次：第一次在起苗前进行，主要是去除病枯和过密的枝条，以便于起苗和运苗；第二次在栽植后、灌水前进行，目的是保证根、冠水分代谢的平衡，促进苗木成活。

3. 宿根花卉栽植

最佳时期是春季和秋季。若不得不在夏季移栽，则应选择在早晨或傍晚，以及阴天等气温相对较低的时候进行。从地里起出的小苗，应尽量做到随移随栽。

栽植宿根花卉裸根苗时，要将根系尽量伸展于种植穴中，然后均匀覆土，边覆土边按压，使根系与土壤紧密接触。栽植深度应保持其原来在苗床中的高度。有些多年生花卉可以结合分株时进行移栽，此时应将大型植株从土壤中挖出，小心地理顺根部，用手或铲子将其分成大小相近的及部分，然后立即种植。在种植时还要考虑到株距，特别是对于宿根花卉要计算好植株的生长速度和个体成熟的大致规格，预先留出植物的生长空间，待植株成年后疏密得当，才能达到最好的效果。

4. 盆栽花卉栽植

通常，一二年生草本花卉都是以盆栽的形式种植在苗圃中，有些宿根花卉也是盆栽的，这样可以省去起苗的步骤。移栽盆栽花卉前，应该浇一次透水，然后稍做沥干，保持土壤湿润，便于将植株从花盆中取出。对于取出的植株要注意防止根系的损伤，若根系缠绕在一起，则应轻轻用力，将其分开。然后将植株放在与原来花盆中相同深度的坑中，在植株周边填土、压实并浇透水。

对于盆栽的草花在任何时候几乎都可以进行移栽，但在晴朗高温时期要特别注意及时浇水及适当遮荫，以利于缓苗。

（二）花境植物的养护

当一个花境建成后，将面对另一个重要的问题——如何让它保持最佳状态？显然，精细的养护管理是使花境始终保持最佳观赏效果的重要保障。

1. 精心养护、精细管理

花境植物以草本植物为主，相对于木本植物，草本植物的栽植、养护需要更加精细，各方面管理要求更加严格，除要掌握浇水、施肥、修剪、除草、中耕、防虫等常规化养护手段外，还要不断了解研究花境中各类植物的特点，探索更为完善的养护管理方法。

花境中的木本植物虽然较耐粗放管理，但整形、修剪的要求较高，通常要做的是定期对其修剪以保持植株健康和理想的形状。常绿乔木和灌木一般不需要经常修剪；而落叶灌木则需定期剪去已经死去和生长衰弱的枝条，这样能够促进新枝的生长，做到生长旺盛。

2. 不同植物、不同方法

多种植物栽植在一起，相互间习性不一，管理上不能一刀切。如宿根花卉在定植或更新的时候要施足基肥，多用有机肥进行沟施，在生长期适当追肥；球根花卉一般在定植前施足基肥，特别是钾肥，有利于营养器官贮藏养分；一年生花卉施加基肥后，在幼苗期应施加氮肥，生长期多加施磷肥、钾肥，在开花前停止施肥。在混合花境中，由于植物品种较多，可以在准备种植床时施足基肥，然后根据情况补施追肥。

无论采取哪一项栽培措施，都要考虑该措施对周围植物的影响。如花境中由于植物品种较多，为避免伤害其他健康的植株，要尽量使用生物治理（利用有益生物或其产品来治理植物病虫害，如以鸟治虫、以虫治虫等）和物理治理（人工捕杀某些害虫卵块或幼虫，利用害虫的趋光性进行诱杀等），必要时再使用药剂治理。若发现个别植株遭受病虫害，应尽快隔离。对病枝、病叶、病根及无法救治的植株要及时烧毁、深埋或清除。

3. 抑强扶弱、协调生长

因为不同植物的生长速度与习性不一，容易引起种间矛盾，所以必须处理好不同植物间的相互关系。管理上一般要求抑强扶弱，保证群体的协调生长。如散生竹类竹鞭延伸能力强，有些灌木容易萌发根蘖，侵入其他植物种植区，应及时除去侵入的根蘖与竹鞭、竹笋；有些攀缘性藤本生长速度快，且缠绕其他植物生长，管理时必须采取牵引、疏剪、摘心等措施随时调整藤蔓的生长方向；有些匍地生长的地被，如络石类很容易侵占周边花卉的生长空间，需要及时截断过度延伸的匍匐茎。

需要注意的是，花境的栽植，很难一次性就达到完美的效果。需要经常观察记录各种花卉的生物习性、生长状况及病虫害情况，发现问题及时处理。花境的养护管理，应被当作常规工作定期完成，而不是隔段时间突击一次，特别是像除草修剪，如果每周去做，要比一个月做一次省时省力得多，而且也能够使花境保持更好的效果。

小贴士：某公园花镜的养护季历

花境作为具有代表性的一种花卉应用形式，在我国已有一定的影响力，但其应用还处于初级阶段。种植花境配以精心管理可以观赏多年，主要表现植物的自然美和群体美，极适合用于园林中建筑、道路、绿篱等人工构筑物与自然环境之间，起到由人工到自然的过渡作用。

花境的应用发展不仅符合现代人对回归自然的追求，也符合生态城市建设对植物多样性的要求，还能达到节约资源、提高经济效益的目的，因而会越来越得到人们的喜爱，在我国具有广阔的发展前景。

此外，随着花境的广泛应用，人们对其相关产品的需求也会越来越大，这不仅可以有力地推动苗木市场和花卉育种业的发展，而且很多相关产业也会随之发展。如各种类型的地面覆盖物、植物支撑物、基质肥料、喷灌设施、园艺工具，包括一些精美的园林小品等，这对于丰富和繁荣我国园林市场，提高人们热爱园艺的兴趣也有着深远的社会意义。

※ 技能实训

【实训一】花境设计图绘制

一、实训目的

明确花境设计的方法步骤，能绘制简单的花境设计图。

二、总体要求

根据环境和设计要求，先确定花境的设计主题。主题要立意鲜明、构思新颖、富有内涵。然后，围绕主题进行花境植物的选择、确定设计方案和设计图的绘制。

三、方法步骤

一套完整的花境设计图应包括环境平面图、平面图、花境立面图和效果图、植物材料表、设计说明等。

1. 绘制环境平面图

需标出花境周围环境，如建筑、道路、绿地及花境所在的位置。依照环境面积大小选用 1：500～1：100 的比例绘制。

2. 绘制平面图

使用平滑的曲线勾勒出花境边缘线及植物团块的外部轮廓，在植物团块上注明植物编号或直接注明植物名称及株数，也可绘制出各个季节或主要季节的色彩分布图。根据花境的大小可选用 1：50～1：20 的比例绘制。

3. 绘制立面图和效果图

花境立面图和效果图可以直观的表现花境预期效果。立面图主要展示花境中植物团块的高低层次及团块搭配效果；效果图以人的观赏视觉展现花境预期景观。

4. 列出植物材料表

要综合分析绿地的气候、土壤、地形等环境因子，选用花境植物材料。花境植物以宿根花卉为主，搭配灌木和一二年生花卉，优先选择花叶兼美的新优植物品种。不同株型和花序的植物高低错落搭配，表现出花境植物材料的个体美和植物组合的群落美。罗列出整个花境所需的植物材料，包括植物中文名、学名、株高、花期、花色、用量及备注。

5. 撰写设计说明

简述创作意图及管理要求等，并对图中难以表达的内容作出说明。

【实训二】花境施工与初期养护

一、实训目的

明确花境施工的整体流程，能配合老员工进行花境施工与初期养护。

二、材料工具

锄头、簸箕、肥料、剪枝剪、皮尺、绳子、木桩、花卉苗木、洒水壶、设计图等。

三、方法步骤

花境的施工一般按图 28-1 所示的流程进行。

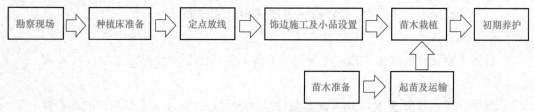

图 28-1　花镜的施工流程

1. 勘察现场

在了解设计意图和预期效果后，施工者应到现场勘察情况，对现场的实际情况与花境位置图及说明进行仔细核对：主要看现场的建筑、树木、地上设施等的位置和体量是否与图纸一致。施工无法满足设计要求时，必须提前作出调整方案，并有保证落实的措施。

2. 苗木准备

苗木质量的好坏、规格大小会直接影响栽植的效果。因此，种植者应该到多家苗圃去号苗，根据设计要求的品种、规格、数量等严格挑选苗木，从而保证理想的栽植效果。

一般来说，挑选苗木的标准为：植株健壮，株形丰满，无病虫害；根系完整并发育良好，最好具有较多的须根；枝条充实，无机械损伤；另外，所选择苗木的数量应该比设计要求的用量多出 10% 左右，以便作为栽植时损坏苗木的补充。

3. 种植床准备

种植床的准备是花境施工过程中最重要的内容之一。理想的土壤是花境成功的重要保障，整理土地的目的是让土壤尽快熟化，增加土壤的空隙度，以利于通风和保墒。

（1）种植表土层（30 cm）必须采用疏松、肥沃、富含有机质的培养土。翻土深度内土壤中必须清除杂草根、碎砖、石块等杂物，严禁含有有害物质和大于 1 cm 以上的石子等杂物。

（2）对不利于花卉生长的土壤必须用富含有机物质的培养土加以更换改良。

（3）土壤改良时，必须采用充分发酵的有机物质。

（4）土壤必须经过消毒，严禁含有病菌或对植物、人、动物有害的有毒物质。

（5）必须提前将土壤样品送到指定的土壤测试中心进行测试，并在种植花卉前取得符合要求的测试结果。

4. 定点放线

定点放线是指根据设计图纸按比例放样于地面的过程。首先应按照花境位置图确定种植床的具体位置，若与周边环境有不和谐的地方，可在现场进行适当调整。然后根据种植平面图进行放线，先标出花境整体的轮廓线，然后具体到每个品种的范围和形状。

5. 起苗及运输

起苗及运输的原则是及时起苗、及时运输，并且及时种植，以确保苗木的成活率。

如果土壤过于干燥，应在起苗前 1～2 天对圃地进行一次彻底的灌溉。如果土壤过于潮湿，则应该进行松土晾晒，令土壤保持适中的状态，这样有利于挖掘和减少根系的损伤。起苗应该在温度、湿度适宜的时间进行，尽量避免在极端天气下操作，特别是在阳光暴晒的情况下不宜起苗。

苗木在运输过程中，首先应避免阳光直晒，若光照太强，应用遮阳网进行遮盖，同时往植株上喷水保持湿润，防止植株干枯；其次应保持一定的车速，以避免因颠簸和风吹而损伤植株的枝叶和花朵；如有必要，应用苫布进行遮挡。另外，苗木较多时，应注意植株间的距离及内部的通风，以避免植株相互挤压和由于闷热导致的腐烂。

6. 苗木栽植

参照前文"四、花境植物的栽植与养护"的内容，这里不再赘述。

7. 饰边施工及小品设置

（1）饰边施工：

①需要做地基的饰边。出现这种情况时，应该在整理种植床的同时，将饰边的地基及地上部分做好。常见的有砖石饰边、石条饰边、围栏饰边等，要求坚固、耐用，适用于公园、公共场所等处的花境。

②无须做地基的饰边。可以在花境中的苗木种植好后进行施工。如卵石或石片堆成的装饰性饰边，只需摆放在花境的边缘，或浅埋在土里即可；适合私家庭院或公园等观赏性强的花境。

（2）小品设置。花境中的小品应该在整理种植床时，按照设计图纸的位置将其设置到位，以免影响后面植物的种植。特别是固定不动的小品，一定要在植物种植前设置好。而对于能够移动的小品，可以在放线时将其定位，在植物种植后再将其放入花境中。

小品的设置要稳定、牢固，避免风雨的侵袭使其倾斜或倒塌，从而损坏植物和影响景观。大中型小品，如喷泉、雕塑等，应该挖一定深度的地基，并且在基部加上配重，以保证稳固。

8．初期养护

初期养护指定植后立即进行的养护措施，这是一个非常敏感且至关重要的过渡阶段。及时、恰当的管理是花境成功的基础。

定植后的初次浇水对植物存活非常重要。一般植物栽植后应浇三遍透水：栽植后马上浇第一次；2～3天后浇第二次；再过5～6天浇第三次。每次务必将水浇透，如果土壤下沉要及时补土。对于较高或茎秆柔软的植物，可在土壤中插入细竹竿进行固定。对于株形较大的宿根花卉或灌木等，若移栽后效果不甚理想，可对其进行适当的修剪，促进新枝的生长，经过一段时间的生长和恢复就能达到完美的效果。如果不得不在炎热的季节移栽植物，那么移栽后应该对植物进行适当的遮阴。另外，还要根据花境的设计及种植要求进行必要的修剪，同时注意观察病虫害问题。

总之，只有周全地考虑和精心地种植，才能将设计者的意图完美地表现出来，最终达到理想的效果。设计、施工与养护三个环节息息相关，任何一个环节出现问题都会导致花境的失败。

※ 复习思考题

一、名词解释

1．花境

2．单面观赏花境

3．宿根花卉花境

4．专类植物花境

5．林缘花境

二、填空题

1．双面观赏花境多设置在_____或_____。

2．与其他类型的花境相比，灌木花境具有_____、_____且_____等特点。

3．园林中最常见、景观最为丰富的花境类型是_____，一般_____和_____为基本结构，结合_____及_____组成的一个植物群落。

4．岛式花境是指设置在_____或_____的花境。

三、简答题

1．试述花境的特点。

2．如何配置花境植物？

3．试分析花境的发展前景。

室内绿化装饰

【单元导入】

　　室内绿化装饰是指如何根据主人的爱好、各个空间的环境特点和功能要求，合理地陈设植物，其中，室内绿色植物的选择主要是根据室内空间大小及光线、温度的情况而定。那么，进行室内绿化装饰时应遵循怎样的原则？有哪些方式？如何选择植物并进行科学合理的养护？让我们带着这些问题，进入开始本单元的学习。

【相关知识】

一、室内绿化装饰的原则

（一）美学原则

　　美是室内绿化装饰的重要原则。如果没有美感就根本谈不上装饰。因此，必须依照美学的原理，通过艺术设计，明确主题、合理布局、分清层次、协调形状色彩，使绿化布置很自然地与室内环境融为一体。为体现室内绿化装饰的艺术美，必须通过一定的形式，使其构图合理、色彩协调、形态和谐。

1. 构图合理

　　构图是将不同形状、色泽的物体按照美学理念组成一个和谐的景观。绿化装饰要求构图合理（即构图美），它必须注意两个方面：一方面是布置均衡，以保持稳定感和安定感；另一方面是比例合度，以体现真实感和舒适感。

　　布置均衡包括对称均衡和不对称均衡两种形式。人们在室内绿化装饰时习惯于对称均衡，如在走道两边、会场两侧等摆上同样品种、同一规格的花卉，显得规则整齐、庄重严肃。与对称均衡相反的是室内绿化自然式装饰的不对称均衡。如在客厅沙发的一侧摆上一盆较大的植物，另一侧摆上一盆较矮的植物；同时，在其近邻花架上摆放一悬垂花卉。这种布置虽然不对称，但却给人以协调感，视觉上认为二者重量相当，仍可视为均衡。这种绿化布置的轻松活泼，富有雅趣。

　　比例合度，指的是植物的形态、规格等要与所摆设的场所大小、位置相配套。室内绿化装饰犹如美术家创作一幅静物立体画，如果比例恰当就有真实感，否则就会弄巧成拙。例如，空间大的位置可选用大型植株及大叶品种，以利于植物与空间的协调；小型居室或茶几案头只能摆设矮小植株或小盆花木，这样会显得优雅得体。

掌握布置均衡和比例合度这两个基本点，就可有目的地进行室内绿化装饰的构图组织，实现装饰艺术的创作，做到立意明确、构图新颖、组织合理，使室内观叶植物虽在斗室之中，却能"隐现无穷之态，招摇不尽之春"。

2. 色彩协调

室内绿化装饰的色彩选择要与室内环境相协调。如用叶色深沉的室内观叶植物或颜色艳丽的花卉作布置时，背景底色宜选用淡色调或亮色调，以突出布置的立体感；如选用淡绿色、黄白色的浅色花卉，背景宜选用较深底色，以取得理想的衬托效果。陈设的花卉也应与家具色彩相互衬托，如清新淡雅的花卉摆放在底色较深的柜台、案头上可以提高花卉色彩的明亮度，使人精神振奋。

另外，室内绿化装饰植物色彩的选配还要跟随季节变化及布置用途的不同而作出必要的调整。

3. 形态和谐

在进行室内绿化装饰时，要依据各种植物的形态，结合室内空间的结构特点及家具、饰物等环境元素综合分析考量，确定合适的摆放位置与装饰形式，力求做到和谐相宜。如悬垂花卉宜置于高台花架、柜橱或吊挂高处，让其自然悬垂；色彩斑斓的植物宜置于低矮的台架上，以便于欣赏其艳丽的色彩；直立、外形规整的植物宜摆放在视线集中的位置；空间较大的可以摆设丰满、匀称的植物，必要时还可以采用群体布置，将高大植物与其他矮生品种摆设在一起，以突出布置效果等。

（二）实用原则

室内绿化装饰必须符合功能要求，讲求实用，这是室内绿化装饰的另一个重要原则。所以，要根据绿化布置场所的性质和功能要求，从实际出发，做到美学效果与实用效果、绿色生态与健康环保的高度统一。如书房，是读书和写作的场所，应以摆设清秀典雅的绿色植物为主，以创造一个安宁、优雅、静穆的环境，使人在学习间隙举目张望，满眼通透，让绿色调节视力，缓和疲劳，起到镇静悦目的功效。餐厅，则宜摆设有利于愉悦心情，增进食欲，并以清新、甜蜜为主题的植物，如棕榈类、变叶木、巴西铁树或色彩缤纷的大中型盆栽花卉和盆景。

（三）经济原则

室内绿化装饰除要注意美学原则和实用原则外，还要求绿化装饰的方式经济可行，而且能保持长久。设计布置时要根据室内结构、建筑装修和室内配套器物的水平，选配合乎经济水平的档次和格调，使室内"软装修"与"硬装修"相协调。同时要根据室内环境特点及用途选择相应的室内观叶植物与装饰器物，使装饰效果能够保持较长的时间。

上述三个原则是室内绿化装饰的基本要求。它们联系密切，不可失之偏颇。如果一项装饰设计美丽动人，但不适用于功能需要或费用昂贵，也算不上是一个好的装饰设计方案。

二、室内绿化装饰的方式

室内绿化装饰的方式和形式多样，主要有陈列式、攀附式、悬垂式、壁挂式、栽植式及迷你型观叶植物绿化装饰等。

微课：室内绿化装饰

（一）陈列式绿化装饰

陈列式是室内绿化装饰最常用和最普通的装饰方式。其包括点式、线式和片式三种。其中以点式最为常见，即将盆栽植物置于桌面、茶几、柜角、窗台及墙角，或在室内高空悬挂，构成绿色视点。

线式和片式是将一组盆栽植物摆放成一条线或组织成自由式、规则式的片状图形，起到组织室内空间，区分室内不同用途场所的作用，或与家具结合起到划分范围的作用。几盆或几十盆组成的片状摆放，可形成一个花坛，产生群体效应，同时可以突出中心植物主题。

采用陈列式绿化装饰（图29-1），主要应考虑陈列的方式、方法和使用的器具是否符合装饰要求。

彩图29-1

图29-1　陈列式绿化装饰

传统的素烧盆及陶质釉盆仍然是目前主要的种植器具。还有近年来出现的表面镀仿金、仿铜的金属容器及各种颜色的玻璃缸套盆则可与豪华的西式装饰相协调。总之，器具的表面装饰要视室内环境的色彩和质感及装饰情调而定。

（二）攀附式绿化装饰（图29-2）

大厅和餐厅等室内某些区域需要分割时，采用带攀附植物隔离，或带某种条形或图案花纹的栅栏再附以攀附植物与攀附材料在形状、色彩等方面要协调。以使室内空间分割合理、协调，而且实用。

彩图 29-2

图 29-2　攀附式绿化装饰

（三）生态墙绿化装饰（图 29-3）

利用植物构建绿色"墙面"，或利用攀缘植物攀附墙面生长，形成绿色屏障，这类生长着的绿"墙"就叫作"生态墙"。在室内较大的空间内，结合天花板、灯具在窗前、墙角、家具旁吊放有一定体量的阴生悬垂植物，可改善室内人工建筑的生硬线条造成的枯燥单调感，营造出生动活泼的空间立体美感，且"占天不占地"，可充分利用空间。这种装饰要使用一种金属吊具或塑料吊盆，使之与所配材料有机结合，以获得意外的装饰效果。

彩图 29-3

图 29-3　生态墙绿化装饰

（四）壁挂式绿化装饰（图 29-4）

室内墙壁的美化绿化也深受人们的喜爱。壁挂式绿化装饰可分为挂壁悬垂法、挂壁摆设法、嵌壁法和开窗法。

彩图 29-4

图 29-4　壁挂式绿化装饰

　　预先在干墙上设置局部凹凸不平的墙面和壁洞，供放置盆栽植物；或在靠墙处的地面放置花盆，或砌种植槽，然后种上攀附植物，使其沿墙面生长，形成室内局部绿色的空间；或在墙壁上设立支架，在不占用地的情况下放置花盆，以丰富空间。采用这种装饰方法时，应主要考虑植物姿态和色彩，以悬垂攀附植物材料最为常用，其他类型的植物材料也常使用。

（五）田园式绿化装饰（图 29-5）

　　田园式绿化装饰多用在室内花园及室内大厅有充分空间的场所。

彩图 29-5

图 29-5　田园式绿化装饰

　　栽植时，多采用自然式，即平面聚散相依、疏密有致，并使乔灌木及草本植物和地被植物组成层次，注重姿态、色彩的协调搭配，适当注意采用室内观叶植物的色彩来丰富景观画面；同时，也要考虑与山石、水景组合成景，模拟大自然的景观，给人以回归大自然的美感。

（六）迷你型绿化装饰

　　迷你型绿化装饰在欧美、日本等地极为盛行。其基本形态源自插花手法，利用迷你型观叶植物配植在不同容器内，摆置或悬吊于室内适宜的场所，或作为礼品赠送他人。其应用方式主要有迷你吊钵、迷你花房、迷你庭园等。

1. 迷你吊钵（图 29-6）

迷你吊钵将小型的蔓性或悬垂观叶植物作悬垂吊挂式装饰。这种应用方式观赏价值高，即使是在狭小空间或缺乏种植场所时仍可被有效利用。

彩图 29-6

图 29-6　迷你吊钵

2. 迷你花房（图 29-7）

迷你花房是在透明有盖子或瓶口小的玻璃器皿内种植室内观叶植物。它所使用的玻璃容器形状繁多，如广口瓶、圆锥形瓶、鼓形瓶等。由于此类容器瓶口小或加盖，水分不易蒸发，而散逸外在瓶内可被循环使用，所以应选择耐湿的室内观叶植物。迷你花房一般是多品种混种。在选配植物时，应尽可能选择特性相似的配植在一起，这样更能展现出和谐的效果。

彩图 29-7

图 29-7　迷你花房

3. 迷你庭园（图 29-8）

迷你庭园是指将植物配植在平底水盘容器内的装饰方法。其所使用的容器不局限于陶制品，木制品或蛇木制品也可，但使用时应在底部先垫塑料布。这种装饰方式除按照插花方式选定高、中、低植株形态，并考虑根系具有相似性外，叶形、叶色的选择也很重要。

彩图 29-8

图 29-8　迷你庭园

同时，这种装饰最好有其他装饰物（如岩石、枯木、民俗品、陶制玩具或动物等）来衬托，以提高其艺术价值。若放置在小孩房间，可添置小孩所喜欢的装饰物；年轻人的则选用新潮或有趣的物品装饰。总之，可按不同年龄进行不同选择。

三、室内绿化装饰植物的选择

实际上，大部分盆栽植物都能摆放于室内，而居室的主人的条件、环境不同，决定了室内绿化植物选择应遵循"因地制宜，适室适花"。因此，人们可根据使用需求结合植物特性选择相应的植物品种。

1. 对室内环境具有良好的适应性

与室外的自然环境相比，室内的光照较弱、日照时长短，温度较为稳定，室内通风性差、存在甲醛等污染，室内空气较干燥，大气湿度较低。室内绿化时，应该充分考虑室内环境的特点，选择耐阴性好、对大气干燥适应性较强、适应室内空气质量的植物，如绿萝、心叶喜林芋、红掌等。相对于观叶类植物，观花、观果类较为喜光，因此，目前室内绿化仍以观叶植物为主。

2. 有利于改善室内人居环境

绿色植物的光合作用吸收二氧化碳、放出氧气，对提高室内空气含氧量有利。但不同的植物对室内废气、甲醛等有毒气体的吸收能力不同；植物在新陈代谢过程中，还可能释放某些特殊的物质，这些物质对人体健康或利或弊也视植物种类而异，在选择植物时，要避免可能释放或分泌有毒有害物质的花卉，尽量选择对室内废气和有毒气体吸收能力较强的植物。此外，有些植物多刺或汁液有毒，要避免在有未成年人活动的室内布置。室内（尤其是书房、卧室）需要幽静，适宜配置清新淡雅的植物，不适合过于艳丽的观花植物及彩叶植物。

3. 具有较高的观赏价值

良好的观赏效果是室内绿化装饰选用植物的主要目标。应根据室内环境的特点，选择形态色彩、风韵俱佳、寓意美好的植物种类进行装饰，如发财树、君子兰、仙客来等。

四、室内装饰植物的养护

室内装饰植物以观叶植物为主。观叶植物多为常绿植物，能终年欣赏，陶冶情趣，且种类繁多、大小各异、形态多变，能满足室内装饰的多功能要求。可以说，一盆好看的室内观叶植物，如果没有精心的护理，是无法显示出其特殊的观赏价值的。

由于观叶植物的主要观赏部位为枝叶，因此，保持枝叶色泽鲜亮，株型丰满尤为重要。然而，室内养花不同于室外，不能把室外养花的方法应用于室内养花。室内的光线、空气和温度与室外不同，盆土也有限，浇水和施肥也很讲究。

（1）温度。大多数观叶植物喜欢较温暖的生长环境，温度过高或过低都会给植物的正常生长带来不利影响，严重时可导致植物死亡。因此，注意温度的变化，及时采取措施调节温度，是保证植物正常生长的最基本条件。

（2）水分。大部分观叶植物以保持盆土均匀湿度为度，不能太干或太湿。一般表土发白说明盆土变干了，或用手指挖到盆土 1 cm 深处，也可以判断盆土的干湿。室内环境干燥，需要经常在植物叶面上喷清水。喷水可以增加空气湿度，还可以清除尘埃，以利于光合作用，同时，也可保持叶面清洁，增加色泽。室内植物由于光照低，生理活动较缓慢，浇水量大大低于室外植物。故宁可少浇水，也不可浇过量。掌握"见干才浇，浇则浇透"的原则，一般 3～7 d 浇灌一次，春、夏生长季节适当多浇，发财树、酒瓶兰、虎尾兰、仙人球等耐旱的植物则需 15～35 d 浇灌一次，平时只叶面叶喷水即可，而介质培植和水培则不同，植物所需养分从液体肥料中获得，因此，隔 7～10 d 采取换水补充养分。

（3）施肥。盆栽植物施肥前，先浇水使盆土湿润，然后用肥料施肥或叶面追肥，掌握"薄施、勤施"原则。观叶和夏季开花植物在夏季与秋初施肥，冬季开花植物在秋末和春季施肥。施肥之前，先进行松土。正常情况下，半年内基本不用施肥，浇水即可。要施肥，每月施点复合肥较合适，肥料不能直接接触植物的根、茎、叶，以防烧伤，最好将肥放在花盆边，盖上一层土。要注意，喝剩的茶水和菜汤、臭鸡蛋等不宜放入花盆中，那样会产生虫蝇，水质腐败分解，产生热和臭味，对植物根部不利，也有碍室内观赏。

（4）光照。室内光照低，植物突然由高光照的室外移入低光照的室内生长，常由于无法适应，导致死亡。植物对低光照条件的适应程度与品种及本身体量、长势、树龄有关，也受到施肥、温度等外部因素的影响。通常需要2周至1个月，甚至更长时间。一般情况下，处于光适应阶段的植物，应尽量减少施肥量，并控制温度升高。阴生观叶植物从开始繁殖到完成生长期间都处在遮光条件下，很适应室内的低光照环境，而且寿命长。许多室内植物虽然适应较为荫蔽的条件，但久置室内，也容易出现枝条细长、叶片黄化甚至枯叶、落叶等现象，应间隔一段时间，选择阴天转移到室外一至数天。

室内装饰的植物，一般根据居室的设计构思而选择布置在某一位置后，不希望它改变和周围环境的比例关系，又想保持植物青枝绿叶和原有株型，生长慢些反而更好。另外，室内植物应定期清洁叶片，使叶面光洁亮丽，更多地利用二氧化碳，释放氧气。总之，室内装饰的植物，只要满足其对温度、水分、肥料和光照等方面的要求，就能使植物生长良好，枝繁叶茂，色泽美丽，以获得室内装饰的理想效果。

※ 技能实训

【实训一】室内常用花卉的识别

一、实训目的

认识常用室内花卉，掌握其主要形态特征和观赏特性。

二、材料工具

记载板、放大镜、直尺、植物识别类工具书、花卉实习基地现场等。

三、方法步骤

（1）现场讲解室内绿植、花卉的主要形态特征和观赏特性，讲解主要的生育特性、生态习性和繁殖方法。

（2）依据讲解内容，学生可对照"植物识别类工具书"进行观察分析并记载绿植、花卉的主要观赏特性，记忆种名及所属的植物科、属。

知识拓展：室内常见绿植花卉

（3）指导教师现场提问及答疑。提问引导学生根据形态特征和生态习性思考其应用的方式、方法，归纳总结应用技术要点。

【实训二】光瓜栗的室内养护

一、实训目的

熟悉光瓜栗（图29-9）的生长习性与生态要求，能进行光瓜栗的日常养护。

彩图 29-9

图 29-9　光瓜栗

二、基本要求

（1）光照。秋季要有充足的阳光，夏季遮阴或半阴，冬季温度必须在 5 ℃以上；

（2）水肥。春秋季要充足水肥，可喷洒尿素 500 倍液，夏季停止施肥，空气湿度过干时可向叶面喷水；

（3）繁殖。夏季 6—7 月可以进行扦插，选取 10—15 cm 枝条，30 d 左右即可生根。

三、四季养护

1. 春季养护方法

（1）光照充足。春季是光瓜栗幼株的生长旺季，要保证充足的光照和水肥供应。当室外温度稳定在 15 ℃以上时，可根据长势决定是否翻盆，并将盆栽移动到阳台半阴处或室内光线明亮处养护。春末气温升高后，将植株移动到早晚有光照处养护。

（2）补充水分。平时干湿相间浇水，保持土壤湿润，经常喷水增加空气湿度。

（3）施肥。春季减少施肥，甚至可以不施肥。若发现叶色发黄，应及时施叶面肥，向叶面喷洒尿素 500 倍液 1～2 次，补充营养。

2. 夏季养护方法

（1）遮阴浇水。光瓜栗喜高温，但不耐烈日。夏季高温时将植株放在半阴处养护，并及时浇水保证土壤湿润，适当喷水增加空气湿度。高温季节停止施肥。

（2）适时繁殖。6—7 月是光瓜栗繁殖的最佳季节，可采用扦插繁殖法，即选取当年生的枝条 10～15 cm，留下顶端 2～3 片叶子，将其插入土中，30 d 左右即可生根成苗。

3. 秋季养护方法

秋季植株要保证充足的光照，水肥及时。气温下降时应将植株移动到室内光线明亮处养护。春秋季节的养护相当，具体的养护细节可参考春季养护方法。

4．冬季养护方法

（1）温度。光瓜栗不耐寒，冬季温度 11 ℃以上才能安全越冬，若低于 5 ℃，植株冻伤易落叶。

（2）光照水分。冬季保证充足的光照，若遇到连续阴天，可人工补光。中午温度较高时向四周喷雾，增加空气湿度。成年植株需要控制浇水，见干见湿，但要经常向叶面洒水。

※ 复习思考题

一、名词解释

1．室内绿化装饰

2．迷你吊钵

3．迷你庭园

4．生态墙

5．点式绿化装饰

二、填空题

1．室内绿化装饰的原则包括_____、_____、_____。

2．绿化装饰是室内绿化装饰最常用和最普通的装饰方式，包括_____、_____和_____三种。

3．迷你花房是指_____。

4．壁挂式绿化装饰有_____、_____、_____和_____。

三、简答题

如何选择室内绿化装饰植物？

单元三十

庭院绿化

【单元导入】

庭院绿化是指在庭院内栽植各种植物花卉，布置山水亭榭等园林景观供人观赏娱乐、小憩，创造出令人舒适的室外生活空间。那么，庭院绿化可选用哪些植物（花卉）种类？怎样综合考虑设计布局？日常如何进行栽培管理和养护？让我们带着这些问题，进入本单元的学习。

【相关知识】

一、庭院绿化的类型

根据庭院绿化的主要功能可分为园林景观类、园艺生产类及混合兼顾类庭院。

微课：庭院绿化

（一）园林景观类庭院

园林景观类庭院是以营造美丽景观供人观赏为主要功能的一类庭院。此类型适用于经济条件好、追求生活品位且庭院面积较大的住户。具体表现形式有林荫型、花境型、花圃型、山水型等。

（1）林荫型庭院。林荫型庭院是指选择枝叶繁茂、绿荫如盖的乔木类观赏树木为主栽植物，具有良好庇荫功能的庭院。选择树种时应兼顾生态功能与观赏效果，常用树种有玉兰类、含笑类、桂花类、罗汉松、红豆杉、香樟、榉树、朴树等。应用时要遵从传统文化与地方习俗，如在江南一带庭院树种选配素有"前樟后朴"或"前榉后朴"的说法，即门前种樟树、榉树，宅后栽朴树，不能反其道而行之。

（2）花境型庭院。花境型庭院是指多种草本花卉与木本观赏植物配植、以花境形式呈现出来的庭院。庭院花境应充分考虑墙垣、绿篱等背景因素，通常设置成前低后高、错落有致的单面观花境。

（3）花圃型庭院。花圃型庭院是指以观花类草本花卉为主设计的庭院。这类庭院的植物往往生命周期较短，需要经常更换，管理较费工。

（4）山水型庭院。山水型庭院是指以假山、水体为主体配植观赏植物，展现微缩型自然山水风光的庭院。多见于江南地区传统的私家园林，一般要求较大的面积。

（二）园艺生产类庭院

园艺生产类庭院是以生产水果、蔬菜等园艺作物为主要功能的一类庭院。此类型多见于乡村农家住宅区，随着食品安全意识的提高，目前城镇居民也越来越多地在自家庭院植果种菜。根据所种作物的主要种类不同可分为果园型、菜园型、药园型等。

（1）果园型庭院。果园型庭院是以栽培果树类植物为主的庭院。常见的树种有柑橘、枇杷、桃、李、柿、枣、葡萄、猕猴桃等。

（2）菜园型庭院。菜园型庭院是以栽培蔬菜类植物为主的庭院。如冬春季栽培青菜、白菜、甘蓝、蚕豆、豌豆等，夏秋季栽培大豆、绿豆、茄子、番茄、辣椒、丝瓜、葫芦等。

（3）药园型庭院。药园型庭院是以栽培药用植物为主的庭院。如麦冬、天门冬、黄精、连钱草等。

（三）混合兼顾类庭院

混合兼顾类庭院是指结合以上 2 种或 2 种以上形式的庭院。

二、庭院植物设计布局

庭院面积有大有小，风格与形式多种多样，但无论何种类型的庭院，都应做好植物的布局设计，注意高矮搭配和色彩搭配，做到既实用又经济美观。如果盲目种植只会显得杂乱，使院子沦落为"花草仓库"。

（一）庭院植物设计布局的基本原则

1. 功能性原则

庭院性质和主要功能对庭院内景观的形成具有决定性的作用，首先应明确庭院的功能定位，并以此为基础，进而确定植物在庭院空间塑造中的角色与功用。在明确庭院植物功能的前提下，充分发掘和利用植物花草的特性，形成合理的绿植空间布局；植物种类构成要注意多样性，应通过植物各品种、类型间的合理搭配，充分运用植物的形态、色泽和质地等自然特征，创造出整体的美感效果，庭院植物种类的多样还有助于完善庭院功能。当然，在庭院中种植植物追求多样性，并不意味着无原则的多样性，在选择基调植物时仍应以乡土植物为主，而且以 1 ~ 2 种为宜，再适当选择其他植物种类进行丰富和补充。

进行植物配置时应遵循统一与变化、调和与对比、均衡与对称、节奏与韵律的原则，满足多样性功能的同时，能给人以美的观感，做到科学与艺术的统一。

2. 以人为本原则

"以人为本"首先体现为庭院植物景观设计应满足人们户外活动的规律与需求。以住宅庭院为例，有些主人喜好户外活动，则应该为使用者提供足够的户外活动空间，植物主要沿庭院周边布局，以留出中间较宽阔的硬地铺装或草坪供休闲或运动，并为主要活动空间布置庭荫树提供遮阴；还有些庭院主人仅仅希望利用植物形成一个四季有景的观赏型庭院，那么就应该选择多样的植物，进行合理的组织与搭配，形成优美的植物景观。

每个庭院主人都有其各自的喜好，偏爱的植物也有所不同。因此，在进行庭院植物景观设计时，应对使用者的生理和心理有足够的了解，以此为基础，进行合理的植物景观塑造，使庭院成为人们沟通、交流的适宜环境。"以人为本"还体现在满足人高层次的精神需求方面，可以利用植物的文化属性营造出庭院的文化氛围，将植物景观营造与人的精神追求相联系，满足人的深层次心理需求。

3. 经济性原则

经济性原则要求在庭院中营造植物景观时，从设计、施工到养护管理能够开源节流，达到经济、实用、美观的目的。首先，主要选择乡土植物，既可降低成本，又能减少种植户的养护管理费用，还有利于形成地域特色。其次，控制后期投入，一方面应多选用寿命长、生长速度适中的植物以减少重复工程；另一方面还应选择强健而粗放的植物，以减少后期的维护和管理成本。另外，庭院中的植物景观可以适当与生产相结合。在满足小庭院功能与审美要求的前提下，在小庭院中种植一些能够采摘鲜花、果实的植物，如蔬菜和药草类植物。

当然，在进行庭院植物景观设计时，也应对场地中原有的古树、大树等植物进行保护和保留，因为这些植物既能有效地改善庭院环境，其本身又见证着设计场地的历史，能够增强庭院的历史与文化底蕴。同时，保留这些植物还可以减少树木的购置成本，也是经济性的重要体现。

4. 因地制宜原则

进行庭院植物景观设计时，应首先遵循当地的自然环境，选择与当地自然环境相适应的乡土植物作为主要造景素材，以取得良好的生态效益。另外，还应充分考虑庭院的视线关系，即选择合适的植物形成对景、框景、漏景、点景等，使庭院内植物具有丰富的变化和层次。

（二）庭院植物布局

庭院中的植物功能应该是多样化的，不仅有观赏娱乐的目的，还应有让人参与的功能，不同的庭院类型有不同的植物布置方法。一般来说，规则式庭院大部分植物的布局呈规则几何状，有庄重与层次感；自然式庭院布局灵活，平面投影呈不规则，具有植物自然生长的美感；混合式庭院则既有自然式的灵活布局，又有规则式的形态。布局时应与其他构景要素相协调，如建筑、地形、铺装、道路、水体等，把握群体性原则进行综合考量。

1. 庭院入口处的植物

大门对整个庭园设计有着非同寻常的意义。植物配置设计应该使人获得稳定感和安全感。常见的绿色屏障既起到与其他庭院的分隔作用，对于家庭成员来说又起到暗示安全感的作用，通过绿色屏障实现了家庭各自区域的空间分隔，从而使人获得了相应的领域性。通过组合一定数量的树木勾画入口处的主体特征。

2. 庭院中的主景植物

布置庭院时，植物品种不宜太多，以一二种植物为主景植物，再选种一二种作为搭配。植物的选择要与整体庭院风格相配，植物的层次清晰、形式简洁。在处理这种组合时，绿色深浅程度的细微差别可作为安排植物位置的一个标准。

另外，叶形、叶片大小的差别也是安排此类组合的重要依据。每当庭园被划分成若干部分，或者在园地上制作几何图形，高大的树木和园地的灌木都会成为非常重要的设计因素。小径边的植物应该给散步的人一种祥和安逸的感觉。有些小径的设计单纯朴素，而有些小径的处理则颇费心思，路边簇拥着灌木丛，或伴随着花坛。对于某些设计者，庭园小径的设计清晰地体现了主人的性情。这种植物组合的核心就是充分利用差别做文章。

3. 庭院中的其他植物

庭院侧边或角落等小空间里，可通过金叶水杉等具有俊美挺拔的树干、自然落叶类植物来装饰，多采用单株植物，使其形体、色彩、质地、季相变化等被充分发挥；如选用丛植、群植的植物，可通过形状、线条、色彩、质地等要素的组合及合理的尺度，加上不同绿地的背景元素（铺地、地形、建筑物、小品等）的搭配，为庭院景观增色。

三、庭院植物的管理

庭院花卉管理要做到合理的光照，适量的浇水，适时的修剪，不定期松土或换盆处理，施肥不宜过量，这样才能够让庭院内保持常绿和较好的景观效果。庭院植物日常管理中，要注意以下几点：

（1）环保为先。庭院是室内空间的延伸，是居家活动的主要场所，庭院植物的管理必须坚持环保为先。不施散发臭味或其他不愉快气味的有机肥，不施吸引苍蝇的肥料。在病虫害防治方面，必须遵循综合防治的方针，坚持以农业防治为基础，提高植物的抗逆性；减少农药施用，不用剧毒农药。果蔬收获后，要及时清理落果及蔬菜残株，以免腐烂。

（2）不影响交通。要控制种植区域，加强整枝修剪，防止枝叶挤占道路、影响交通。

（3）有利于景观改善。庭院植物要精细管理，营造出赏心悦目的人居环境。

● 拓展知识 ◎

地栽花卉的种类

如果庭院前方空旷开阔、光照通风条件较好，或者与前面一排楼房的间距大于 30 m，且土壤经过了一定程度的改良，则可栽植一些比较喜光且对生长环境要求较高的花卉种类。地栽花木如白玉兰、银杏、桂花、紫玉兰、含笑、二乔玉兰、木瓜、贴梗海棠、垂丝海棠、西府海棠、琼花、雪球、柿子、木芙蓉、马褂木、梅花、月季、无花果、山茶、紫薇、牡丹、石榴、紫藤、樱花、葡萄、碧桃、天竹、红枫、紫荆、木槿、加拿利海枣等。

如果庭院比较阴湿，则可以选择一些与阴湿条件相适应的花木种类，如棕榈、石楠、桃叶珊瑚、法国冬青、女贞、阔叶十大功劳、广玉兰、香樟、龙柏、杜英、罗汉松、八角金盘、蜀桧、雪松、蜡梅、芭蕉、聚生竹等。

 技能实训 ───────────────────

【实训一】庭院绿化景观方案设计

一、实训目的

了解庭院绿化景观方案设计全过程，能够设计简单的庭院绿化景观。

二、基本要求

（1）能做庭院植物景观功能图解。

（2）能绘制植物分区图，并提出植物选配方案。

（3）能提出种植设计方案。

三、方法步骤

1. 庭院植物景观功能图解

常用的方法是利用圆圈或抽象的图形符号将庭院植物主要功能和空间关系，以泡泡图或功能分区图的形式进行表达。这些符号不具有尺度和比例，只是将设计师的初步构思以图解的方式加以形化、物化，反映的是植物功能空间的相互位置和关系。一般会加上文字注解做辅助说明。

在功能图解阶段，主要是明确植物材料在空间组织、造景等方面的作用，一般先不考虑不同功能空间需用何种植物，或单株植物的具体配置方式。设计师只需要关注植物在合适位置的功能，如遮阴、障景、分割空间或成为视线焦点，以及植物功能空间相对面积大小等问题。为了使设计效果达到最佳，往往需拟定几个不同的功能分区图加以比较。植物功能图解可以明确以下信息：主要的植物功能空间（由简单的圆圈表示）；植物功能空间的封闭与开放程度、出入口状况；植物功能空间彼此之间的距离关系和相互联系；不同植物功能空间的视线关系等。

2. 庭院植物景观设计

（1）绘制植物分区图。在这一阶段，设计师应对每个功能区块内部进行细部设计。具体做法是将每个功能区块分解为若干个不同的区域，对每个区域内植物类型、种植形式、高度大小等进行分析和确定。

（2）植物选择。首先，应根据庭院的光照、水分、土壤等自然条件选择合适的植物，使植物的习性生态与庭院的生长环境相适应。其次，植物在空间中往往不只需要满足一种功能需求，因此，选择植物的时候应在满足主要功能的同时兼顾其他功能，如在庭院中主要用于遮阴的植物，同时，还充当该空间的视觉焦点，因而要选择具有较高观赏价值的大型乔木。再次，植物选择应考虑苗木来源、规格、价格等因素，应以所在地区的乡土植物种类为主，同时考虑已被证明能适应本地生长条件、长势良好的外来植物种类。另外，植物选择还应与庭院整体的风格环境相适应，形成富有个性的植物种植空间。

3. 庭院植物种植设计布局

种植设计图表现的是植物成年后的景观，因此，设计者需要十分了解所选植物的观赏特性、生态习性，准确把握乔木、灌木成年期冠幅大小，这是完成庭院植物种植设计图的基本要求。

（1）确定植物冠幅。一般来说，庭院种植设计图按 1：500～1：50 的比例绘制，乔木、灌木的冠幅以成年树树冠的 75%～100% 绘制。绘制的成年树冠幅可大致分为以下几种规格：乔木，大乔木 8～12 m，中乔木 6～8 m，小乔木 3～5 m；灌木、大灌木 3～4 m，中灌木 1～2.5 m，小灌木 0.3～1.0 m。

（2）设计植物布局。植物的布局形式取决于园林景观的风格，如中式、日式、英式、法式等多种风格，它们在植物配置形式上风格迥异、各有千秋。另外，植物的布局形式应该与其他构景要素相协调，如建筑、地形、铺装、道路、水体等。在确定植物具体的布局方式时，还需要综合考虑周围环境、园林风格、设计意向、使用功能等内容。

在进行庭院植物设计时，应注意将植物以组群的方式布局在庭院中，增强视觉的统一感与和谐感，若植物布局分散，植物与植物之间彼此孤立，整个设计就有可能被分裂成无数个相互抗衡的对立部分，从而影响到整个庭院植物景观的呈现效果。

（3）绘制种植设计平面图。图中需标明每株植物的准确位置，即定植点。定植点常用树木平面图例的圆心表示，同一树种若干株栽植在一起时，可用直线将定植点连接起来，在起点或终点位置统一标注植物名称；图中应标注图名、图框、图标、指北针及比例尺，植物图例中乔木的冠幅可适当加粗。如庭院中配置的植物种类较多，且层次明显，可分层分别绘制乔木层、灌木层、花卉地被层。种植设计平面图绘制完成后，可绘制不同方位立面图和效果图，展现植物景观建成效果。总之，要做到图面整洁工整、线条流畅优美、布局合理规范、内容科学齐全，将设计师的意图完整、精确地表达出来。

【实训二】庭院绿化施工

一、实训目的

明确庭院绿化施工的整体流程，能配合老员工进行庭院绿化施工。

二、材料工具

锄头、簸箕、肥料、剪枝剪、皮尺、绳子、木桩、花卉苗木、洒水壶、设计图等。

三、方法步骤

1. 施工条件勘查

完成景观设计之后，第一步，需要进行场地的清理，除去不需要的花草树木。第二步，按照工程所在地环境情况，决定是否需要使用机械设备连根除去部分地段全部树木，保证庭院景观需要和后期管理的方便。排除地上杂物后，进行土方施工，通常庭院场地范围都不大，采用人力配合半机械化完成。

2. 施工路段处理

庭院施工的前提是提前规划好施工通道，这就要求在完成场地处理之后，统一设计和施工需要，合理设置道路。通常庭院道路工程施工包括：路线放线、路槽路基准备、基层基础铺设浇筑、结合层铺设浇筑、面层铺设浇筑、道牙设置及安装等。

3. 花木植被施工

庭院施工的重点和难点在于花木植被等的配置施工，具体的植被选择要结合实际和设计方案，与花境施工流程基本相似。施工中需把握植物色调、习性和环境情况，特别是要重点实现植物的成活，从起苗、运输到栽种等操作必须做到随起、随运、随栽，有特殊情况不能实现的必须采取相应的保苗措施，如避风、避光、浇水等。

※ 复习思考题

一、名词解释

1. 庭院绿化
2. 林荫型庭院
3. 花境型庭院
4. 山水型庭院
5. 菜园型庭院

二、填空题

1. 园林景观类庭院是以_____为主要功能的一类庭院。此类型适用于_____、_____且_____的住户。具体表现形式有_____、_____、_____、_____等。

2. 规则式庭院大部分植物的布局呈_____，有庄重与层次感；自然式庭院布局灵活，平面投影呈_____，具有植物自然生长的美感；混合式庭院则既有自然式的_____，又有_____。布局时应与其他构景要素相协调，如_____、_____、_____、_____、_____等。

三、简答题

试述庭院植物设计布局的基本原则。

参 考 文 献

[1] 孙曰波. 花卉栽培［M］. 4版. 北京：中国农业出版社，2019.

[2] 北京林业大学园林系花卉教研组. 花卉学［M］. 北京：中国林业出版社，1990.

[3] 鲁涤非. 花卉学［M］. 北京：中国农业出版社，1998.

[4] 张树宝，王淑珍. 花卉生产技术［M］. 3版. 重庆：重庆大学出版社，2013.

[5] 杨照渠. 校园植物图鉴［M］. 北京：北京理工大学出版社，2019.

[6] 何礼华，汤书福. 常用园林植物彩色图鉴［M］. 杭州：浙江大学出版社，2012.

[7] 王庆菊，孙新政. 园林苗木繁育技术［M］. 北京：中国农业大学出版社，2007.

[8] 郑春明. 植物组织培养技术［M］. 杭州：浙江大学出版社，2011.

[9] 王友国，庄华蓉. 园林植物识别与应用［M］. 2版. 重庆：重庆大学出版社，2018.

[10] 柳振亮. 园林苗圃学（修订版）［M］. 北京：气象出版社，2001.

[11] 贺学礼. 植物学［M］. 北京：科学出版社，2008.

[12] 许玉凤，曲波. 植物学［M］. 北京：中国农业大学出版社，2008.

[13] 康亮. 园林花卉学［M］. 北京：中国建筑工业出版社，1999.

[14] 程春建. 观赏绿化苗木生产实用技术［M］. 杭州：浙江科学技术出版社，2006.

[15] 金士平. 园艺综合实训教材［M］. 杭州：浙江大学出版社，2015.

[16] 郗荣庭. 果树栽培学总论［M］. 3版. 北京：中国农业大学出版社，1997.

[17] 张志轩. 设施园艺［M］. 重庆：重庆大学出版社，2013.

[18] 陈俊愉，程绪珂. 中国花经［M］. 上海：上海文化出版社，1990.

[19] 顾永华. 表解养花要领［M］. 南京：江苏科学技术出版社，2002.

[20] 罗镅，秦琴. 园林植物栽培与养护［M］. 3版. 重庆：重庆大学出版社，2019.

[21] 包满珠. 花卉学［M］. 3版. 北京：中国农业出版社，2011.

[22] 李文华. 果树栽培学总论［M］. 北京：中国农业出版社，1987.

[23] 李志强. 设施园艺［M］. 北京：高等教育出版社，2006.

[24] 童丽丽. 观赏植物学［M］. 上海：上海交通大学出版社，2009.

[25] 周常勇. 柑橘［M］. 西安：陕西科学技术出版社，2020.

[26] 邓秀新，彭抒昂. 柑橘学［M］. 北京：中国农业出版社，2013.

[27] 章镇. 园艺学各论 [M]. 北京：中国农业出版社，2004.

[28] 关文昌. 夏兰 [M]. 杭州：杭州出版社，2004.

[29] 王移山. 园艺设施使用与维修 [M]. 北京：中国农业大学出版社，2013.

[30] 曹春英. 花卉栽培 [M]. 3 版. 北京：中国农业出版社，2014.

[31] 魏钰，张佐双，朱仁元. 花境设计与应用大全（上卷）[M]. 北京：北京出版社，2006.

[32] 朱红霞. 园林植物景观设计 [M]. 2 版. 北京：中国林业出版社，2021.

[33] 车生泉，周琦. 庭园绿化设计 [M]. 上海：上海科学普及出版社，2006.

[34] 何桂芳. 东方百合鳞茎打破休眠和低温冷藏技术研究 [D]. 杭州：浙江大学，2005.

[35] 张佳平. 芍药在杭州栽培的耐热评价及地下芽休眠机理研究 [D]. 杭州：浙江大学，2016.

[36] 张秀娟. 百合种球生产关键技术的研究 [D]. 北京：北京林业大学，2010.

[37] 杜亚萍. 几种藓类植物繁殖栽培及园林造景应用研究 [D]. 广州：华南农业大学，2016.

[38] 黄双. 上海现代私家庭院花境营建研究 [D]. 上海：上海交通大学，2010.

[39] 邱文娟. 园林景观中露地花卉的栽培管理技术探究 [J]. 南方农业，2021，15（35）：51-53.

[40] 赵天荣，徐志豪，黄坚，等. 大花萱草主要繁殖方式试验 [J]. 浙江农业科学，2015，56（1）：82-85.

[41] 孙俊庶，夏颖. 标本菊栽培技术要点 [J]. 南方农业，2011，5（02）：27-28.

[42] 史小华，马广莹，王小斌，等. 芍药资源在浙江露地栽培的适应性评价 [J]. 分子植物育种，2022.

[43] 唐珍. 标本菊栽培管理 [J]. 中国花卉园艺，2019（16）：31.

[44] 孙锦，高洪波，田婧，等. 我国设施园艺发展现状与趋势 [J]. 南京农业大学学报，2019，42（4）：594-604.

[45] 束胜，康云艳，王玉，等. 世界设施园艺发展概况、特点及趋势分析 [J]. 中国蔬菜，2018（7）：1－13.

[46] 杨瑞斌，王花，马建芳. 凤仙花的栽培技术 [J]. 栽培育种，2012（13）：68.

[47] 杨华. 小苍兰的繁殖与栽培技术 [J]. 河北林业科技，2009（03）：119.

[48] 康耀祖. 芍药的繁殖栽培管理技术 [J]. 现代园艺，2020（19）：95-96.

[49] 郑建汀. 水仙雕刻实录 [J]. 现代园艺，2019（12）：151-152.

[50] 毛祝新，王宇超，卢元. 环境因子对苔藓植物生长的影响 [J]. 广西林业科学，2021，50（06）：748-752.

[51] 马静，张绍梅，赵明德. 中国湿地苔藓植物研究进展 [J]. 青海科技，2021，28（06）：51-58.

［52］孙聪，史志明，曹亮，等. 植物工厂的发展态势与主要问题研究［J］. 南方农机，2018，49（24）：152.

［53］陈兵红，陈俏彪，李秋萍，等. 苔藓植物功能分析及其园林产品开发［J］. 北方园艺，2013（08）：90-93.

［54］李振波，杨晋琪，盖国卫. 设施园艺物联网技术与应用进展［J］. 农业工程技术，2018，38（25）：33-38.

［55］陈亚娇. 唐菖蒲栽培技术［J］. 农业科技通讯，2019（9）：357-358.

［56］么秋月. 设施园艺研究进展概述［J］. 农业工程技术，2017，37（25）：14-18.

［57］高婷. 球根地被花卉唐菖蒲的繁殖栽培及应用［J］. 现代农业科技，2018（16）：133，141.

［58］王雪明. 羽衣甘蓝的栽培技术［J］. 中国科技投资，2017（9）：383.

［59］张立新，丁显红. 从世博会看城市园林绿化新风尚——生态墙［J］. 现代园艺，2011（15）：59-60.

［60］Q R Yu，X D Zhang，H Mao，et al. Innovative Design of Intelligent Detection Equipment for Growth Information of Facility Horticultural Crops［J］. Journal of Advances in Agriculture，2020（11）：79-88.